Heidelberger Taschenbücher Band 89

G. L. Floersheim

Transplantationsbiologie

Eine Einführung

Mit 16 Abbildungen

Springer-Verlag Berlin · Heidelberg · New York 1971

Professor Dr. med. GEORG L. FLOERSHEIM
a. o. Professor, Leiter der Abteilung für Immunopharmakologie,
Pharmakologisches Institut der Universität Basel (Schweiz)

ISBN-13:978-3-540-05453-5   e-ISBN-13:978-3-642-65229-5
DOI: 10.1007/978-3-642-65229-5

Das Werk ist urheberrechtlich geschützt. Die dadurch begründeten Rechte, insbesondere die der Übersetzung, des Nachdruckes, der Entnahme von Abbildungen, der Funksendung, der Wiedergabe auf photomechanischem oder ähnlichem Wege und der Speicherung in Datenverarbeitungsanlagen bleiben, auch bei nur auszugsweiser Verwertung, vorbehalten.
Bei Vervielfältigungen für gewerbliche Zwecke ist gemäß § 54 UrhG eine Vergütung an den Verlag zu zahlen, deren Höhe mit dem Verlag zu vereinbaren ist.
© by Springer-Verlag Berlin · Heidelberg 1971.   Library of Congress Catalog
Card Number 78-160174
Die Wiedergabe von Gebrauchsnamen, Handelsnamen, Warenbezeichnungen usw. in diesem Werk berechtigt auch ohne besondere Kennzeichnung nicht zu der Annahme, daß solche Namen im Sinne der Warenzeichen- und Markenschutz-Gesetzgebung als frei zu betrachten wären und daher von jedermann benutzt werden dürften.
Herstellung: Konrad Triltsch, Graphischer Betrieb, 87 Würzburg

Vorwort

Die Annahme der Einladung, das gesamte Feld der Transplantation von Zellen und Geweben im Grundriß darzustellen, stellte ein Wagnis dar. Einmal bietet die Aktualität der Transplantation nicht die beste Gewähr zu einer angemessenen Bewertung der Lage in dieser biomedizinischen Disziplin. Ferner erschwert das explosive Wachstum der Literatur zunehmend den Überblick über das Gebiet. Die Organtransplantation ist in voller Entwicklung und nicht mehr ein „obskures Niemandsland, wo Immunologie und Genetik zusammentreffen". Die Transplantationsbiologie als neues Fach wird immer vielfältiger und schließt nun Fächer ein wie Genetik, Immunologie, Serologie, Zellbiologie, Biochemie, Embryologie, Pathologie, Hämatologie, Onkologie und Organkonservierung. Eine dermaßen umfassende Wissenschaft ist zweifellos reizvoll, zu ihrer Darstellung drängt sich aber die Herbeiziehung von Fachleuten zur Abfassung von Spezialkapiteln auf. Trotzdem habe ich mich entschlossen, die Aufgabe allein anzugreifen. Das wurde mir durch die Absicht erleichtert, im vorliegenden Buch keine erschöpfende Darstellung der ganzen Transplantationswissenschaft anzustreben, sondern eine gut verständliche Einführung für Mediziner und Vertreter anderer Naturwissenschaften. In der Hoffnung, daß dies der Bündigkeit des Buches zuträglich würde, durfte ich auch auf manche Einzelheit verzichten. Sie lassen sich zudem ohne viel Mühe in einigen der bestehenden ausgezeichneten imposanteren Monographien finden.

Trotzdem habe ich versucht, grundlegende Tatsachen nach Möglichkeit durch die einschlägigen Experimente zu dokumentieren und zu vergegenwärtigen. Dadurch mag die Darstellung des heutigen Standes des Wissens (oder Irrtums!) stellenweise einen aperçuhaften Charakter erhalten. Die Auswahl der als erheblich angesehenen Information, sowie die Setzung der Akzente mögen dabei von persönlichem Interesse bestimmt worden sein. Ich hoffe aber, nicht zuviel wesentliche Fakten ausgelassen zu haben. Die Besprechung anhand von Originalexperimenten hat hier und da zu einer chronologisch oder historisch gefärbten Darstellung geführt. Aber bekanntlich ist die Geschichte der Wissenschaft die Wissenschaft selbst, und wenn etwas direkt zum Thema führt, so der individuelle und lokalisierbare experimentelle Befund.

Stehen — besonders bei der Nieren-, Herz- und Lungentransplantation — klinische Erörterungen vielfach im Vordergrund, so zeigt dies, daß wesentliche Impulse von der Klinik selbst ausgingen. Die von ihr erarbeiteten Ergebnisse sind in mancher Beziehung als experimentell zu werten. Trotzdem lag es mir fern, an eine eingehende Darstellung der Transplantationsmedizin, und erst recht der Transplantationschirurgie zu denken.

Auch sollte die Tatsache zum Ausdruck kommen, daß die Organtransplantation kein klinisches und auch kein chirurgisches Problem mehr ist, sondern ein immunologisches. Der wichtigste Gegenstand der heutigen Forschung dürfte die immunologische Toleranz gegen Homo- oder Heterotransplantate sein.

Ich bin mir bewußt, daß die Auswahl der Literaturangaben sporadischen Charakter trägt. Sie sind als Belege für angeführte Befunde gedacht. Sie erheben keinen Anspruch, historischen Prioritäten und einer Rangordnung der Arbeiten gerecht zu werden. Zu Recht ließe sich ihre ungleichmäßige Verteilung auf verschiedene Abschnitte des Buches beanstanden. Sie mag Gründen entspringen wie einer individuellen Vertrautheit mit den Quellen und einer persönlichen Einschätzung, welche Befunde und Vorstellungen Erläuterung verlangen. Auch wirkte sich hier die Forderung aus, möglichst Ergebnisse neueren Datums miteinzubeziehen. Manche Literaturangaben mußten aber auch des Vorsatzes wegen weggelassen werden, im Rahmen einer „Einführung" zu bleiben.

Basel, im März 1971 G. L. FLOERSHEIM

Inhalt

I. Einleitung 1
   A. Historischer Rückblick 1
   B. Nomenklatur 4

II. Grundlagen der Transplantationsimmunität 5
   A. Genetische Verankerung 5
   B. Die Transplantatabstoßung als Immunreaktion 7
   C. Die celluläre Basis immunologischer Reizbeantwortung . . . 7
   D. Celluläre und humorale Immunität 12
   E. Mechanismus der Abstoßung 14
   F. Sensibilisierung 16
   G. Immunität im extravasculären Raum und *in vitro* 19
   H. Lymphocyten als Effektorzellen 22
   I. Transplantationsantigene 23
   K. Ausbleibende Abstoßung 26
      1. Millipore-Kammern 26
      2. Privilegierte Positionen und Organe 26
      3. Der Fetus als Homotransplantat 28

III. Ausbildung des Immunsystems 32
   A. Die Bedeutung des Thymus für die immunologische Reaktionsfähigkeit 32
   B. Differenzierung des Immunsystems in der Ontogenese 37
   C. Phylogenetische Entwicklung der Immunität 39

IV. Spezifische Unterdrückung von Immunreaktionen 42
   A. Toleranz durch Antigen 42
      1. Entdeckung 42
      2. Modelle zur Toleranzerzeugung 43
   B. Immunosuppression durch Antikörper 49

V. Wechselwirkung zwischen Transplantat und Empfänger 53
   A. Antiwirt-(Graft-versus-host-)Reaktionen 53
   B. Parabiose 58

VI. Die unspezifische Beeinflußbarkeit von Immunreaktionen . . . 61
   A. Mögliche Angriffspunkte 61
      1. Beeinflussung des Empfängers 61
      2. Modifikation des Transplantates 63
   B. Medikamente für die Organtransplantation 63
   C. Ionisierende Bestrahlung 67
   D. Chemische Immunosuppressiva 69
      1. Nebennierenrindensteroide 69
      2. Alkylierende Verbindungen 70

3. Antimetabolite		72
4. Methylhydrazinderivate		75
5. Varia		77
E. Antilymphocytenserum (ALS)		78
1. Entdeckung		78
2. Erzeugung und Eigenschaften von ALS		80
3. Wirkungsmechanismus		82
4. Beeinflussung experimenteller Immunreaktionen		85
5. Synergismus zwischen ALS und anderen immunosuppressiven Behandlungen		87
6. Ausblick auf die klinische Anwendung von ALS		87
F. Immunosuppression und Krebsentstehung		90
G. Zustände verminderter immunologischer Reaktivität		93

VII. Histocompatibilitätsprüfungen 96
    1. Gemischte Leukocyten-Kultur 97
    2. *In vivo*-Methoden 99
  B. Matching 99
  A. Typisierung 100

VIII. Organtransplantation — experimentell und klinisch 102
  A. Niere 102
  B. Herz 107
  C. Leber 112
  D. Lunge 114
  E. Endokrine Organe und Pankreas 117
  F. Thymus und Milz 118

IX. Die Transplantation hämatopoetischer Zellen 120
  A. Anwendungsbereich und Voraussetzungen 120
  B. Ersatz des zerstörten hämatopoetischen Gewebes 122
    1. Mechanismus der Wiederherstellung 122
    2. Hämatopoetische Zellen 123
    3. Transplantation hämatopoetischer Zellen nach cytotoxischen Pharmaka 125
    4. Abhängigkeit der Repopulation vom Grad der Immunosuppression 125
  C. Homologe Knochenmarktransplantation 127
    1. Bestrahlung 127
    2. Cytotoxische Stoffe 129
  D. Therapeutische Anwendung der Knochenmarktransplantation . . 129
    1. Strahlenexposition und hämatologische Erkrankungen . . 129
    2. Krebstherapie 131

X. Organkonservierung 134

XI. Rechtliche und ethische Gesichtspunkte 137
  A. Rechtliche Probleme 137
  B. Wann ist der Spender tot? 138
  C. Ausblick 140

Literatur 142

Sachverzeichnis 151

I. Einleitung

A. Historischer Rückblick

In kaum einer Mythologie fehlen Gestalten, die aus mehreren Tierarten oder aus Mensch und Tier zusammengesetzt sind. Drachen, Vogel Greif, Kentauren, Sphinxe und Sirenen sind Beispiele dafür. Zum Erschreckenden dieser Fabelwesen kommen übernatürlich-mächtige Eigenschaften, die ihnen das Gemisch aus Anteilen verschiedener Herkunft verleiht.

Wofür sie immer stehen mögen, daneben drücken diese bestürzenden Chimären auch aus, daß im Bewußtsein der Menschheit seit jeher die Möglichkeit wach war, Verpflanzungen von einem Individuum auf ein anderes vorzunehmen. Eine der äußersten Verlockungen der Medizin muß es ja immer gewesen sein, kranke, verletzte oder abgenützte Organe durch neue zu ersetzen. Die Legende von den Heiligen Cosmas und Damian, die einem kranken Kirchendiener, dessen Bein amputiert werden mußte, erfolgreich dasjenige eines toten Mohren ansetzten, mag diesen Wunsch ausdrücken. Die besondere überirdische Gnade bestand hier auch darin, daß das ausgetauschte Glied seinen Spender überlebte.

Die tatsächliche Ausführung einer Operation zum Ersatz eines beschädigten Organs beschrieb Tagliacozzi gegen 1600 in Bologna. Er rekonstruierte Nasen durch gestielte Hautlappen vom am Kopf fixierten Oberarm. Er äußert sich so leidenschaftlich über die Unmöglichkeit, dazu Haut von einer anderen Person zu verwenden, daß man annehmen muß, er habe den Mißerfolg eines solchen Versuches selbst erfahren. Wohl noch viel früher wurde in Indien eine verwandte Methode zum Nasenersatz verwendet: hier diente ein von der Stirne mobilisierter Hautlappen dazu.

Ein weiterer Italiener führte um 1800 erfolgreiche Autotransplantate bei Schafen durch. Baronio's Ergebnisse mit Nicht-Autotransplantaten wurden von späteren Untersuchern bezweifelt (und einmal auf das italienische Klima zurückgeführt!). Von späteren Autoren sei Paul Bert erwähnt [28]. Um 1860 deutete er bereits in seiner These „De la greffe animale" das verschiedene Verhalten von Auto- und Homotransplantaten an. Er vereinigte auch Tiere parabiotisch und wies das Bestehen eines gemeinsamen Kreislaufs durch Injektion von Pharmaka in einen der Partner nach. Bei heterologen Kombinationen blieb beim anderen Partner der Effekt aus.

Weitere Impulse erhielt die Hauttransplantation als klinische Methode durch die Arbeiten von Reverdin und Thiersch, die mit kleinen epidermalen Hautstücken die Epithelialisierung granulierender Wundflächen beschleunigen konnten. Thiersch beschrieb auch die Vascularisation dieser Transplantate durch Anastomosen zwischen Blutgefäßen der Wundfläche und des Transplantates. Jensen, Schöne und Lexer [193] waren unter den Verfassern der frühen sporadischen Mitteilungen, die auf das unterschiedliche Schicksal von Auto- und Homotransplantaten hinwiesen. Schöne prägte auch bereits 1912 den Begriff Transplantationsimmunität [288]. Ein Bericht über sensibilisierte Empfänger von zweiten („second set") Hauttransplantaten geht auf Holman (1924) in Baltimore zurück.

Die ersten Nierentransplantationen wurden kurz nach 1900 durchgeführt. Carrel und Guthrie transplantierten nach Ausarbeitung einer Technik der arteriellen Gefäßnaht erfolgreich Katzennieren bilateral *en masse*. Die Tiere überlebten bis zu drei Wochen. Ullmann in Wien, Jaboulay in Lyon, sowie Unger und andere versuchten bereits Urämien mit heterologen Nierentransplantaten zu behandeln. Die für die Mißerfolge verantwortlichen biologischen Faktoren blieben unbekannt.

Ehrlich prägte den Begriff Athrepsie und führte das Absterben der Transplantate darauf zurück, daß für den ursprünglichen Wirt spezifische Nahrungsfaktoren fehlten. Wichtige Beiträge zum Verständnis der Abstoßungsreaktion gehen auf J. B. Murphy (1914) in New York zurück [244, 245]. Er erkannte die Bedeutung lymphoider Zellen für die Abstoßung von Transplantaten und er beobachtete, daß Tumorheterotransplantate bei Embryonen besser wuchsen. Bedeutsam war auch die Einführung von Inzuchtstämmen für die Erkenntnis der Transplantationsgesetze. Little, Snell und Loeb fanden, daß nur Transplantate innerhalb desselben Inzuchtstammes überlebten. Loeb lehnte jedoch noch 1945 eine immunologische Natur der Transplantatabstoßung ab. Erst Gibson und Medawar maßen 1943 der beschleunigten Abstoßung von Zweittransplantaten desselben Spenders die gebührende Bedeutung bei. Sie machten ihre Beobachtungen an Patienten mit Verbrennungen, die Hautübertragungen benötigten [123]. Medawar schuf schließlich 1944—1946 in einer Serie klassischer Arbeiten die Grundlage für die folgenden Fortschritte auf dem Gebiet der Transplantationsimmunität [219, 220]. Er wies in ebenso exakten wie eleganten Experimenten das verschiedene Verhalten von Auto- und Homotransplantaten, den Immunisierungsprozeß gegen Homotransplantate sowie die „second set"-Reaktion (beschleunigte Abstoßung des Zweittransplantates) nach.

Einen nachhaltigen Antrieb erhielt die Transplantationsbiologie um 1955 auch durch die Serie klinischer Nierentransplantationen zwischen eineiigen Zwillingen durch Murray und Merrill in Boston [246]. Die Erfolge dieser Pionierleistung stimulierten die Suche nach Mitteln und Wegen, um Organtransplantationen auch zwischen genetisch nicht identischen Partnern zu ermöglichen. Wenn in der Folge die Immunologie — Bezeichnungen wie „Immunochirurgie" und „Immunopharmakologie" zeigen es — ihre ehemaligen Grenzen übersprang, so im dringlichen Verfolgen dieses Ziels. Die weitere Geschichte der Transplantation ist Gegenstand dieses Buches.

Mischwesen aus Mensch und Tier haben die Menschheit seit jeher fasziniert. Die Übertragung von Organen auf andere Individuen wurde von der Medizin sporadisch versucht. Erst gegen 1950 wurden die immunologischen Grundlagen des Schicksals von Transplantaten klar erkannt.

Tabelle. *Terminologie der Organtransplantation*

Alte englische	Altes Adjektiv	Neue englische	Neues Adjektiv	Alte Deutsche	Altes Adjektiv	Neue deutsche	Neues Adjektiv	Definition
autograft	autologous	autograft	autogeneic	*Autotransplantat*	*autolog*	Autotransplantat	autogen	Spender = Empfänger
isograft	isologous	isograft	syngeneic	*Isotransplantat*	*isolog*	Isotransplantat	syngen	identisch in bezug auf Histocompatibilitätsantigene, z. B. eineiige Zwillinge oder Tiere eines Inzuchtstammes
homograft	homologous	allograft	allogeneic	*Homotransplantat*	*homolog*	Allotransplantat	allogen	gleiche Species, genetisch diskrepant, z. B. Mensch-Mensch
heterograft	heterologous	xenograft	xenogeneic	*Heterotransplantat*	*heterolog*	Xenotransplantat	xenogen	verschiedene Species, z. B. Affe-Mensch oder Ratte-Maus

B. Nomenklatur

Zur Bezeichnung der genetischen Beziehungen zwischen Spender und Empfänger stehen alte und neue Begriffe zur Verfügung. Im englischen Sprachbereich wird zwar die neue Terminologie recht häufig verwendet. Sie hat sich jedoch nicht allgemein eingebürgert, trotzdem der Vorschlag, sie einzuführen, nun viele Jahre zurückliegt. Auf deutsch bringen wohl die neuen Bezeichnungen, solange sie nicht einheitlich angewendet werden, keinen Fortschritt. So brauchen zum Beispiel für den Begriff *isolog* Anhänger der neuen Terminologie gleich vier Varianten, nämlich *isogen, isogenetisch, syngen* und *syngenetisch*. Im folgenden sind daher die einheitlicheren Begriffe *autolog, isolog, homolog* und *heterolog* entsprechend vorstehender Tabelle verwendet. Aber auch die Ungereimtheiten der klassischen Nomenklatur sind nicht zu übersehen. Unter Isoantikörpern versteht man außerhalb der Transplantationsterminologie Antikörper, die gegen Antigene eines vom Empfänger genetisch verschiedenen Individuums derselben Art gerichtet sind. Auch *homolog* bedeutet in anderen Zusammenhängen nicht Verschiedenheit, sondern Gleichheit. Die Ausdrücke *allogen* oder *allogenetisch* der neuen Nomenklatur kommen hingegen wieder dem Begriff *alloplastisch* zu nahe, der im deutschen Sprachgebrauch Transplantate aus nichtlebender Materie bezeichnet.

Bezüglich der topographischen Lage der Transplantate benütze ich die Begriffe „orthotop" für Transplantate, deren Lokalisation der Entnahmestelle entspricht, und „heterotop" für andere Einpflanzungsstellen.

II. Grundlagen der Transplantationsimmunität

A. Genetische Verankerung

Die Transplantationsimmunität ist genetisch verankert. Das Schicksal eines Transplantats hängt vom Grad der genetischen Verwandtschaft zwischen Spender und Empfänger ab. Diese drückt sich in den Transplantationsantigenen aus, die von Histocompatibilitätsgenen bestimmt sind. Auf Snell geht der Vorschlag zurück, den das Transplantationsverhalten bestimmenden chromosomalen Locus als Histocompatibilitätsgen (H) zu bezeichnen. Ein Teil der Allele dieses Locus bestimmen die Produktion von Histocompatibilitäts- oder Transplantationsantigenen. Sie werden kodominant vererbt. Ihre Charakterisierung erfolgte mittels Transplantationsversuchen unter Verwendung von Inzuchtstämmen. Hauptsächlichstes Versuchstier war dabei die Maus. Tiere eines gleichen Inzuchtstammes weisen einen sehr hohen Grad genetischer Übereinstimmung auf. Wird ausschließlich mit Bruder-Schwester-Paarungen gezüchtet, so erreichen die Nachkommen nach 20 Generationen einen Compatibilitätsgrad, der jenem zwischen homozygoten Zwillingen nahe kommt. Erst mit Inzuchtstämmen war es möglich, die für den Ausdruck der Individualität verantwortlichen Gene in ihrer Anzahl und Stärke zu definieren. Die Stärke der durch die verschiedenen Loci bestimmten Transplantationsantigene äußert sich in der Geschwindigkeit, mit der ein sich sonst vom Wirt genetisch nicht unterscheidendes Transplantat abgestoßen wird. Vereinfacht wurde die Definition der Loci einmal durch die Verwendung von kongen-resistenten Stämmen, die sich nur bezüglich der Allele eines Histocompatibilitätsgens unterscheiden. Auch Tumortransplantate erwiesen sich als besonders geeignete Hilfsmittel, nachdem erkannt worden war, daß, wie bei anderen Geweben, ihr Transplantationsverhalten durch die Histocompatibilitätsantigene ihres autochthonen Wirts bestimmt ist.

Die grundlegende Regel lautet, daß ein Individuum gegen Transplantationsantigene reagiert, die ihm selbst fehlen (Abb. 1). Das zeigt sich auch bei Kreuzung zweier Inzuchtstämme. Es entstehen F_1-Hybriden, welche Transplantate beider Elternstämme akzeptieren. Auch untereinander verwerfen die F_1-Hybriden keine Transplantate, da sie uniform sind. Sie enthalten alle Gene beider Elternstämme. Umgekehrt stoßen die Tiere der Elternstämme Transplantate von F_1-Hybriden ab, da letztere ja auch Antigene des anderen Elternteils enthalten.

Bei Mäusen werden die Histocompatibilitätsgene mit H-1 bis H-11 bezeichnet. Als wichtigster Locus hat sich der von Gorer als H-2 bezeichnete erwiesen. Unterscheiden sich zwei Stämme bezüglich dieses Locus, so werden

Transplantate innerhalb von 8—12 Tagen abgestoßen. Bei Diskrepanz schwächerer Loci kann die Abstoßungszeit Monate betragen. Schwache Histocompatibilitätsantigene können aber kumulative Effekte zeigen. Die „Stärke" der Transplantationsantigene äußert sich in der Intensität der Reaktion, die sie auslösen, könnte somit auch von der Anzahl Zellen abhängen, die gegenüber dem Transplantationsantigen zu reagieren vermögen.

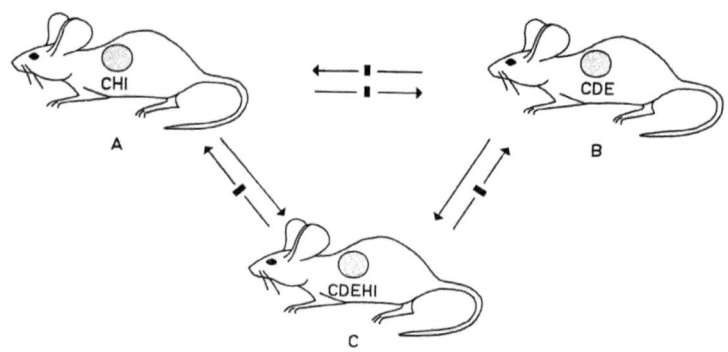

Abb. 1. Ein Individuum, das ein Transplantat erhält, reagiert gegen die darin vertretenen Histocompatibilitätsantigene, die ihm selbst fehlen. Bei der Kreuzung der Inzuchtstämme A (Antigene CHI) und B (Antigene CDE) entstehende F_1-Hybriden (Maus C) enthalten Antigene beider Elternstämme (CDEHI) und akzeptieren deren Haut. Den Eltern fehlen die vom anderen Elternteil herrührenden Antigene im Hybriden. Sie weisen Haut ihrer Nachkommen zurück. Ebenso werden Transplantate zwischen den Elternstämmen verworfen

Dem H-2-System der Maus entspricht wahrscheinlich das Ag-B-System der Ratte und das HL-A („human lymphocyte antigen locus")-Histocompatibilitätssystem des Menschen. Die H-1-loci können gekoppelt sein mit Genen für andere Merkmale wie Albinismus und Schwanzdefekten. Im Vergleich zur Gendosis spielt die Quantität des transplantierten Gewebes eine untergeordnete Rolle. Zudem überleben große Hauttransplantate länger als kleine [128]. Bei schwachen, nicht H-2-Incompatibilitäten ist der Effekt deutlicher [189]. Aber auch bei einer relativ inkompatiblen Spender-Empfänger-Kombination überlebten massive Transplantate, die 30—40% der Körperoberfläche ausmachten, zwei- bis dreimal so lang wie solche, die nur 1 oder 0,1% der Körperoberfläche betrugen [348]. Hier dürften aber auch Stress-Effekte durch das massive chirurgische Trauma eine Rolle spielen.

Transplantate innerhalb eines Inzuchtstammes sollten dauernd akzeptiert werden. Eine interessante Ausnahme bilden gewisse Mäusestämme, bei denen eine geschlechtsgebundene Transplantationsimmunität vorliegt. Ein auf dem Y-Chromosom liegendes Gen bildet die verantwortlichen Antigene. Das hat zur Folge, daß Weibchen solcher Stämme Transplantate von Männchen zurückweisen. Beim Mäusestamm C57Bl/6 beispielsweise stoßen Weibchen

Hauttransplantate von Männchen innerhalb von 1—2 Monaten ab. Man bezeichnet diese geschlechtsgebundene Transplantationsimmunität als Eichwald-Silmser-Effekt [90]. Auch er zeigt, daß Transplantationsimmunität in jeder beliebigen Stärke auftreten kann und daß Histocompatibilität kein „Alles-oder-Nichts"-Phänomen ist.

Die Transplantationsimmunität ist species-, aber nicht organspezifisch. So führt Immunisierung mit beispielsweise Leukocyten zur Immunität gegen Haut [220]. Subcelluläre Fraktionen sind ebenfalls aktiv. Dennoch brauchen nicht alle Gewebe eines Individuums Transplantationsantigene in gleicher Stärke und gleichem Verhältnis aufzuweisen und die Abstoßung von Hauttransplantaten bei Knochenmarkchimären (siehe S. 123) weist z. B. auf hautspezifische Antigene hin [42].

Die Transplantationsimmunität ist durch Transplantationsantigene bestimmt und dadurch genetisch verankert. Jedes Individuum (außer homozygoten Zwillingen und Tieren aus Inzuchtstämmen) weist ein einmaliges Muster dieser Gewebsantigene auf. Gegen Transplantationsantigene, die dem Empfänger fehlen, setzt eine Immunreaktion ein.

B. Die Transplantatabstoßung als Immunreaktion

Die Möglichkeit, daß ein immunologischer Vorgang für die Abstoßung von Homotransplantaten verantwortlich sein könnte, wurde zu Beginn des Jahrhunderts von Lexer [193] und Schöne [288] ausgesprochen. Während der folgenden Jahrzehnte dominierten jedoch die Ansichten Loeb's, der eine Antigen-Antikörperreaktion als Ursache für die Transplantatzerstörung ablehnte. „Toxine", entstanden durch Kontakt von Gewebe verschiedenartiger Species, sollten die Zellen des Transplantates abtöten. Eines von Loeb's Hauptargumenten war, daß es ihm nicht gelang, beschleunigte Abstoßung von Zweittransplantaten zu beobachten. Loeb hatte dabei unterlassen, darauf zu achten, daß sukzessive Transplantate vom selben individuellen Spender stammten.

Erst Gibson und Medawar zogen aus einer solchen Beobachtung die richtigen Schlüsse [123]. Sie stellten fest, daß Hauttransplantate dann von einem Empfänger beschleunigt abgestoßen wurden, wenn diesem vorher schon einmal Haut desselben Spenders transplantiert worden war. Die Entdeckung dieses „second set"-Phänomens charakterisierte die Transplantatabstoßung als aktiv erworbene Immunreaktion und eröffnete damit der weiteren Forschung ein vollständig neues Gebiet.

Bei dieser Gelegenheit muß die Frage nach dem Sinn der Transplantationsimmunität gestellt werden. Warum setzt im Empfänger eine Immunreaktion gegen Transplantationsantigene ein, der die Transplantate dann zum Opfer fallen? Die Transplantation ist ja eine künstliche Prozedur, in der Phylogenese stellt sich dieses Problem nie und bei der Transplantation lebensnotwendiger Organe ist die Reaktion geradezu selbstmörderisch. Die heutigen Hypothesen lauten so, daß die Transplantationsimmunität Ausdruck eines Überwachungsmechanismus darstellt, dessen Hauptaufgabe es ist, die Entwicklung von Zellen mit körperfremden Antigendeterminanten zu verhindern, die wohl ständig in einer großen Zahl entstehen und deren Rolle bei Autoimmunkrankheiten bedeutsam sein dürfte. Vor allem ist dieser Mechanismus aber wohl gegen Krebszellen gerichtet. Sie entstehen beträchtlich häufiger, als sie sich als Krebs manifestieren, und sie dürften in der überwiegenden Mehrheit der Fälle abgetötet werden. Das setzt allerdings das Vorhandensein von tumorspezifischen Antigenen voraus. Solche sind bei experimentellen, durch Viren oder chemische Carcinogene hervorgerufenen Tumoren nachgewiesen. Bei menschlichen Tumoren liegen — abgesehen vom durch seine Herkunft als Homotransplantat charakterisierten Choriocarcinom — sowohl bei dem in Afrika auftretenden Burkitt-Lymphom, als auch bei Melanomen und akuten Leukämien Befunde vor, die das Vorhandensein solcher Antigene wahrscheinlich machen. Sie dürften schwach sein, aber trotzdem entscheidend, um gegenüber kleinen Tumorverbänden wirksame Immunreaktionen hervorzurufen.

Eine Abwandlung dieser Hypothese über die Entstehung der Transplantationsimmunität setzt sie in Beziehung zum Abwehrmechanismus gegen Mikroorganismen und Parasiten. Um zu überleben, mußten höhere Lebewesen gegen diese Gefährdung Schutz- und Verteidigungsmechanismen entwickeln. Es ist daher durchaus möglich, daß die Meldung „fremde Partikel" eine Immunreaktion auslöst, gleichgültig, ob Mikroorganismen, Zellmutanten oder Elemente eines Homotransplantates die als fremd erkannten Antigendeterminanten tragen.

Schließlich wurde auch erwogen, ob sich die Homotransplantatreaktion nicht von einem möglicherweise immunologischen Vorgang ableite, welcher die normale Geburt eines reifen Feten bewirkt. Auch er ist ja ein Homotransplantat, für dessen Trennung vom mütterlichen Empfängermechanismus ein geeigneter Mechanismus zu entwickeln war. Die normale Geburt von Feten aus isologen Paarungen macht diese Vorstellung jedoch unwahrscheinlich.

Auch eine nicht-immunologische Grundlage für die Elimination antigener Zellvarianten wird diskutiert. Zur Hypothese, daß derartige Mechanismen in bestimmten Situationen eine Rolle spielen könnten, führten Befunde, wonach lymphoide Zellen bei Kontakt einen cytotoxischen Effekt auf fremde Antigene tragende Zielzellen auszuüben vermögen. Die ursprüngliche Beobachtung war, daß Mäuse-Tumoren in F_1-Hybriden schlechter wuchsen, als in den isologen Elternstämmen. Einer Immunreaktion waren die F_1-Hybriden nicht fähig. Man nahm an, daß ein Kontakt mit fremden Antigenen auf der Oberfläche der F_1-Zellen das Tumorwachstum hemmen könne. Das Phänomen (hybrid resistance) wurde auch als „syngeneic preference" oder „allogeneic inhibition" bezeichnet [148, 241]. Solche cytotoxischen Auswirkungen von Antigendifferenzen zwischen nicht vorimmunisierten Zellen innerhalb von 24—48 Stunden wurden in der Folge auch *in vitro* bei innigem Kontakt zweier Zelltypen beschrieben. Bestrahlung von lymphoiden oder Tumorzellen mit hohen Röntgendosen unterdrückte den Effekt nicht; Zellen von toleranten Tieren zeigten ihn ebenfalls.

Zweittransplantate werden beschleunigt abgestoßen. Die Transplantationsimmunität ist wohl Ausdruck eines gegen neue Antigene somatischer Zellmutanten oder gegen pathogene Mikroorganismen gerichteten homeostatischen Überwachungsmechanismus.

C. Die celluläre Basis immunologischer Reizbeantwortung

Die Immunreaktion gegen ein spezifisches Antigen ist ein komplizierter Vorgang, der mit dem Eintritt des Antigens in den Organismus beginnt und mit der Bildung humoraler Antikörper oder von Immun-Effektorzellen endet. Dieser Prozeß schließt eine Vielzahl von Schritten ein, von denen manche noch unbekannt sind.

Die Reaktionsfähigkeit gegen ein Antigen ist genetisch bedingt. Variationen der Reaktionsfähigkeit verschiedener Mäusestämme gegenüber dem gleichen Antigen sind ein Beispiel dafür. Damit ein Stoff als Antigen wirkt, muß er über chemische Konfigurationen verfügen, gegenüber welchen das Immunsystem des Organismus reaktiv ist. Spezifische Reaktivität führt entweder zur Immunität oder zur Toleranz, d. h. zur aktiven Verhinderung der Reaktivität gegen ein spezifisches Antigen. Im ersteren Fall wirkt das Antigen als Immunogen, im zweiten als Tolerogen. Ausschaltung der Reaktivität ist z. B. zur Vermeidung von Immunreaktionen gegen körpereigene Antigene notwendig. Die Selbsttoleranz ihnen gegenüber muß erworben werden.

Wir wollen hier versuchen, die Vorgänge, die zur Ausbildung einer Immunreaktion führen, aufzuzeichnen. Dabei behalten wir schon jetzt im Auge, daß das Ziel der Transplantationsimmunologie die Ausschaltung oder Unterdrückung dieser Reaktionen ist.

In ihrem Mittelpunkt steht die Antigen-empfindliche Zelle. Es handelt sich dabei um Elemente des lymphoiden Systems, morphologisch um kleine Lymphocyten. Diese vermögen nicht mit jedem Antigen zu reagieren, sondern pro Lymphocyt im allgemeinen nur mit einem. Für jedes Antigen ist somit eine bestimmte Population von Lymphocyten programmiert, ein Klon (Zweig im Stammbaum). Damit diese Zelle mit Antigen reagieren kann, müssen — so nimmt man heute an — spezifische Receptoren auf ihrer Oberfläche vorhanden sein. Bei diesen Receptoren handelt es sich um präformierte, gegen das spezielle Antigen gerichtete Antikörpermoleküle, deren Synthese durch Strukturgene im Zellkern bestimmt ist.

Nach Kontakt mit dem Antigen erfolgt ein entscheidender Schritt: die Zelle empfängt entweder das Signal zur Immunität oder zur Toleranz. Bei Immunität proliferiert der stimulierte Klon; Effektorzellen und Antikörper werden gebildet. Diese weisen die gleiche Spezifität wie der Receptor-Antikörper auf. Trifft ein tolerogenes Antigen auf den Receptor, so paralysiert es die Zelle; sie wird ihre Immun-Funktion nicht ausüben.

Ob Antigen-empfindliche Zellen auf ein Antigen mit Toleranz, cellulärer oder humoraler Immunität reagieren, hängt von den Bedingungen ab, unter denen der Kontakt stattfindet, von der Präsentationsform des Antigens und vom Reifungszustand der Antigen-empfindlichen Zelle.

Man teilt die Antigen-empfindlichen Zellen heute in zwei Typen ein: die vom Thymus stammenden T-Zellen (sie fehlen nach neonataler Thymektomie) und die direkt vom Knochenmark stammenden B-Zellen (Abb. 2). Die T-Zellen sind vorwiegend für celluläre Immunität verantwortlich, d. h.

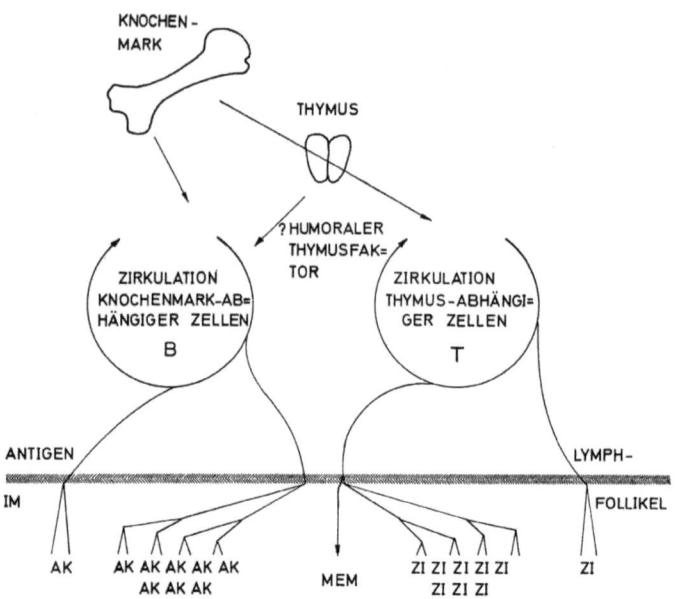

Abb. 2. Schematische Zusammenfassung der Theorien über celluläre Wechselbeziehungen bei Immunreaktionen; modifiziert nach Dresser [87]. Zwei verschiedene Zellpopulationen sind dargestellt. Die Vorstufen beider stammen aus dem Knochenmark. Eine leitet sich direkt vom Knochenmark her und stellt die Antikörperproduzierenden B-Zellen. Kontakt mit Antigen in den Lymphfollikeln bewirkt bei diesen Zellen eine beschränkte Antikörperproduktion (AK). Eine andere Zellpopulation (T-Zellen) gelangt via Thymus in den Lymphocytenkreislauf, entspricht den Antigen-empfindlichen Zellen und vermittelt celluläre Immunität (ZI). Eine beträchtliche Steigerung beider Reaktionsformen kommt durch Wechselwirkungen der zwei Zelltypen zustande (AK AK AK bzw. ZI ZI ZI). Ferner entsteht eine Linie von Zellen (MEM), die das immunologische Gedächtnis speichern. Ein humoraler Thymusfaktor vermag möglicherweise direkt aus dem Knochenmark stammende Zellen mit immunologischer Kompetenz zu versehen

aus ihnen rekrutieren sich die für die Abstoßung von Homotransplantaten verantwortlichen Effektorzellen. Deshalb werden nach neonataler Thymektomie z. B. Hauttransplantate nicht abgestoßen. Weiter speichern T-Zellen die immunologische Erinnerung (memory cells) und ermöglichen damit die rascher einsetzenden und intensiver verlaufenden Sekundärreaktionen. Schließlich besteht eine weitere Funktion der T-Zellen in ihrer Kooperation mit B-Zellen. Diese letzteren bilden humorale Antikörper und sind somit für die Abstoßung cellulärer Transplantate (und wohl teilweise auch von Nieren) von Bedeutung. In experimentellen Systemen konnte gezeigt werden, daß die humorale Antikörperbildung gegen gewisse Antigene mit B-Zellen allein nur schwach ist, durch die Anwesenheit von isologen T-Zellen aber potenziert wird [64, 76, 235, 321]. T- und B-Zellen homologer Herkunft kooperieren nicht. Aber auch bei cellulär vermittelten Immunreaktionen wurde ein solcher Synergismus nachgewiesen. Nur elterliche Thymocyten *zusammen* mit Knochenmarkzellen bewirkten bei Mäusen Splenomegalie in bestrahlten F_1-Hybriden [13, 63]. Man stellt sich den Synergismus so vor, daß T-Zellen die Funktion zukommt, die Antigene für die B-Zellen so zu präsentieren oder zu konzentrieren, daß sie zu wirksamen Immunogenen werden und die Antikörperbildung optimal einsetzen kann (Abb. 3). Eine ähnliche Rolle, nämlich die Aufbereitung von Antigenen in ein wirksames Immunogen, kommt möglicherweise auch Makrophagen zu. Für die Antikörperbildung gegen „Thymus-unabhängige" Antigene ist offenbar die Helfer-Rolle der T-Zellen relativ unwichtig. Bei Immunisierung mit Thymus-abhängigem Antigen sind es die vom Thymus stammenden Zellen in Milz und Lymphknoten, bei denen Mitosen auftreten [76]. Die Antikörper werden jedoch vorwiegend durch vom Knochenmark stammende B-Zellen gebildet [235, 256].

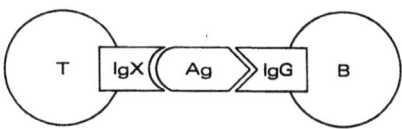

Abb. 3. Schematische Darstellung der Kooperation zwischen Thymus-abhängigen Antigen-empfindlichen T-Zellen und Knochenmark-abhängigen B-Zellen. Die Kooperation findet über membranständige spezifische Receptoren statt. Das zwei Determinanten aufweisende Antigen (Ag) wird von einem Antikörperreceptor IgX (eventuell IgM) gebunden und dem IgG Antikörperreceptor einer B-Zelle präsentiert. Die T-Zellen konzentrieren dabei Antigen für die B-Zellen und ermöglichen diesen optimale Antikörperbildung.
(IgX = hypothetisches Immunoglobulin; IgM = 19 S-Immunoglobulin; IgG = 7 S-Immunoglobulin)

Ist auf diese Weise durch die Antigenpräsentation die Richtung festgelegt, in welche sich die Immunität entwickelt, so setzen die entsprechenden Proliferationsvorgänge in den lymphoiden Organen ein, die einerseits zur Bildung der lymphocytären Effektorzellen und anderseits der Antikörperproduzierenden Plasmazellen führt (Abb. 4).
Eine Antigen-empfindliche Zelle (Lymphocyt) weist genetisch determinierte Antikörper-Receptoren gegen ein bestimmtes Antigen auf. Zwei Populationen solcher Zellen obliegt die Reizbeantwortung bei Kontakt mit Antigen in Form von Immunreaktionen. Vom Knochenmark stammende

B-Lymphocyten differenzieren sich zu Antikörper-bildenden Plasmazellen und Thymus-abhängige T-Lymphocyten sind für cellulär vermittelte Immunität verantwortlich. T-Lymphocyten (und Makrophagen?) steigern die Leistungsfähigkeit der B-Zellen.

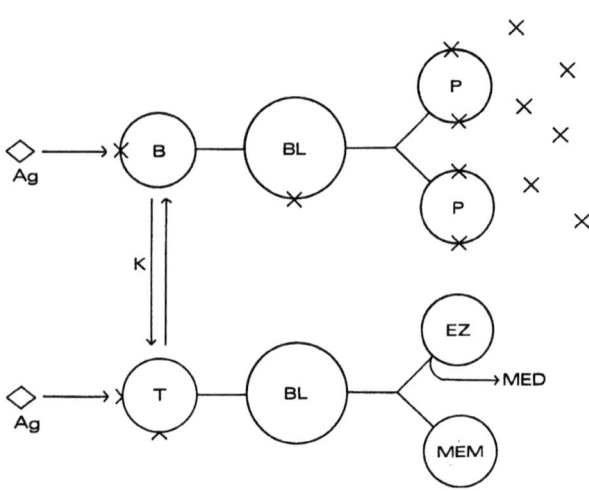

Abb. 4. Proliferations- und Differenzierungsvorgänge von Antigen-empfindlichen Zellen nach Kontakt mit Antigen (Ag). Knochenmark-abhängige Lymphocyten (B) differenzieren sich über Lymphoblasten (Bl) in Plasmazellen (P), die Antikörper (x) von der Spezifität der Receptor-Antikörper bilden. Thymusabhängige Lymphocyten (T) differenzieren sich in Effektorzellen cellulärer Immunität (EZ; killer cells) oder Speicherzellen für das immunologische Gedächtnis (MEM). Die EZ geben auch unspezifisch wirksame Mediatorsubstanzen ab (MED). Kooperation (K) zwischen B- und T-Zellen intensiviert die Reaktion

D. Celluläre und humorale Immunität

Man teilt immunologische Reaktionen in zwei Hauptgruppen ein: Reaktionen vom Soforttyp und Reaktionen vom verzögerten Typ (delayed type hypersensitivity). Die Reaktionen vom Soforttyp treten innerhalb von Sekunden, Minuten oder wenigen Stunden nach Kontakt mit dem Antigen auf. Zu ihnen gehören als generalisierte Form anaphylaktische Reaktionen und als lokalisierte Form Reaktionen vom Arthus-Typ.

Die Reaktionen vom verzögerten Typ entwickeln sich allmählich innerhalb von Stunden und können sich über viele Tage manifestieren. Zu dieser Klasse gehört die Überempfindlichkeit auf Tuberkulin sowie das durch chemische Allergene bewirkte Kontaktekzem. Auch Parasiten können zu — nicht selten auch diagnostisch angewandten — Reaktionen vom verzögerten Typ führen. Wodurch das Auftreten des einen oder anderen Reaktionstyps bestimmt wird, ist nur teilweise geklärt. Menge und Art des Antigens sowie seine Applikationsroute spielen eine Rolle. Für die Hervorrufung von Überempfindlichkeitsreaktionen vom Spättyp hat die Haut als Applikationsorgan eine besondere Bedeutung. Offenbar ist der Mensch auch besser als die meisten Versuchstiere zu Reaktionen vom verzögerten Typ prädisponiert.

Ein entscheidender Unterschied zwischen den beiden Reaktionsarten besteht in Folgendem: Reaktionen vom Soforttyp werden durch Serumantikörper vermittelt. Die Überempfindlichkeit kann mittels Serum von einem Individuum auf ein anderes übertragen werden. Bei den Reaktionen vom Spättyp ist dies nicht möglich. Hingegen läßt sich hier die Überempfindlichkeit durch Zellen übertragen, wobei vor allem Leukocyten und Zellen des lympho-retikulären Systems, aber auch mononucleäre Elemente peritonealer Exsudate wirksam sein können. Daher rührt auch die Bezeichnung „celluläre Immunität" für die Reaktionen vom verzögerten Typ. Mittels Lymphocyten von Meerschweinchen mit Kontaktdermatitis zeigten 1942 Landsteiner und Chase [188], daß diese Immunitätsform cellulär übertragen werden kann. Die celluläre Übertragbarkeit der Transplantationsimmunität wurde erstmals 1953 von Mitchison [236] beschrieben. Er wies nach, daß die Immunität gegen ein stammesspezifisches Mäuse-Lymphosarkom mittels intravenös injizierten Zellaufschwemmungen der tributären Lymphknoten auf normale Tiere übertragbar war. Kurz darauf wurde auch die celluläre Basis der Resistenz gegen Hauttransplantate bestätigt [33]. Man nennt diese passiv durch Zelltransfer erworbene Immunität auch adoptive Immunität.

Obwohl die überwiegende Mehrheit aller Versuche für die celluläre Natur der Transplantationsimmunität spricht, gibt es Hinweise auf humorale Komponenten. Vor allem gilt das für die Immunität gegen dissoziierte Zellen. So läßt sich beispielsweise Immunität gegen Knochenmarkzellen passiv durch Serum übertragen [198], was deren Proliferation zur Rettung letal bestrahlter Mäuse verhindert. Ebenso wirken humorale Antikörper vor allem bei Leukosen gegen maligne Zellen cytotoxisch. Interessant ist dabei die Abhängigkeit des Effektes von der Serumdosis und dem Intervall nach der Immunisierung; hohe Serumdosen und 8 Tage nach der Immunisierung gewonnene Seren hemmen die Vermehrung der Tumorzellen, niedrige und nach 16—19 Tagen erhaltene können das Tumorwachstum — wohl durch „enhancement" (s. S. 49) — fördern [127, 59].

Auch bei Transplantaten solider Organe treten zirkulierende Antikörper auf. Für das primäre Schicksal des Transplantates scheinen sie jedoch von eher untergeordneter Bedeutung zu sein. Ihre Bedeutung für die Langzeitergebnisse ist allerdings noch nicht abgeklärt. Für ihre relative Irrelevanz spricht auch, daß Patienten mit kongenitaler Agammaglobulinämie Hauthomotransplantate in der üblichen Weise abstoßen können [289], und daß bei bestrahlten Hühnchen, denen das für die Antikörperbildung notwendige Primordialorgan, die Bursa fabricii (s. S. 32) entfernt wurde und die keine Immunglobuline zu bilden vermögen, sogar normale „second set" und „white graft" Reaktionen auftreten [267]. Auch vermögen fetale Schafe Hauthomotransplantate schon zu einem Zeitpunkt zu verwerfen, bevor sie zirkulierende Antikörper bilden. Ebenfalls sprechen die Experimente mit in Millipore-Kammern eingeschlossenen Zellen mehrheitlich gegen die Erheblichkeit humoraler Antikörper für die Transplantatabstoßung.

Andererseits ist es bei Enten möglich, durch enorme Dosen von Antiserum (20% des Körpergewichtes) akute Nekrosen von Hauttransplantaten zu verursachen. Aber auch hierzu ist die Zusammenarbeit mit Lymphocyten erforderlich [144]. Ferner kann bei Hunden und Ziegen passiv übertragenes Serum, das nach Immunisierung mit Hauttransplantaten und Milzzellen gebildet wurde, hyperakute Abstoßung von Nierenhomotransplantaten bewirken. Cytotoxine gegen Spenderlymphocyten lassen sich auch bei manchen Patienten mit Nierenhomotransplantaten nachweisen. Im allgemeinen treten sie auf, wenn eine akute Abstoßung bevorsteht [205]. Auch bei Nierenhomotransplantaten bei Ratten lassen sich ab 7. Tag niedere Antikörpertiter nachweisen. Eine Bedeutung dürfte humoralen Antikörpern auch bei der Abstoßung von Heterotransplantaten zukommen, obwohl auch hier negative Ergebnisse vorliegen [297].

Im ganzen deuten die Ergebnisse ein Zusammenwirken von cellulären und humoralen Komponenten an. Die letzteren scheinen in freier Form bei Organen wie Niere und Herz eine Rolle zu spielen, bei Hauttransplantaten hingegen kaum. Aber zellständig dürften sie auch die Cytotoxicität der Effektorzellen bedingen.

Humorale immunologische Reaktivität läßt sich durch Serum übertragen, celluläre durch lymphoide Zellen. Die Transplantationsimmunität gegenüber Haut vermitteln vorwiegend Zellen, bei cellulären Transplantaten und z. B. bei Organen wie Nieren spielen aber auch humorale Antikörper eine Rolle. Bei Heterotransplantaten ist das in gesteigertem Maß der Fall.

E. Mechanismus der Abstoßung

Die klassische Beschreibung des unterschiedlichen Verhaltens und Schicksals von Auto- und Homotransplantaten stammt von Medawar [219]. Er arbeitete mit Hauttransplantaten bei Kaninchen. Autotransplantate heilen normal ein und lassen sich schon nach wenigen Wochen nicht mehr von der Umgebung unterscheiden, es sei denn, sie zeigen durch ihre Orientierung im Wundbett eine andere Wachstumsrichtung der Haare. Auch der ursprüngliche Hauttyp bleibt erhalten, an welcher Stelle immer ein Stück Haut transplantiert wird. Die Ernährung der transplantierten Haut ist durch die nach vier Tagen wiederhergestellte Blut- und Lymphzirkulation gewährleistet. Es ist noch nicht sicher geklärt, ob diese durch Einwachsen neuer Gefäße in das Transplantat zustande kommt, oder ob sich Anastomosen zwischen den Gefäßstümpfen von Transplantat und Wundbett ausbilden.

Anders sind die Verhältnisse bei Hauthomotransplantaten. Sie unterscheiden sich über die ersten Tage zwar nicht grundlegend von Autotransplantaten. Allerdings sind auch Veränderungen beschrieben, die auf frühzeitig einsetzende Erkennungsvorgänge in Homotransplantaten hinweisen. Nucleinsäuresynthese in Zellen von Capillarendothelien und Fibroblasten ist bei Homotransplantaten schon nach 24 Stunden deutlich vermehrt gegenüber Autotransplantaten. Am 5. oder 6. Tag setzt aber ein Abstoßungsvorgang ein, dem das Transplantat innerhalb weniger Tage zum Opfer fällt. Es kommt dabei zu Zeichen einer akuten Entzündung mit Stase, Thrombosierungen von Gefäßen und Infiltration des Coriums mit Leukocyten und mononucleären Zellen. Blutzirkulation und lymphatische Drainage sistieren.

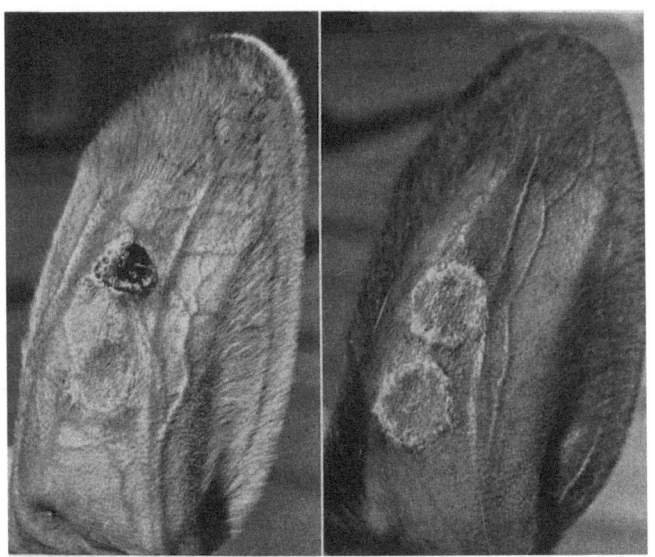

a   b

Abb. 5. a) Homo- und Autotransplantate bei Kaninchen. Vom Homotransplantat (oben) ist nach 10 Tagen nur eine harte dunkle Kruste übriggeblieben. Ein Autotransplantat aus Haut vom anderen Ohr (darunter) ist intakt
b) Gleiche Verhältnisse, jedoch unter immunosuppressiver Behandlung (15 mg/kg/Tag Procarbazin). Das von einem anderen Kaninchen stammende Homotransplantat (oben) ist vorübergehend eingeheilt und unterscheidet sich nach 10 Tagen noch nicht vom autologen Transplantat

Das Epithel geht zugrunde und verliert die Verbindung zum darunter liegenden Bindegewebe. Im Wundbett sammeln sich Plasmazellen an mit vor der Abstoßung maximalem Gehalt an Ribonucleinsäure, was sich färberisch als Pyroninophilie äußert. Makroskopisch schwellen die Transplantate zuerst an, dann werden sie hart und dunkel (Abb. 5). 3—4 Tage nach den ersten Anzeichen ist die Abstoßung vollständig. Wirtsepithel wächst vor und deckt den Hautdefekt. So ist die Abstoßung in der Regel nach 8—12 Tagen beendet. Bei geringen Histokompatibilitätsdifferenzen, zum Beispiel bei geschlechtsgebundener Transplantationsimmunität, oder unter Behandlung mit immunosuppressiven Mitteln, kann die Abstoßung auch milder und verzögert verlaufen. Beispielsweise zeigt sie sich in fehlendem oder schütterem Haarwuchs oder in vereinzelten Petechien im Transplantat.

Umgekehrt können Transplantate auch beschleunigt verworfen werden. Das ist bei der „second set"-Reaktion der Fall. Hier — wie auch bei Hautheterotransplantaten — kommt es gar nicht zur ersten Phase der Latenzperiode und normalen Einheilung des Transplantates. Auch die Gefäßverbindungen werden nicht völlig ausgebildet. Schon nach 5 oder 6 Tagen ist das Transplantat abgestorben. Eine extreme Form dieser heftigen Abstoßungsreaktion manifestiert sich als „white graft". Diese Reaktion kann nach multiplen Transplantaten eintreten oder wenn das Intervall nach dem ersten nur 7—14 Tage beträgt. Dabei bleibt das Transplantat von Anfang an als weißlicher Fremdkörper, der überhaupt nicht vascularisiert wird, auf dem Wundbett liegen. Wie weit bei der akuten Abstoßung von Zweittransplantationen auch humorale Antikörper beteiligt sind, ist eine offene Frage. Auch die „white graft"-Reaktion war in neueren Versuchen nicht durch Serum übertragbar, wohl aber durch massive Dosen von Lymphknotenzellen [91].

Eine Ausnahme von der Regel, daß Auto- oder Isotransplantate akzeptiert werden, stellt das als „Heterogenisierung" bezeichnete Phänomen dar. Es besteht darin, daß Isotransplantate von Mäusen mit gewissen Virus-induzierten Krebsen (z. B. dem Moloney-Lymphom) abgestoßen werden. Man nimmt an, daß nicht virale Transformation normaler Zellen, sondern das Vorhandensein von Tumorzellen in der Haut die Ursache ist. Schon die Injektion von 100 Tumorzellen in ein Isotransplantat kann dessen Abstoßung bewirken.

Der weiter oben beschriebene Ablauf gilt für Hauthomotransplantate bei Kaninchen oder Mäusen. Auch für Nierenhomotransplantate bei Ratten liegen ansehnliche Erfahrungen vor. Hier sind die Verhältnisse insofern etwas verschieden, als sich schon nach 24—48 Stunden große mononucleäre und pyroninophile Zellen um intertubuläre Gefäße anhäufen. Sie infiltrieren in der Folge das gesamte corticale Interstitium. Am siebten Tag sind die Capillaren der Glomerula durch Fibrin und Thrombocyten verlegt. Glomeruläre und tubuläre Zellen nekrotisieren. Die an der effektiven Plasmadurchströmung gemessene Funktion sinkt auf Null.

Hauthomotransplantate heilen vorerst normal ein. Nach 5—6 Tagen setzt jedoch eine heftige, mit entzündlichen Symptomen einhergehende Abstoßungsreaktion ein. Sie kulminiert mit einem Zusammenbruch der Blutversorgung. Zweittransplantate genießen auch die vorläufige Schonzeit nicht; die Abstoßung setzt unmittelbar nach der Transplantation ein. Bei Nierentransplantaten kann die celluläre Infiltration ebenfalls schon früher nachgewiesen werden.

F. Sensibilisierung

Wie kommt es zum Kontakt zwischen den Antigenen des Transplantates und den Antigen-empfindlichen Zellen, worin besteht der afferente Schenkel der Transplantationsimmunität? Vorerst nahm man an, daß die Sensibilisierung über die afferenten Lymphbahnen erfolgte und daß vom Transplantat freigesetztes Antigen, mit der Lymphe durch die regionalen Lymphknoten perkolierend, dort reaktive Zellen stimulierte.

Die Veränderungen in den Lymphknoten nach Hauttransplantation oder nach Applikation von zu Kontaktekzem führenden Allergenen sind umfassend beschrieben [4]. Besonders auffallend ist das Erscheinen großer pyroninophiler Zellen („Lymphoblasten", „Hämocytoblasten") in der paracorticalen Zone der Lymphknoten (Abb. 4). Ihre Zahl erreicht schon nach 4 bis 5 Tagen ihren Höhepunkt, d. h. bevor klare Abstoßungserscheinungen im Hauttransplantat sichtbar sind. Abkömmlinge dieser Lymphoblasten sind wohl als sensibilisierte Lymphocyten an der Transplantatabstoßung beteiligt. Ihre Spezifität ist durch auf der Zelloberfläche lokalisierte Antikörper gewährleistet. Schon drei Tage nach der Transplantation wurde bei solchen Lymphocyten die Sekretion hämolysierender Antikörper nachgewiesen [155]. Diese Zellen differenzieren sich in der Folge wieder zu kleinen Lymphocyten und zu Plasmazellen. In einer zweiten Phase, während die Abstoßung schon in vollem Gang ist, kommt es in Lymphknoten und Milz durch lymphocytäre Proliferation zu einer Vergrößerung und zur Neubildung von Follikeln und Keimzentren. Antigene werden dabei auf der Oberfläche dendritischer Reticulumzellen konzentriert. In der Medulla der Lymphknoten erscheinen Plasmazellen. Diese Phase ist zeitlich und möglicherweise auch funktionell mit dem Auftreten von Antikörpern gegen Antigene des Transplantates verbunden. Zunehmend verwischt sich die normale Architektur der lymphoiden Organe. Die Veränderungen betreffen zwar den tributären Lymphknoten am frühsten und stärksten, manifestieren sich in der Folge jedoch auch in abgelegenen Lymphknoten und Milz. Entfernung der regionalen Lymphknoten verhindert die Transplantatabstoßung nicht. Bei der „second set"-Verwerfung verlaufen die geschilderten Erscheinungen ausgeprägter. Sie bleiben über die Abstoßungsperiode hinaus bestehen und unterscheiden sich qualitativ durch vermehrte Plasmocytose in Milz und Lymphknoten.

Die Primärreaktion in Lymphknoten läßt sich durch Bestrahlung [230] sowie Immunosuppressiva [5, 290] charakteristisch beeinflussen. Bestrahlung hemmt das Auftreten der Hämocytoblasten kaum, wohl aber die Entwicklung der Keimzentren. Da Bestrahlung die primäre Abstoßung nur sehr gering und die sekundäre nicht beeinflußt, verlaufen diese offenbar unabhängig von den Vorgängen in den Keimzentren. Die Keimzentren werden bekanntlich mit der Bildung humoraler Antikörper in Verbindung gebracht, während die im paracorticalen Bereich ansässigen Lymphknotenzellen als für celluläre Immunreaktionen verantwortlich gelten. 6-Mercaptopurin und Cyclophosphamid verhindern das Auftreten der Hämocytoblasten, nach Methotrexat bleibt deren Transformation in kleine Lymphocyten aus. Von diesen wird angenommen, daß ein Teil als Effektorzellen die Zerstörung des Transplantates übernimmt („killer cells") und ein anderer das immunologische Gedächtnis trägt („memory cells"). Letztere würden ihre Information an neue Effektorzellen weitergeben. Der hohe RNS-Gehalt von Lymphocyten könnte für die „Gedächtnisfunktion" wichtig sein.

Nach einer 1958 von Medawar vorgebrachten Vorstellung kann auch an eine periphere Sensibilisierung gedacht werden. Lymphocyten, welche über den Blut- oder Lymphkreislauf in das Transplantat gelangen, sollen dort an Ort und Stelle sensibilisiert werden. Die in den Lymphknoten beschriebenen Transformations- und Proliferationsvorgänge würden dann von diesen peripher sensibilisierten Lymphocyten ausgehen. Eine wichtige Stütze dieser Ansicht stellt folgender Versuch dar [317]. Isolierte Nieren von F_1-Ratten wurden mit aus dem Ductus thoracicus gewonnenen Lymphocyten eines Elternstamms über mehrere Stunden perfundiert. Rücktransfusion des Perfusats in die Elterntiere führte zu beschleunigter Abstoßung von F_1-Hauttransplantaten in den Elterntieren. Eine Kritik an diesen Versuchen müßte fordern, daß keine Zellen oder Transplantationsantigene der perfundierten F_1-Niere in die Elterntiere zurückgelangten.

Eine Erklärung, die sowohl vereinbar wäre mit peripher sensibilisierten (das Transplantat traversierenden) Lymphocyten, als auch mit der postulierten Rolle der afferenten Lymphbahnen, ergäbe sich aus der Beobachtung, daß in das Transplantat gelangende Lymphocyten via Lymphe in die regionalen Lymphknoten gelangen [95].

Weitere Gesichtspunkte über den Sensibilisierungsmodus und Mechanismus der Transplantatzerstörung deckten Elkins und Gutmann bei Ratten auf [92]. Dabei wurden Lymphocyten eines Elternstammes (Lewis) unter die Nierenkapsel von F_1-Hybriden gebracht. Es kam zu einer Invasion und Zerstörung des umliegenden Nierengewebes, analog einer Abstoßungsreaktion. Auch perivasculäre und interstitielle Ansammlung der charakteristischen großen pyroninophilen Zellen wurden beobachtet. Der Effekt blieb aus, wenn die Lymphocyten von Spendern stammten, die gegen F_1-Hybriden tolerant waren; es handelt sich somit um eine spezifische Aktivierung der transplantierten Lymphocyten durch Empfängerantigene. Interessanterweise blieb die Reaktion auch aus, wenn die Empfänger vorher bestrahlt worden waren und eine Leucopenie aufwiesen. Ferner trat die Reaktion unter zwei weiteren Versuchsbedingungen auf. Bei einer wurden nach Transplantation von Lewis-Nieren in F_1-Hybriden Lewis-Milzzellen unter die Nierenkapsel der transplantierten Lewis-Niere inoculiert. In einem anderen eleganten Versuch erhielten Lewis-Ratten die Nieren von gleichen Tieren, die aber durch vorherige Behandlung mit Cyclophosphamid und Knochenmark von F_1-Hybriden in Chimären verwandelt worden waren. Trotzdem das Spenderparenchym isolog war, traten die Abstoßungserscheinungen auf [133]. Beide Versuche sprechen dafür, daß die im transplantierten Organ zirkulierenden Leukocyten als Immunogene wirken. Sie sind hämatopoetischer Herkunft und wohl teilweise auch durch interstitielle Lymphocyten repräsentiert. Diese Befunde erklären auch, wieso Nierenhomotransplantate bei Ratten länger überlebten, wenn die Spender mit Antilymphocytenserum (ALS) behandelt waren (132). Die Primärreaktion des Wirts wäre somit nicht gegen die Organzellen des Spenders gerichtet, sondern gegen die darin als „Passagier-Zellen" enthaltenen Leukocyten. Die vasculären und tubulären Läsionen, die zum Funktionsverlust der transplantierten Niere führen, wären dann nur unspezifische Folgen der primären Immunreaktion. Die subendotheliale

Obliteration der Gefäße scheint mit dort lokalisierten Empfängerzellen im Zusammenhang zu stehen [38]. Es darf angenommen werden, daß den Passagier-Zellen für die Immunisierung eine Bedeutung zukommt, aber wohl keine das Organparenchym ausschließende; denn sonst dürften ja von Passagier-Leukocyten vollständig befreite Organe nicht abgestoßen werden.

Die Sensibilisierung gegenüber Transplantationsantigenen erfolgt entweder über die afferenten Lymphbahnen oder als „periphere Sensibilisierung" durch das Transplantat traversierende Antigen-reaktive Lymphocyten. In der Folge kommt es in den lymphoiden Organen zu charakteristischen Proliferationsvorgängen mit Bildung von Effektor-Lymphocyten und Plasmazellen.

G. Immunität im extravasculären Raum und in vitro

Wo und wie werden die Zellen, die ein Transplantat infiltrieren, rekrutiert und mobilisiert und auf welche Weise zerstören sie es? Wir wollen in diesem Abschnitt in einem ersten Teil Aspekte der Kinetik und lokalen Ansammlung lymphoider Zellen betrachten und in einem zweiten unspezifische Komponenten der Homotransplantatreaktion anhand einiger *in vitro*-Korrelate lymphocytärer Toxizität.

1. Aufschlußreiche Ergebnisse zeigten Arbeiten, bei denen die efferenten Lymphbahnen eines regionalen Lymphknotens nach Transplantation homologer Haut bei Schafen untersucht wurden. Pyroninophile Immunoblasten erscheinen 60 Stunden nach Antigenstimulation. Ihre Zahl steigt rasch an, und nach 4—5 Tagen besteht die efferente Lymphe zu 40% aus solchen Zellen. Sie dürften von rezirkulierenden Blutlymphocyten im Lymphknoten stammen, und für ihre Bildung war die Einwirkung von im Lymphknoten lokalisierten Antigenen oder die Anwesenheit peripher sensibilisierter Lymphocyten ausschlaggebend. Sie gehören zum Thymus-abhängigen Anteil des Immunsystems und dürften Effektoren cellulärer Immunreaktionen sein. Ihr Cytoplasma enthält Polyribosomen, und sie produzieren zellständige Antikörper. Ein Hinweis für die Bedeutung metabolisch aktiver Lymphoblasten stellt auch deren Zunahme im Blut vor Abstoßungsepisoden von Nierenhomotransplantaten dar [152].

Diese Zellen werden von den Lymphknoten in großen Mengen produziert; ein Lymphknoten von 1 g gibt bis 10^8 Lymphoblasten pro Stunde ab. Beteiligen sich beim Mensch ungefähr 20 g Lymphknoten an einer generalisierten Immunreaktion, so betrüge die Zahl der pro Tag ins Blut abgegebenen Lymphoblasten rund $4 \cdot 10^{10}$ Zellen. Diese Zahl ist viel höher als die im Blut nachweisbare Menge. Es muß daher angenommen werden, daß mindestens gleichviel Lymphoblasten wie in das Blut eintreten, es wieder verlassen. Die ausgeprägte Beweglichkeit dieser Zellen gewährleistet ihre Emigration aus der Blutbahn.

Hall hat eine interessante Hypothese aus seinen Beobachtungen abgeleitet [135]. Er bringt die Genese der cellulären Immunität mit der Entwicklung des Blutkreislaufs in Zusammenhang. Der hohe Blutdruck bei Wirbeltieren würde das Austreten von Blutbestandteilen aus der Blutbahn bewirken. Um das zu verhindern, kam es zur Erhöhung des kolloid-osmotischen Druckes der Blutflüssigkeit. Er ist bei Säugetieren rund fünfmal so hoch wie jener in der umgebenden Gewebeflüssigkeit. Damit ist aber auch das Übertreten der von Plasmazellen in den Lymphknoten synthetisierten humoralen Antikörper aus dem Blut ins Gewebe erschwert, wo sie beispielsweise bei einer bakteriellen Invasion benötigt werden. Würden Antikörper abrupt und in großen Mengen aus dem Kreislauf treten, so bräche dieser zusammen. Zudem erreichen sie ihre höchste Serumkonzentration erst 10 Tage nach dem Reiz durch das Antigen. Hall nimmt an, daß sich als Anpassung an diese Gefährdung unter Selektionsdruck ein mobiles und früher wirksames Immunprinzip entwickeln mußte zur Gewährleistung einer adäquaten Reaktion im extravasculären Raum. Die Lymphoblasten, die nach 4—5 Tagen in großen Mengen in den Lymphknoten entstehen und ins Gewebe übertreten, ermöglichen somit eine Reaktion gegen Fremd-Antigene, die zu nützlicherer Frist dort einsetzt, wo sie benötigt wird. Die celluläre oder nach dieser Theorie extravasculäre Immunreaktion, die wohl gegen pathogene Mikroorganismen ausgebildet wurde, erfüllt ihre Funktion nun auch gegen als „fremd" erkannte Transplantationsantigene. Tatsächlich sammeln sich lymphoide Zellen mit Vorliebe an Orten an, die gegenüber Pathogenen besonders exponiert sind. Beiläufig kann erwähnt werden, daß hier, nämlich im Alveolargewebe der Lunge und im Dünndarmepithel, auch selten Primär-Carcinome auftreten.

Durch die Immunoblasten kommt es *in situ* zu einer hohen Konzentration von spezifischem Antikörper, der somit auch hier die letzte Effektor-Stufe der Immunreaktion darstellen würde. Bei Hauttransplantaten beispielsweise liegen die fremden Zellen notwendigerweise extravasculär. Alles weist darauf hin, daß die Abstoßung eines solchen Transplantats durch eine cellulär vermittelte Immunreaktion erfolgt. Umgekehrt ist bekannt, daß intravasculäre Transplantate, z. B. Leukämie- oder Knochenmarkzellen, einer vorwiegend humoral vermittelten Immunreaktion zum Opfer fallen. Auch bei „second set"-Transplantaten werden schon vorgebildete oder rascher entstehende humorale Antikörper eher rechtzeitig ins Gewebe übertreten, um bei der Abstoßung des Transplantates eine Rolle zu spielen.

Werden die efferenten Lymphoblasten abgeleitet, so wird die Immunisierung verhindert [136]. Diese Zellen propagieren offenbar die Immunreaktion. Der Ausfluß von Lymphoblasten aus dem Lymphknoten wird durch dessen Bestrahlung mit bis zu 2000 r vermindert, nicht aber deren funktionelle Fähigkeit. Sie hängt offenbar von rezirkulierenden Lymphocyten ab, die neu in den Lymphknoten eindringen. Das transendotheliale Einwandern sensibilisierter Lymphoblasten in Transplantate wäre somit eine Voraussetzung für den Abstoßungsvorgang. In mehreren Versuchsanordnungen ist allerdings gezeigt worden, daß die mononucleären Infiltrate in Transplantaten oder anderen Immunreaktionen vom verzögerten Typ nur zum kleineren Teil aus spezifisch sensibilisierten Elementen bestehen. Die sensibilisierten Zellen gelangen also höchstwahrscheinlich zufällig ins Transplantat, wo sie durch ihre Reaktion mit Antigen die zur Abstoßung führenden Vor-

gänge auslösen. Die überwiegende Mehrzahl der im Transplantat angezogenen und für die Abstoßung verantwortlichen mononucleären Zellen dürfte auch erst nach der Transplantation aus dem Knochenmark rekrutiert werden. Auch bei Transfer sensibilisierter Spenderzellen sammeln sich vorwiegend vom Empfänger stammende mononucleäre Zellen in den Transplantaten an.
2. Die Reaktion sensibilisierter Zellen mit Antigen bewirkt die Abgabe von Substanzen, wie z. B. Lymphotoxine [179], welche lokale Schädigungen bewirken. Bei einem weiteren dieser Produkte dürfte es sich um ein Prinzip handeln, das chemotaktisch andere, nicht-sensibilisierte mononucleäre Zellen anzieht und deren Abwanderung verhindert. *In vitro* ist ein solches Prinzip als „migration-inhibitory-factor" charakterisiert worden [336]. Es entsteht durch Kontakt sensibilisierter Lymphocyten mit Antigen und vermag das Auswandern einer bis hundertfach größeren Zahl von Makrophagen zu hemmen.

Hinweise auf die cytopathogene Aktivität sensibilisierter Lymphocyten liefern auch andere *in vitro*-Versuche. Werden Lymphocyten von gegen ein Transplantat immunisierten Empfängern *in vitro* mit Zellen von Spendergewebe in Kontakt gebracht, so kommt es zu deren Zerstörung [129, 278, 340]. Die sensibilisierten Lymphocyten grasen die Oberfläche der Zielzellen ab und lagern sich kranz- oder rosettenförmig um diese an. Inniger Kontakt ist eine notwendige, aber nicht ausreichende Voraussetzung für die Lyse. Sie erfolgt auch ohne die Anwesenheit von Komplement. Ein einzelner sensibilisierter Lymphocyt genügt, um eine Zielzelle zu zerstören. Nur 1—2% einer Population von Lymphocyten eines sensibilisierten Tieres sind wirksam. Ähnliche Effekte wurden auch mit Immun-Makrophagen erzielt.

Unter besonderen Bedingungen können auch nicht sensibilisierte Lymphocyten in Gewebekultur gegenüber homologen Zellen cytotoxische Effekte zeigen, z. B. wenn sie mit Phytohämagglutinin stimuliert werden. Dabei handelt es sich um einen mitogenen Eiweißstoff pflanzlicher Herkunft, unter dessen Einfluß Lymphocyten *in vitro* zu großen pyroninophilen Blasten transformiert werden. Die Transformation beruht wohl auf von der Zellmembran ausgehenden Signalen und tritt auch bei spezifischer Antigenstimulation sensibilisierter Lymphocyten auf. Lösliche Antigene sind dabei nur in Gegenwart von Makrophagen wirksam, möglicherweise nach Verarbeitung durch diese. Im Gegensatz zu der Cytotoxizität sensibilisierter Lymphocyten wirken bei der Stimulation durch Phytohämagglutinin Immunosuppressiva nicht hemmend, d. h. es ist wahrscheinlich, daß bei der Cytotoxizität von nicht immunen lymphoiden Zellen keine DNS- bzw. Proteinsynthese beteiligt ist [159].

Kontakt und Stimulierung sind Voraussetzungen für die cytotoxische Aktivität lymphocytärer Effektorzellen. Spezifische und unspezifische Komponenten haben im weiteren Verlauf ihre Bedeutung. Die Spezifität ist durch Membran-Antikörper vermittelt und äußert sich in der Selektion der Zielzellen. Deren Zerstörung dürfte durch unspezifische Mediatorsubstanzen, vielleicht auch durch engen cellulären Kontakt zustande kommen.

Neben cytotoxischen zeigen homologe Lymphocyten *in vitro* auch stimulierende Effekte gegeneinander, auf welchen die „gemischte Lymphocyten-

Kultur" zur Bestimmung der Histocompatibilität zweier Individuen beruht (s. S. 99).

Die proliferative Aktivität der *in vitro* mit homologem Antigen konfrontierten Lymphocyten drückt ihre immunologische Kompetenz aus. Lymphocyten von F_1-Hybriden reagieren nicht gegen parentale Zellen, solche von neonatal thymektomierten Tieren sind areaktiv und solche von toleranten Mäusen sind auch *in vitro* spezifisch tolerant gegen die Antigene, mit denen die Toleranz induziert wird.

Die nach der Sensibilisierung gebildeten Lymphocyten können als Vermittler einer früh (d. h. vor den Antikörpern) und außerhalb der Blutbahn einsetzenden Immunreaktion gesehen werden. Nach Kontakt mit dem Antigen der Transplantatzellen setzen die Effektorzellen unspezifische, Entzündungsvorgänge unterhaltende Faktoren frei. Lymphocytäre Cytotoxizität läßt sich auch in vitro untersuchen.

H. Lymphocyten als Effektorzellen

Nach dem bisher Gesagten spielen Lymphocyten eine wesentliche Rolle bei der Auffindung von Transplantationsantigenen und als Effektoren der Homotransplantatreaktion. Wichtige Beiträge zur Untermauerung dieser These stammen von Gowans und Mitarbeitern [130 a].

Einmal wies Gowans eine Eigenschaft der Lymphocyten nach, ohne die sie ihre Rolle, mit Antigenen Kontakt aufzunehmen und sie abzufertigen, schwerlich auszuüben vermöchten. Er zeigte nämlich mit Ratten, deren Ductus thoracicus kanüliert war, daß die meisten Lymphocyten ständig zwischen Blut und Lymphknoten zirkulieren. Sie treten durch die endothelialen Zellen der postcapillaren Venolen in den Lymphknoten in den Lymph-Kreislauf ein und gelangen von dort wieder ins Blut über die efferenten Lymphbahnen, deren wichtigster Teil der die Peyerschen Plaques und die abdominalen und thorakalen Lymphknoten drainierende Ductus thoracicus darstellt. Die Zellen im Ductus thoracicus bestehen zu 95% aus kleinen Lymphocyten und zu 5% aus großen. Die ersteren sind immunologisch aktiv. Sie lassen sich in zwei Populationen einteilen: eine kleinere von kurz, d. h. einige Tage lebenden, und eine größere, der eine Lebenszeit von durchschnittlich 100—200 Tagen zukommt, wobei aber auch Anhaltspunkte für jahrelanges Überleben vorliegen. Es ist klar, daß sowohl die Fähigkeit dieser Zellen, den ganzen Organismus zu durchkämmen, als auch ihre lange Lebensdauer sie dazu prädisponiert, sowohl Antigene aufzufinden, als auch ihre Kenntnisse bei Bedarf einzusetzen oder zu bewahren.

Es besteht kein Zweifel, daß die Drainage des Ductus thoracicus zu einer verminderten immunologischen Reaktivität führt. Das wurde bei verschiedenen Tierspecies gezeigt und anhand der Reaktionen gegen verschiedene Antigene. Es kommt zu einer Verarmung des Organismus — auch in den lymphoiden Organen — an Antigen-empfindlichen, Thymus-abhängigen Lymphocyten. Thoracicus-Drainage hat sich auch klinisch bei Empfängern von Nierenhomotransplantaten bewährt [286, 327].

Die im folgenden beschriebenen immunologischen Phänomene wurden unter Verwendung von Zellen aus dem Ductus thoracicus erhalten. Da es sich dabei praktisch um reine Suspensionen von Lymphocyten handelt, ist ihre immunologische Kompetenz nicht zu bezweifeln.

Lymphocyten verursachten einmal typische Antiwirt-Reaktionen (s. Kap. V, Abschnitt A). Es kommt zum Auszehrungssyndrom, wenn homologe Zellen in Neugeborene, heterologe in letal bestrahlte Mäuse und parentale in F_1-Hybriden intravenös injiziert werden. Dabei transformieren sich die Lymphocyten in der Initialphase der Reaktion zu großen pyroninophilen Zellen. Ein weiterer Beweis für die Rolle der Lymphocyten brachten Versuche, bei denen sich neonatal induzierte Toleranz durch Ductus thoracicus-Lymphocyten aufheben ließ. Wie schon mit Lymphknotenzellen waren auch in diesem Versuch Zellen von sensibilisierten Spendern noch wirksamer. Die Invasion von tolerierten Hauttransplantaten erfolgt dabei allerdings nicht durch die injizierten Zellen, sondern durch neugebildete Zellen, also wohl Nachkommen der übertragenen Lymphocyten, die ihr Heimfindungsinstinkt nach Reaktion mit dem Antigen zuerst einmal in die Lymphknoten führt. Auch läßt sich zeigen, daß in Ratten, deren lymphoide Gewebe durch chronische Ductus thoracicus-Drainage verarmt sind, Immunreaktionen und Transplantatabstoßung nach Injektion von Ductus-Lymphocyten wieder normal vonstatten gehen. Die Zweitreaktion wird hingegen durch Ductus thoracicus-Drainage nicht beeinträchtigt. Die meisten dafür verantwortlichen Zellen gehören somit nicht zum rezirkulierenden pool. Bei Ziegen beeinflußt allerdings die Drainage des Ductus thoracicus das Überleben von Nierenhomotransplanaten nicht [93].

Schließlich zeigen lymphoide Zellen auch die Zusammenhänge zwischen Transplantationsimmunität und Überempfindlichkeitsreaktionen vom verzögerten Typ. Erhalten Individuen, die vorgängig durch ein Homotransplantat sensibilisiert worden waren, später Lymphocyten des Spenders intracutan injiziert, so entwickelt sich lokal eine Reaktion vom verzögerten Typ. Sie wird als „direct reaction" bezeichnet. Umgekehrt löst auch die Injektion von Lymphocyten vorsensibilisierter Spender eine Reaktion in Empfängern aus, von denen das sensibilisierende Gewebe stammte („transfer reaction").

Die Drainage und Reinfusion von Lymphocyten aus dem Ductus thoracicus hat deren Rolle als immunologische reaktive Zellen gezeigt. Lymphocyten vermögen immunologische Toleranz aufzuheben und dabei Transplantate abzustoßen; sie verursachen auch Antiwirt-Reaktionen. Ihre Antigen-Empfindlichkeit, Beweglichkeit und Ubiquität prädestiniert Lymphocyten, Immunreaktionen einzuleiten, auszuführen und zu generalisieren.

I. Transplantationsantigene

Die Transplantationsantigene sind die Ursache des Abstoßungsvorgangs und daher von besonderem Interesse. Bekanntlich hängt das Schicksal eines Transplantates von der genetischen Beziehung zwischen Spender und Empfänger ab. Sie findet ihren stofflichen Ausdruck in den Produkten der Histocompatibilitätsgene, den Transplantationsantigenen. Sie sind die chemischen Determinanten der Individualität.

In der Natur kommt ein durch Transplantation vermittelter Kontakt histoincompatibler Gewebe nicht vor. Es ist deshalb merkwürdig, daß diese Stoffe außerhalb ihres Ursprungsorganismus Antigencharakter aufweisen. Aber worin besteht ihre primäre Funktion, die sich zusätzlich als immunologische Individualität ausdrückt? Am attraktivsten erscheint die Idee, daß sie im Sinne des Konzeptes von Burnet [50, 51] „Selbst"-Komponenten kennzeichnen.

Wenn diesen Komponenten nicht eine grundlegende Rolle für die Zell-Physiologie oder -Struktur zukäme, hätten sie in der Evolution wohl kaum der Elimination durch den Selektionsdruck widerstanden. Möglicherweise sind sie bedeutsam für die Regulation von cellulären Wachstums-, Kontakt- und Erkennungsvorgängen. Daß sie für die Zellfunktion notwendig sind, geht auch daraus hervor, daß sie nach jahrelanger *in vitro*-Kultivierung von Zellen erhalten bleiben. Auch ontogenetisch treten sie bereits in der frühesten Embryonalentwicklung auf, beim Mäuseei im Blastocyststadium, vor der Ausbildung des Trophoblasten [330, 303]. Was auch ihre eigentliche Aufgabe sein mag, die Auswirkung dieses genetischen Polymorphismus für die Transplantationsimmunität besteht darin, daß die Transplantationsantigene vom Empfängerorganismus als fremd erkannt werden und so für den Abstoßungsprozeß verantwortlich sind. In der künstlichen, nach der Transplantation von Geweben bestehenden Situation können sie dabei Transplantationsimmunität, humorale Antikörper und spezifische cutane Überempfindlichkeitsreaktionen vom verzögerten Typ auslösen.

Ihre chemische Natur ist noch nicht aufgeklärt. Die Ansicht, daß es sich um Lipoproteine handelt, beruhte auf ihrer schweren Löslichkeit und ist wieder verlassen. Heute werden sie eher als Glykoproteine mit einem Molekulargewicht von ca. 50.000 [79] oder neuerdings als Polypeptide [172] angesehen. Jedenfalls läßt sich die Aktivität gewisser Produkte durch proteolytische Enzyme und Eiweiß-denaturierende Einwirkungen aufheben. Sehr resistent sind die H-2-(Histocompatibilität-2)-Transplantationsantigene der Maus gegen Bestrahlung. Zellen, die nach 400 r ihre Vitalität einbüßen, bleiben noch nach 12 800 r als Antigene wirksam und vermögen Mäuse eines anderen Stammes gegen Zweittransplantate zu immunisieren [217].

Gewisse Struktur-Analogien bestehen zwischen Transplantationsantigenen und in Membranen hämolytischer Streptokokken enthaltene Substanzen. Die Gemeinsamkeiten mögen oberflächlich sein, reichen aber aus, um zu immunologischer Kreuzreaktivität zu führen. So läßt sich zum Beispiel durch diese bakteriellen Stoffe Immunität gegen Meerschweinchenhauttransplantate erzeugen [274]. Auch gegenüber menschlichen Transplantationsantigenen weisen Streptokokkenproteine Kreuzreaktivität auf [158]. Eine originelle Hypothese geht dahin, daß durch Selektionsdruck bakterielle Mutanten entstanden, deren Antigene mit jenen von Gewebsbestandteilen ihrer Wirte übereinstimmten. Für die Brechung von Immuntoleranz und die Entstehung von Autoimmunkrankheiten könnte dem Phänomen eine große Bedeutung zukommen.

Die bisherigen Analysen galten vorwiegend den Mäuse-Transplantationsantigenen. Eine Analogie zwischen den Produkten des H-2-Locus der Maus und jenen des menschlichen HL-A-Systems zeichnet sich jedoch ab. Der Nachweis der Transplantationsantigene erfolgt mittels Sensibilisierung gegenüber nachfolgenden Transplantaten, Tumor-„enhancement" (s. S. 49) sowie der direkten Cutanreaktion. Praktischer und rascher auszuführen sind *in vitro*-Methoden wie Stimulierung homologer Zellen oder serologisch die Hemmung hämagglutinierender bzw. cytotoxischer Antikörper durch die Antigen-Präparationen.

Man nimmt an, daß die Transplantationsantigene vorwiegend in der Zellmembran lokalisiert sind. Auch aus lysosomalen Membranen läßt sich noch Antigen-Aktivität gewinnen. Mikrosomale und mitochondriale Zellfraktionen scheinen keine Transplantationsantigene zu enthalten. Dieser Befund steht auch im Einklang mit der Beobachtung, daß Zellen mit reichem endoplasmatischem Reticulum im allgemeinen einen geringen Gehalt an Transplantationsantigenen aufweisen. In Zellen lymphoider Organe wie Milz oder Thymus ist der Gehalt an Transplantationsantigenen hoch. In Lunge, Niere und Leber sind sie in abnehmender Konzentration enthalten. Auch Hirngewebe hat ein der Haut vergleichbares Immunisierungsvermögen. Über den Antigen-Ausdruck von Spermatocyten liegen sowohl positive als auch negative [295] Befunde vor.

Es ist noch weitgehend unerforscht, ob der Antigen-Ausdruck schwanken kann. Die Phase des Zellcyclus, Pharmaka, Maskierung durch Sialoproteine (die Möglichkeit einer Demaskierung durch z. B. Neuraminidase einschließend) könnten eine Rolle spielen. Maskiert, aber mit besonderen Methoden nachweisbar, sind die Transplantationsantigene auch in ubiquitär wachsenden Tumoren, z. B. dem Ehrlich-Carcinom.

Ein Hauptziel der Transplantationsforschung ist die Induktion spezifischer immunologischer Toleranz. In Systemen humoraler Immunität läßt sich Toleranz mit geringsten Antigenmengen herbeiführen. Die Antigene müssen dazu in löslicher Form appliziert werden. Partikuläre und aggregierte Antigene bewirken Immunität. Diese Tatsache könnte auch wieder zu Spekulationen über die Evolution des Immun-Mechanismus verleiten und zur Annahme, daß er sich primär als Adaptationsprozeß zur Auseinandersetzung mit Pathogenen entwickelte. Anlaß und Möglichkeit, gegen lösliche Antigene Immunreaktionen auszubilden, bestand weniger. Da dieser Mechanismus der Toleranzentstehung auch für cellulär vermittelte Immunreaktionen Gültigkeit haben könnte, wird angestrebt, Transplantationsantigene aus ihren Einbaustellen in Zellmembranen freizusetzen, zu reinigen und in löslicher Form darzustellen. Lösliche Präparate von Transplantationsantigenen sind deshalb schwierig zu erhalten, weil sie einmal nur einen kleinen Anteil der Zellmembran ausmachen und zudem aufs engste mit mikroanatomischen Strukturen verbunden sind. Es darf aber damit gerechnet werden, daß die Polypeptidtranskriptionen der Histocompatibilitätsgene, also die Substanzen, die jedem Individuum sein unverwechselbares genetisches Gepräge verleihen, einmal als chemisch definierte Substanzen vorliegen werden.

Transplantationsantigene sind Produkte der Histocompatibilitätsgene. Sie lösen die Homotransplantatreaktion aus. Es handelt sich chemisch um Glykoproteine, die innig mit Zellmembranbestandteilen verbunden sind. In löslicher Form käme ihnen möglicherweise eine Rolle als Tolerogene zu. Bakterielle Stoffe (z. B. von Streptokokken) können mit Transplantationsantigenen Kreuzreaktivität aufweisen und für präformierte Antikörper gegen Transplantate verantwortlich sein.

K. Ausbleibende Abstoßung

1. Millipore-Kammern

Interessante Beiträge zur Frage, ob humorale Antikörper an der Abstoßung beteiligt sind, lieferten auch Experimente, in denen Transplantate in Millipore-Kammern in die Bauchhöhle von Versuchstieren eingebracht wurden [2]. Die Porenweite dieser Kammern (d. h. der in Plexiglas eingelassenen Filterscheiben) ist so bemessen, daß ein normaler Stoffaustausch möglich ist, Zellen aber nicht passieren können. Die Aussagekraft dieser Versuche ist dadurch etwas eingeschränkt, daß sich die Poren nach einiger Zeit verstopfen können, oder auch daß ein kleinerer Teil der Kammern leck wird. Im ganzen betrachtet dürften diese Experimente aber doch gezeigt haben, daß in Diffusions-Kammern eingeschlossene Gewebe überleben, daß sie keine Sensibilisierung hervorrufen und daß sie auch in vorgängig immunisierten Empfängern nicht absterben. Werden hingegen isologe Milzzellen immunisierter Empfänger mit den transplantierten homologen Zellen in die Kammer eingeschlossen, so werden letztere prompt zerstört. Normale isologe Milzzellen sind unwirksam. Der Schutz gegen Zerstörung erstreckt sich jedoch nicht auf Zellen heterologer Herkunft, deren Degeneration zwei Wochen nach Implantation einsetzt. Offenbar wird hierbei der Beitrag humoraler Antikörper wesentlicher. Insgesamt weisen aber auch die Versuche mit Millipore-Kammern darauf hin, daß die Immunität gegen Homotransplantate ein vorwiegend cellulär vermittelter Vorgang ist.

2. Privilegierte Positionen und Organe

Neben solchen künstlichen Sanktuarien für transplantierte Gewebe gibt es auch natürlicherweise privilegierte Positionen im Organismus. Dazu gehören die vordere Augenkammer mit Linse und Cornea, Hoden, Fettgewebe, vielleicht des Gehirn, sowie die Backentasche des Hamsters. Es ist eine alte Beobachtung, daß an diese Stellen transplantierte Tumor-Heterotransplantate von der Abstoßung verschont werden. Man nimmt an, daß von dort keine über lymphatische Verbindungen erfolgende Immunisierung zustande kommen kann. Werden die Tiere durch ein an anderer Stelle befindliches Transplantat sensibilisiert, so setzt die Abstoßungsreaktion ein. Im zentralen Nervensystem fehlen Lymphbahnen, in der Backentasche des Hamsters verhindert eine besondere Bindegewebsmembran lymphatische Verbindungen. Die Membran, als Unterlage für Homotransplantate normaler Hamsterhaut verwendet, schützt diese ebenfalls durch Verhinderung der primären Sensibilisierung. Corneale Transplantate überleben in der vorderen Augenkammer dank ihrer privilegierten Position. Die Reaktion gegen Hornhauttransplantate beispielsweise setzt nur dann ein, wenn eine Verbindung entsteht, von der man heute nicht mehr annimmt, daß sie vasculärer, sondern eher lymphatischer Natur sei. In gewöhnliche Haut verbrachte (also heterotope) Corneatransplantate werden normal abgestoßen. In die in Abstoßung begriffene Hornhaut wachsen Blutgefäße ein und sie wird opak.

Durch Antilymphocytenglobulin und Azathioprin ist auch die Abstoßung von Hornhauttransplantaten hemmbar. Cornea, die gleichzeitig mit normaler Haut transplantiert wird, trübt sich rasch. Dies ist nicht der Fall, wenn die Haut erst sechs Wochen später überpflanzt wird [215]. Das weist einmal darauf hin, daß orthotop transplantierte Cornea durch ihre Position nicht zu immunisieren braucht und daß ferner eingewachsene Cornea durch „Adaptation" vor der efferenten Immunreaktion bewahrt sein kann. Eine klare Interpretation dieser Befunde steht aus, zumal auch nachgewiesen ist, daß in der vorderen Augenkammer befindliches Gewebe zwar selbst überlebt, aber gegen Zweittransplantate auch zu immunisieren vermag [271]. Ein ähnliches Phänomen wurde bei in die vordere Augenkammer thyreoidektomierter Empfänger eingebrachten Schilddrüsenhomotransplantaten beobachtet [344]. Auch diese überlebten normalerweise oder wenn ein Hauttransplantat erst nach Monaten appliziert wurde. Ein gleichzeitiges Hauttransplantat bewirkte aber die prompte Abstoßung des intraoculären Drüsengewebes.

Bezüglich des zentralen Nervensystems als Freistätte für Transplantate wurden allerdings kürzlich Zweifel angemeldet [35, 184]. Wenn man Hunden intracraniell homologe Nebenschilddrüsen transplantierte, erwies sich deren endokrine Funktion als ein empfindlicheres Maß für ihren Zustand als die Histologie, denn erstere versagte nach wenigen Wochen vollständig, während die Organstruktur noch teilweise erhalten war. Schließlich erzeugten die intracraniellen Transplantate auch eine generalisierte Immunität, denn Zweit-Hauttransplantate gingen beschleunigt zugrunde. Die Verhältnisse bei Transplantation normaler Gewebe unterscheiden sich möglicherweise von jenen bei Tumortransplantaten. Die größere inhärente Wachstumspotenz der letzteren vermag unter Umständen eine suboptimale Immunreaktion zu kompensieren.

Neben privilegierten Positionen gibt es auch privilegierte Organe. Ovarien werden beispielsweise bei Mäusen über schwache Histocompatibilitätsbarrieren nicht oder nur verzögert abgestoßen [30, 182, 195], zudem erzeugt ein Eierstocktransplantat Toleranz für Hauttransplantate gleicher genetische Konstitution. Inaktiviert Ovargewebe „Immunkörper" des Empfängers [140]? Eine Erklärung liegt in der relativ geringen Antigenität von Ovargewebe [16]. Oder wirken sie über „auto-enhancement" (siehe Kap. IV, Abschnitt B), indem sie besonders die Bildung immunsuppressiver Antikörper begünstigen?

Zahnknospen gehören ebenfalls zu diesen privilegierten Organen. Ungefähr die Hälfte solcher Homotransplantate überleben dauernd. Auch hier wird die Ursache im geringen Immunisierungsvermögen der Zahnanlage gesehen [337]. Ein deutlich privilegiertes Gewebe ist auch Knorpel. Er ist den üblichen Abstoßungsvorgängen nicht unterworfen [122]. Die Matrix verhindert die Abgabe von Antigen, aber nicht die chronische Abstoßung bei präsensibilisierten Empfängern. Die Abstoßung von Knorpel tritt ein, wenn bei dissoziierten Chondrocyten keine Matrix die Immunisierung verhindert [154]. Im Gegensatz dazu vermag Knochen gegen Zweittransplantate zu sensibilisieren. Schließlich können auch Nieren unter Umständen vom Abstoßungsvorgang verschont bleiben. Bei bestimmten Rattenstämmen überleben Nierentransplantate in der Regel länger als hundert Tage, während Haut derselben Spender — selbst bei gleichzeitiger Übertragung mit den Nieren — normal nach 8—12 Tagen abgestoßen wird [338]. Toleranz oder unspezifische Immunosuppression spielen somit wohl keine Rolle. Möglicherweise fördert eine simultane unterschwellige Immunreaktion die Toleranzentstehung bei den Nieren. Auf die Besonderheiten der Leber als Homotransplantat werden wir noch eingehen (Kap. VIII, Abschnitt C).

3. Der Fetus als Homotransplantat

Das Beispiel *par excellence* für ein natürlicherweise vor der Abstoßung gefeites Homotransplantat ist das befruchtete Ei und der sich daraus entwickelnde Fetus. Trotzdem er (sofern die Eltern nicht dem gleichen Inzuchtstamm angehören) seinen vollen Satz an väterlichen homologen Transplantationsantigenen erhält, wird er — in krassem Gegensatz zu väterlichen Homotransplantaten anderer Natur — toleriert. Verschiedene Erklärungen sind für dieses biologisch höchst bedeutsame Phänomen vorgebracht worden. Eine davon, nämlich daß der Fetus bezüglich seines Gehaltes an Transplantationsantigenen „unreif" sein soll, darf ausgeschlossen werden. Embryonen in den frühesten Stadien enthalten bereits väterliche Antigene und sind in der Lage, homologe Empfänger zu immunisieren [330]. Ebenso vermögen dies Leberzellen von 13 Tage alten Mäuse-Embryonen. Durch vorherige Röntgenbestrahlung war die Proliferationsfähigkeit dieser Zellen ausgelöscht worden, nicht aber deren Antigenität [239]. Weiter könnte angenommen werden, daß die immunologische Fähigkeit der Mutter während der Gravidität vermindert ist. Das trifft zu, aber nur in einem sehr beschränkten Maß. Hauttransplantate überleben bei Schwangeren beispielsweise etwas verlängert. Die Verlängerung entspricht ungefähr jener, die sich durch Verabfolgung hoher Dosen Hydrocortison erreichen läßt und kann bei Mäusen oder Kaninchen ungefähr das zwei- oder dreifache betragen. Möglicherweise handelt es sich also um einen Effekt von während der Schwangerschaft vermehrt sezernierten Hormonen. Auch für Oestrogene ist ein schwacher verlängernder Effekt auf Hauthomotransplantate bei Mäusen beschrieben [105]. Die durch Hormone erreichbare Verminderung der immunologischen Reaktionsfähigkeit ist aber zu gering, um die Erhaltung der Frucht bei Lebendgebärenden zu erklären. Auch unterhalten schwangere

Ratten und Kaninchen eine normale Homotransplantatreaktion gegen ihre Feten, wenn diese in extrauterine Positionen verbracht werden [343]. Auf die Ausnahme — Keime im Trophoblaststadium — werden wir noch eingehen [174]. Humorale Antikörper werden während der Schwangerschaft normal produziert [225].

Als dritte Erklärung könnte angeführt werden, daß das intrauterine Habitat Transplantaten eine privilegierte Position bietet. Nachgewiesen ist dies für Mäuseeier, die als Blastocysten in den Uterus präsensibilisierter homologer Weibchen gebracht werden. Dort bleiben sie erhalten, während die gleichen Blastocysten beispielsweise unter der Nierenkapsel verworfen werden [174]. Die Rolle des Uterus für den Schutz des Fetus vor der mütterlichen Immunreaktion ist aber durch die Tatsache in Frage gestellt, daß die intrauterine Lage nicht unbedingt eine Voraussetzung für die Entwicklung von Feten zu sein braucht. Extrauterine Graviditäten sind ein Beispiel dafür. Offen ist, ob der Uterus die Mutter vor Immunisierung durch den Feten schützt oder ob er verhindert, daß der Fetus bei mit väterlichem Antigen immunisierten Müttern durch humorale Antikörper Schaden leidet. Multiple homologe Schwangerschaften beeinflussen die Fertilität nicht.

Der Uterus ist — im Unterschied zur Backentasche des Hamsters — auch vor der Einwirkung efferenter Immunmechanismen geschützt. Meist wird angenommen, daß die Grenzmembran für Zellen durchlässig ist. Wie bei der Parabiose kann jedoch die besondere Form von Kontakt zwischen mütterlichem und fetalem Gewebe nicht nur zur Immunität, sondern auch zur Toleranz führen. Das ist der Fall, wenn die Durchlässigkeit der beide Individuen isolierenden Membranen beispielsweise durch Hyaluronidase vermindert wird. Wurden trächtige Kaninchen damit behandelt, so waren später ein Teil der Nachkommen tolerant gegenüber mütterlichen Hauttransplantaten [250, 251]. Daß Toleranz durch Antigen (in diesem Fall fetale Zellen) auch bei erwachsenen Tieren erzeugt werden kann, bestätigt der umgekehrte Sachverhalt. Ein Drittel der Mütter wurde nämlich auch gegen fetale Hauttransplantate tolerant. Ernsthaft erwogen werden muß allerdings, daß diese mütterliche „Toleranz" auf „enhancement" gegenüber fetalen Zellen beruht. Eine Anzahl Befunde weisen darauf hin, daß der mütterliche Organismus doch humorale Antikörper gegen väterliche Antigene bildet. So lassen sich bei Mäusen nach homologen Graviditäten Antikörper gegen väterliche Erythrocyten nachweisen [153]. Ferner vermögen Milzzellen gravider Mäuse eine Antiwirt-Reaktion gegen väterliche Antigene zu unterhalten [310]. Das Vorhandensein von Immunzellen und die Bildung von Antikörpern ist mit Toleranz nicht zu vereinbaren. Daß diese antifetalen Antikörper Transplantate zu schützen vermögen, geht auch aus Versuchen hervor, die zeigen, daß nach multiplen Blastocyst-Injektionen väterliche Hauthomotransplantate verlängert überleben [175], und ferner, daß nach homologen Schwangerschaften ein normalerweise verworfener Tumor mit dem Antigenmuster des Vaters wächst [48]. Diese durch Gravidität entstandenen und das Transplantatwachstum fördernden Antikörper können auch passiv übertragen werden [72]. Interessant ist auch die Ansicht, daß Trophoblast-spezifische Antikörper diesen schützen [74].

Ein weiterer Beleg für die Möglichkeit, daß „enhancement" durch Serumantikörper den Fetus bewahrt, wurde kürzlich in einem *in vitro* System erhalten [149]. Lymphocyten von Weibchen des BALB/c-Mäusestamms übten nach Gravidität durch eine C3H-Männchen oder nach Immunisierung mit C3H-Antigenen *in vitro* cytotoxische Effekte gegen embryonale C3H-Zellen aus. Analog reagieren Lymphocyten eines Wirtstieres gegen autochthone Tumorzellen. In beiden Fällen hemmt die Zugabe von Serum der Lymphocytenspender die cytotoxische Reaktion. Die Versuche weisen damit auf die Möglichkeit, daß gegen den Fetus gerichtete Antikörper der Mutter über ein efferentes immunologisches „enhancement", d. h. durch Blockade von fetalen Antigenstrukturen, den Fetus vor potentiell cytotoxischen mütterlichen lymphoiden Zellen schützen.

Als die derzeit einleuchtendste Erklärung für die Sonderstellung des Fetus gilt, daß ihn eine materielle Barriere vor der Einwirkung des mütterlichen Immunsystems bewahrt. Die Trophoblastzellen sind am Ort ihres Kontaktes von einer Schicht eines Mucopolysaccharids oder Sialomucins überzogen. Es dürfte dem Nitabuch'schen Fibrinoid entsprechen. Histochemisch gleicht es der in der Backentasche des Hamsters vorhandenen Lage, welche für dort befindliche Transplantate ebenfalls die afferente Immunisierung verunmöglicht. Eine Schutzfunktion erfüllt auch die Zona pellucida frisch befruchteter Säugetiereier. Nach enzymatischer Verdauung dieser Schicht waren Blastocysten Abstoßungsreaktionen unterworfen [170]. Sialomucin findet sich auch im Knorpel, einem ebenfalls privilegierten Gewebe. Die Theorie ist daher nicht abwegig, daß ein extracellulärer Überzug von Sialomucin, den man außer bei Trophoblastzellen auch häufig bei Krebszellen findet, deren Antigene maskiert [73]. Durch die negative Ladung der Schicht soll es zu einer elektrochemischen Abstoßung von ebenfalls negativ geladenen Lymphocyten kommen. Es wäre interessant abzuklären, ob beim habituellen Abort Defekte dieser protektiven Schicht vorliegen.

Für die Bedeutung der Fibrinoidschicht spricht auch, daß sie bei Trophoblasten von hybrider Genese deutlicher ausgebildet ist, als in solchen, die bei homozygoten Kreuzungen entstehen [176]. Ferner ist bei letzteren auch das Placentargewicht geringer als jenes nach heterozygoten Paarungen von Mäusen [34]. Daß dies kein von der Heterosis abhängiger Effekt ist, geht auch daraus hervor, daß er bei immunisierten Müttern verstärkt und bei toleranten abgeschwächt auftritt [169].

Trophoblasten immunisierten homologe Empfänger nicht gegen nachfolgende Transplantate. Bemerkenswert ist auch, daß Embryonen im Trophoblaststadium von homologen Empfängern in extrauterinen Positionen akzeptiert werden, auch wenn diese immunisiert sind. Das ist nicht der Fall bei befruchteten Eiern *vor* der Ausbildung des Trophoblasten. Sie werden von immunisierten homologen Empfängern abgestoßen [303]. Befruchtete Eier im frühesten Stadium (noch vor der Ausbildung der Fibrinoidschicht) zeigen offenbar Antigenität. Demgegenüber drücken sich Antigene auf der Oberfläche der Trophoblastzellen entweder nicht aus oder sind durch die Fibrinoidschicht blockiert. Bei heterologen Empfängern ist der Schutz allerdings nicht mehr ausreichend. Mäuse-Trophoblasten werden von vorimmunisierten Ratten prompt verworfen [304].

Die zentrale Rolle für die Erhaltung des Fetus dürfte somit dem Trophoblasten zukommen. Man kann ihn als pseudohomologes Transplantat bezeichnen. Außerdem dürften aber auch „enhancement" und immunologische Hyporeaktivität während der Gravidität von Belang sein.

Als ein semiprivilegiertes Transplantat muß schließlich auch das Choriocarcinom betrachtet werden. Es entwickelt sich aus bösartig entarteten Trophoblastzellen und trifft gehäuft auf, wenn die Histocompatibilitätsdifferenzen zwischen Mutter und Fetus bezüglich des HL-A-Locus gering sind [238], sowie in Gegenden, wo Ehen zwischen Blutsverwandten während Generationen die Regel war [8].

Anatomisch bedingte Situationen können die Homotransplantatreaktion verhüten, beispielsweise durch Verunmöglichung des Kontaktes mit Effektorzellen (Millipore-Kammern) oder durch ausbleibende Sensibilisierung (Knorpel). Der Fetus ist vielleicht durch „enhancement" geschützt. Zudem sind die Trophoblastzellen durch eine Lage von Sialomucin gefeit; es dürfte die Antigenität dieses die Kontaktzone zwischen Mutter und Fetus darstellenden Gewebes maskieren.

III. Die Ausbildung des Immunsystems

A. Die Bedeutung des Thymus für die immunologische Reaktionsfähigkeit

Es ist eine erstaunliche Tatsache, daß die zentrale Rolle des Thymus für die immunologische Reaktivität erst seit 1961 bekannt ist. Vor diesem Zeitpunkt publizierte Lehrbücher enthalten kurze Kapitel, worin in Kleindruck die möglichen Aufgaben dieses geheimnisvollen Organs erörtert sind. Zwar drückte das griechische Altertum semantisch aus, daß dem Thymus eine besondere Bedeutung zukam. Im Namen dieses Organs lebt die Vermutung, daß darin die Seele ihren Sitz habe. Prophetisch wirken auch die Arbeiten Beard's [22], der auf Grund von Untersuchungen am Rochen Raja batis schon 1860 im Thymus das Primordialorgan der Lymphogenese erkannte und die Besiedlung der Peripherie mit vom Thymus abstammenden Lymphocyten beschrieb. Unter Hinweis auf die im späteren Leben erfolgende Atrophie des Thymus verglich er die von ihm abstammenden Lymphocyten mit der angelsächsischen Rasse, die ebenfalls in ihren Kolonien fortleben und wirken würde, auch wenn die Stätte ihrer Herkunft, die britischen Inseln, unter den Wellen versänken.

Die klassische Methode der Endokrinologie, die Funktion eines Organs aus den nach dessen Entfernung auftretenden Ausfallserscheinungen abzuleiten, versagte beim Thymus. Thymektomie bei erwachsenen Versuchstieren ließ kaum unmittelbare Folgen erkennen und die Behandlung mit Thymus-Extrakten wies lediglich auf das Vorhandensein eines „die Lymphocytose stimulierenden Faktors" hin. Immerhin lag die Beobachtung vor, daß frühzeitige Thymektomie bei anfälligen Mäusen das Auftreten von Leukämien verhinderte. Ferner wurde in der Klinik eine auffallende Häufung des gemeinsamen Auftretens zweier für sich allein sehr seltenen Krankheiten festgestellt, nämlich der erworbenen Agammaglobulinämie und eines Thymoms. Agammaglobulinämie führt klinisch zu einer nicht abbrechenden Reihe von Infektionen; bevor wirksame antibakterielle Medikamente zur Verfügung standen, verlief diese Krankheit stets tödlich.

Schließlich wies eine Entdeckung darauf hin, daß neonatale Beeinflussung lymphoider Organe die spätere Entwicklung der immunologischen Reaktivität veränderte. Wurde bei Küken kurz nach dem Schlüpfen die Bursa fabricii, ein mit der Kloake verbundenes lymphoides Organ, entfernt, so vermochten diese Hühner im späteren Leben kaum oder keine Antikörper zu produzieren. Die Bursa fabricii entsteht bei Hühnern am fünften Tag nach Beginn der Bebrütung als Kloakendiverticulum. Zehn Tage danach wird sie zu einem lymphoiden Organ, das also epithelialen Ursprungs ist. Die Lymphogenese beginnt in den beiden als Primordialanlagen der Lymphogenese anzusehenden Strukturen; bei Hühnern im Thymus am 12. Tag und am 15. Tag in der Bursa. In anderen lymphoiden Organen sind Lymphocyten erst nach dem Ausschlüpfen nachweisbar. Die Untersuchungen von Glick et al. [124] zeigten, daß die Ausbildung der humoralen Immunität bei Hühnern Bursa-abhängig ist. Diese Entdeckung wurde in einer Zeitschrift für Geflügelkunde veröffentlicht. Sie fand erst mehr Beachtung, als Mueller et al. mit Androgenen (z. B. 19-Nor-testosteron) oder Progesteron bei ebenfalls gerade geschlüpften Küken eine „hormonale Bursektomie" durchführen konnten [243]. Die Entwicklung dieses Organs sowie die Antikörperbildung wurden dadurch verhindert. Die Küken wiesen auch ein geringes Gewicht und eine hohe Mortalität auf. Die Wirkung sowohl der chirurgischen als auch hormonalen Bursektomie verringert sich zusehends, je später sie vorgenommen werden.

Damit lagen Anhaltspunkte vor, daß das Immunsystem durch Eingriffe im frühesten Lebensalter verwundbar ist. Auf Grund dieser Befunde sprachen Mueller et al. 1960 die Hypothese aus, daß auch eine *frühzeitige* Thymektomie zur Hemmung der immunologischen Reaktivität führen könnte [243].

Die immunologische Rolle des Thymus wurde gleichzeitig 1961 in zwei Laboratorien entdeckt, und zwar von Miller [231] und der Gruppe von Good [208]. Miller thymektomierte *neugeborene* Mäuse innerhalb der ersten 24 Lebensstunden. Er fand ausgeprägte Lymphopenie und vor allem, daß die neonatal thymektomierten Mäuse Hauthomotransplantate, ja selbst Heterotransplantate von Ratten tolerierten. Good und Mitarbeiter hatten vorerst mit neugeborenen thymektomierten Kaninchen gearbeitet. Hier fielen die Ausfälle der immunologischen Reaktivität nicht so dramatisch aus, doch war die Fähigkeit, Antikörper zu bilden, deutlich vermindert. Gleichzeitig publizierten auch Fichtelius et al. [99] einen Bericht über eingeschränkte Antikörperbildung bei jung thymektomierten Meerschweinchen. Bei allen diesen Versuchen war entscheidend, daß die Thymektomie *frühzeitig* ausgeführt wurde. Erfolgte sie später als innerhalb der ersten 24 Stunden nach der Geburt, so traten die Folgen — wie auch jene der Bursektomie — in zusehends weniger ausgeprägtem Grad auf. Zu beachten ist in diesem Zusammenhang, daß das absolute Gewicht des Thymus nach der Geburt bis zur Pubertät zwar noch zunimmt, daß er sein größtes relatives Gewicht im Vergleich zum Körpergewicht aber zum Geburtszeitpunkt erreicht. Der Anstieg des Thymusgewichtes kann sich aber schon *in utero* verflachen. Möglicherweise fällt dieser Punkt mit der immunologischen Reifung zusammen.

In der Folge wurde eine Vielzahl weiterer, durch neonatale Thymektomie bedingte Veränderungen beschrieben. Wichtig ist, daß die immunologischen Ausfallserscheinungen überwiegend cellulär vermittelte Immunreaktionen betreffen, also beispielsweise die Fähigkeit zur Abstoßung von Homotransplantaten. Die Bildung humoraler Antikörper ist ebenfalls unterdrückt, aber gegenüber verschiedenen Antigenen in unterschiedlichem Maß. Gegen gewisse Antigene (Hämocyanin, *Brucella-*, Pneumokokken- und *E. coli*-Polysaccharid) sind jedoch auch thymektomierte Tiere normaler

Antikörperbildung fähig. Schaf-Erythrocyten und *S. adelaide* hingegen sind Beispiele für „Thymus-abhängige" Antigene.

Eine weitere Folge der neonatalen Thymektomie von erheblicher Bedeutung besteht darin, daß Tiere nach diesem Eingriff im allgemeinen nicht ihr natürliches Alter erreichen. Bei Mäusen z. B. erliegt die Mehrzahl nach ca. 3—4 Monaten einem Syndrom, das mit Wachstumsstillstand oder Gewichtsverlust einhergeht und dem Auszehrungssyndrom bei der Schwund- und Sekundärkrankheit gleicht. Neben der Lymphopenie findet sich auch eine Atrophie von Milz, den Lymphknoten und den Peyer'schen Plaques. Diese Aplasie der lymphoiden Organe dürfte der morphologische Ausdruck sowie die Ursache der verminderten immunologischen Reaktivität und der fatalen Infektionsanfälligkeit dieser Tiere sein. Bei keimfrei gehaltenen Tieren tritt die Auszehrung nicht auf, was für die pathogenetische Rolle chronischer Infektionen bei dem Post-Thymektomie-Syndrom spricht [216].

Auch Behandlung mit Antibiotica verminderte das Auftreten der Auszehrung und verbesserte die immunologische Reaktivität. Chronische Infektionen durch pathogene Mikroorganismen dürften dementsprechend zu dem immunologischen Insuffizienzsyndrom neonatal thymektomierter Mäuse beitragen. Nach neonataler Thymektomie ist vor allem der mobilisierbare Anteil kleiner Lymphocyten reduziert, was sich z. B. in einer drastischen Reduktion der durch eine Ductus thoracicus-Fistel gewinnbaren Zellen manifestiert. Anstatt $150 \cdot 10^6$ werden nur $3-4 \times 10^6$-Lymphocyten pro 72 Stunden aus dem Ductus thoracicus von Mäusen erhalten. Noch deutlicher ist die verhältnismäßige Abnahme der Antigen-reaktiven Lymphocyten (s. S. 9). Lymphoide Zellen von neonatal thymektomierten Mäusen sind immunologisch inkompetent: sie vermögen keine oder nur schwache Antiwirt-Reaktionen hervorzurufen. Ductus thoracicus-Lymphocyten erzeugen z. B. kein *runt disease* mehr. Die Lymphknoten der Mäuse zeigen charakteristische Verarmung der paracorticalen Zonen. Die hier ansässigen Zellen müssen als Thymus-abhängig angesehen werden. Auch nach Antilymphocytenserum sowie nach andauernder Drainage des Ductus thoracicus sind dieselben Bereiche der Lymphknoten betroffen. Die pyroninophilen Zellen, die sonst 3—5 Tage nach Antigen-Stimulation in dieser Zone der regionären Lymphknoten auftreten, fehlen nach neonataler Thymektomie. Keimzentren und Plasmazellen sind hingegen vorhanden.

Aber auch Thymektomie bei erwachsenen Mäusen hat Folgen. So kann innerhalb von Jahresfrist doch eine Lymphopenie auftreten. Auch die immunologische Reaktivität nimmt nach Verlauf von Monaten ab, was dafür spricht, daß auch im Erwachsenenalter vom Thymus ein geringgradiger Nachschub immunologisch kompetenter Zellen ausgeht, deren Vorrat erschöpfbar ist. Immunologische Toleranz wird bei thymektomierten Mäusen leichter erzeugt; auch bleibt sie länger bestehen als bei normalen Tieren. Die Wirkung von Antilymphocytenserum ist deutlich verstärkt [171, 242], nicht hingegen jene chemischer Immunosuppressiva. Bemerkenswert ist die Bedeutung, die der Thymus bei erwachsenen Mäusen für die Erholung des Immunsystems nach subletaler Bestrahlung sowie nach Letalbestrahlung und Knochenmarktransplantation hat [125, 232, 233]. Bei im Erwachsenenalter thymektomierten Mäusen bleibt diese Erholung aus. Im Gegensatz dazu beeinträchtigt die Exstirpation der „peripheren" lymphoiden Organe wie Milz und Lymphknoten die immunologische Restitution nicht.

Die immunologische Rolle des Thymus ist vorwiegend für Nagetiere beschrieben. Es ist allerdings wahrscheinlich, daß er auch bei anderen Säugetieren eine ähnliche Bedeutung hat. Die Möglichkeit, immunologische Insuffizienzzustände wie das DiGeorge-Syndrom durch Thymusimplantate zu bessern, spricht dafür, daß er auch für das menschliche Immunsystem wichtig ist [6, 65]. Außer immunologischen scheint der Thymus aber auch noch andere Funktionen auszuüben. So bewirkte Thymektomie bei drei Tage alten Mäusen Dysgenesie der Ovarien mit Sterilität [253].

Der Mechanismus, über den der Thymus seine immunologische Funktion ausübt, ist Gegenstand zahlreicher Untersuchungen. Einmal weisen sie auf die Möglichkeit, daß ein humoraler Thymusfaktor eine Rolle spielt. Die Ausfallserscheinungen thymektomierter Tiere können nämlich nicht nur durch Reimplantation des Thymus bei Neugeborenen oder von Milzzellen bei letalbestrahlten erwachsenen Tieren kompensiert werden, sondern auch weitgehend (eine partielle Lymphopenie bleibt bestehen) durch Thymustransplantate, die sich in zellundurchlässigen Millipore-Kammern befinden. Werden diese neonatal thymektomierten Mäuse intraperitoneal implantiert, so läßt sich deren immunologische Reaktivität nahezu völlig wieder herstellen; ebenso bleibt das Auszehrungssyndrom aus [192, 261]. Der humorale Thymusfaktor behält seine Wirkung auch, wenn er heterologer Herkunft ist. So kann ein beispielsweise auch aus Kalbsthymus gewonnener Extrakt neonatal thymektomierte Mäuse wieder mit immunologischer Fähigkeit ausstatten. Einen interessanten Hinweis für die Rolle eines humoralen Thymusfaktors liefert auch die Beobachtung, daß neonatal thymektomierte Mäuse durch Schwangerschaft wieder teilweise das Vermögen erlangen, immunologisch zu reagieren [260]. Es ist naheliegend, diesen Effekt auf einen von den Feten gebildeten und in den mütterlichen Kreislauf gelangten Thymusfaktor zurückzuführen.

Trotz intensiver Bemühung ist es noch nicht restlos geklärt, welche Rolle demgegenüber celluläre Mechanismen spielen. Aber einige Grundzüge lassen sich erkennen. Einmal haben zellkinetische Untersuchungen bestätigt, daß im Thymus kleine Lymphocyten gebildet werden, die das Organ verlassen. Der notwendige Nachschub von Stammzellen erfolgt auf dem Blutweg aus dem Knochenmark, wahrscheinlich in Form kleiner Knochenmarklymphocyten. Dieses Einwandern von Knochenmarkzellen zur Repopulation des Thymus letal bestrahlter Mäuse wurde mittels Zellen des eine chromosomale Markierung besitzenden T_6-Mäusestammes ermittelt. Die in den Thymus eingewanderten Zellen verlieren nach einigen Wochen ihre Fähigkeit zur Knochenmarkregeneration, erwerben aber einen neuen „Heimfindungsinstinkt" für lymphoide Organe. Die Thymus-abhängigen Zellen sind durch ein besonderes Protein-Antigen (Theta) markiert. Es fehlt nach neonataler Thymektomie und ist nach Antilymphocytenserum und adulter Thymektomie vermindert. Bezüglich der H-2-Antigene von Thymocyten wurde ein Gradient nachgewiesen, in dem die Reifung und der Gehalt an H-2-

Material vom Cortex in Richtung Medulla zunimmt. Corticosteroide wirken stärker auf die Cortexzellen. Antiwirt-Reaktionen durch gleiche Dosen von Thymocyten verlaufen nach Cortison-Behandlung der Spender stärker, da relativ ein höherer Anteil H-2-reicher, immunologisch reaktiver medullärer Zellen transferiert wird.

Die Untersuchungen über die Wiederherstellung der immunologischen Fähigkeit thymektomierter Tiere weisen auf zwei wahrscheinliche Einflüsse des Thymus hin. Einmal scheint er für die Bildung der immunologischen Stammzellen aus Knochenmarks-Vorläufern erforderlich zu sein. Unter seiner Aegide differenzieren sich diese Elemente zu Antigen-reaktiven lymphoiden Zellen. Diese selbst üben dann ihre Funktion unabhängig vom Thymus aus. Es handelt sich dabei um die für die celluläre Immunität verantwortlichen, aber auch mit den antikörperbildenden B-Zellen kollaborierenden T-Zellen (s. Abb. 2 und 4).

Zweitens existiert ein humoraler Thymusfaktor. Er wirkt offenbar instruktiv und verleiht Stammzellen ihre Reaktivität. Es ergibt sich also, daß der Thymus zwar für die Ausbildung der immunologischen Reaktivität notwendig ist, daß er aber seine Funktion nur in Zusammenarbeit mit anderen Zelltypen ausüben kann.

Diese Wechselwirkungen werden vor allem durch Versuche beleuchtet über die Bildung hämolysierender Antikörper gegen Schaferythrocyten bei adult thymektomierten und letal bestrahlten Mäusen, denen sowohl Knochenmarkzellen als auch Thymi implantiert werden [64, 77, 235] (s. auch Kap. II, Abschnitt C).

Bei neonatal thymektomierten Mäusen konnte die Antikörperbildung sowohl mit Thymuszellen als auch mit aus dem Ductus thoracicus gewonnenen Lymphocyten wiederhergestellt werden. Zugabe von Knochenmarkzellen vermehrte die Zahl der Antikörper-bildenden Zellen nicht. Sie wurden hingegen durch Antiseren gegen Wirtzellen vermindert, woraus man schloß, daß die Antikörperbildung durch vom Wirt stammende Zellen erfolgte. Ihre Herkunft konnte in weiteren adoptiven Transferversuchen geklärt werden. Bei bestrahlten Mäusen waren im Gegensatz zu neonatal thymektomierten nur aus dem Ductus thoracicus stammende Lymphocyten wirksam und nicht Thymocyten. Eine starke Vermehrung der Antikörper-bildenden Milzzellen trat bei bestrahlten und bei zusätzlich adult thymektomierten Mäusen aber ein, wenn Lymphocyten mit Knochenmarkzellen kombiniert wurden. Mit Anti-H_2-Seren konnte gezeigt werden, daß die Antikörper-bildenden Zellen aus dem Knochenmark stammten. Wurden ausschließlich Knochenmarkzellen injiziert, so genügte dies nicht zur Antikörperbildung.

Eine Wechselwirkung zwischen zwei Zelltypen ist demnach erforderlich. Antigen-reaktive Zellen leiten sich vom Thymus her, Antikörper-bildende Zellen haben ihren Ursprung im Knochenmark. Nur beim Vorhandensein der Antigen-reaktiven Zellen bilden die aus dem Knochenmark stammenden Zellen Antikörper. Die Natur der Wechselwirkung haben wir schon diskutiert (Kap. II, Abschnitt C). Möglicherweise beruht sie auf einer bestimmten Verarbeitung oder Darbietung des Antigens durch die Thymus-abhängigen Zellen. Lymphe des Ductus thoracicus enthält sowohl vom Thymus als auch vom Knochenmark stammende Zellen. Die ersteren können durch Antilymphocytenserum selektiv unterdrückt werden. Wird ALS bei Mäusen gleichzeitig mit dem Antigen verabfolgt, so kommt es nach Transfer von Ductus thoracicus-Lymphocyten zu keiner Antikörperbildung bei den Empfängern. Sie wird hingegen kaum beeinträchtigt, wenn die Behandlung mit ALS nach dem Antigen erfolgt, da die Antigen-reaktiven Thymus-abhängigen Zellen die gegen ALS unempfindlichen, vom Knochenmark abstammenden Zellen schon zur Antikörperbildung angeregt haben [207].

Das beschriebene Zusammenspiel hat allerdings nicht für Immunreaktionen gegen alle untersuchten Antigene Geltung. Welche Bedeutung kommt ihm für die Transplantationsimmunität zu? Es ist sehr wahrscheinlich, daß sich die Zellen, welche die Transplantationsantigene erkennen und die Reaktion einleiten, ebenfalls vom Thymus herleiten. Ob die sensibilisierten Effektorzellen dann deren Nachkommen sind oder von Knochenmarkzellen stammen, ist noch ungewiß. Aber auch für die Abstoßung von Hauthomotransplantaten dürfte das Zusammenwirken von T- und B-Zellen notwendig sein [5a].

1961 wurde entdeckt, daß dem Thymus eine zentrale Rolle für die immunologische Reaktivität zukommt. Neonatal thymektomierte Mäuse vermögen Hauthomotransplantate nicht abzustoßen und sterben an einem immunologischen Defizienzsyndrom. Sie weisen eine Lymphopenie auf; der Defekt betrifft die Thymus-abhängigen Antigen-reaktiven Lymphocyten. Ein humoraler Thymusfaktor dürfte für die „Instruktion" von „naiven" Lymphocyten zur Immunokompetenz ebenfalls von Bedeutung sein.

B. Differenzierung des Immunsystems in der Ontogenese

Die „clonal selection"-Theorie Burnets [50] postuliert einen Zeitpunkt in der Ontogenese, von dem an der Organismus Antigenen mit einer Immunreaktion begegnet. Dieser Zeitpunkt entspricht der „Reifung" des Immunsystems. Bei Mäusen liegt er in der Nähe des Geburtstermins, wobei aber Zellen mit der Potenz, Immunoglobuline zu bilden, schon vorher auftreten. Gut untersucht sind auch die Verhältnisse beim Schaf [302]. Die hier gemachten Beobachtungen sind nicht nur bezüglich des zeitlichen, sondern auch des funktionellen Ablaufs in der Entwicklung der immunologischen Reaktivität interessant.

Schafe haben eine Tragzeit von 150 Tagen. Antikörperbildung ist bei ihnen nicht nur eine Funktion des Zeitpunkts, sondern auch des Antigens. Gegen Antigene wie gewisse Bakteriophagen reagierten die Schafsfeten schon am 35. Trächtigkeitstag, gegen andere (z. B. *S. thyphosa*) erst nach der Geburt. Kam es zur Immunreaktion gegen ein Antigen, so geschah dies nicht schwach und zögernd, sondern entsprechend einem „Alles-oder-Nichts"-Gesetz mit voller Stärke und gleichem Tempo wie beim Erwachsenen, d. h. mit Immun-Elimination des Antigens und Bildung von 19 S-Antikörpern schon nach 2—3 Tagen. Die 7 S-Antikörper traten — wie es auch bei reiferen Tieren üblich ist — erst später auf, nach ungefähr fünf Tagen.

Ebenso verlief die Hauthomotransplantatreaktion, wenn sie bei den Feten ab Tag 85 einmal eingesetzt hatte, in voller Stärke, nämlich qualitativ und quantitativ gleich wie bei Erwachsenen. Die Haut wurde nach 7—10 Tagen auf typische Weise abgestoßen. Plasmazellen waren dabei noch keine zu beobachten, weder im Transplantat, dem Transplantatbett noch in den regionalen Lymphknoten. Ebenso fehlten zu diesem Zeitpunkt Immunoglobuline im Serum. Auch bei Verabfolgung von Kaninchen-Anti-Schaf-Immunoglobulinen blieb die Abstoßungsreaktion unbeeinflußt. Diese Befunde sprechen überdies dafür, daß die Homotransplantatabstoßung ein Vorgang ist, für den die Mitwirkung humoraler Antikörper nicht obligatorisch ist. Ähnliche Verhältnisse wie beim Schaf, d. h. immunologische Reife *in utero* vor der Geburt, liegen offenbar auch bei anderen Tieren (Macacus rhesus) sowie beim Mensch vor.

Die Entdeckung der immunologischen Rolle des Thymus und jener der Bursa fabricii bei Vögeln lieferte auch Aufschlüsse über die Ontogenese der verschiedenen Anteile des Immunsystems. Beide Organe sind die „zentralen" Anlagen dieses Systems, zu denen ferner andere lymphoepitheliale Strukturen des Verdauungstraktes gehören, sowie möglicherweise Appendix und Tonsillen. Als periphere Anteile gelten vor allem Milz und Lymphknoten. Szenberg und Warner [319] postulierten erstmals eine weitere Aufteilung des Immunsystems, die auf einer „vertikalen" Dissoziation der von Thymus und Bursa beeinflußten Funktionen beruhte. Grundlagen dieser Annahmen sind Versuche, bei denen die lymphopoetischen Primordialorgane entfernt wurden. Dabei fand man, daß celluläre Immunität wie Tuberkulin- und Homotransplantatreaktion vom Thymus abhingen und daß demgegenüber bei Vögeln die Bursa die Bildung humoraler Antikörper steuerte. In der Tat zeigte sich bei bursektomierten Hühnern diese Dissoziation des Immunsystems: die Antikörperbildung war stark eingeschränkt, die Abstoßung von Transplantaten verlief aber weitgehend normal. Wie T-Lymphocyten bei Säugern traversieren bei Hühnern B-Lymphocyten die Bursa. Besonders eindrücklich war die Hemmung der Antikörperbildung nach Bursektomie, wenn letztere mit Röntgenbestrahlung kombiniert wurde. Trotzdem konnte unter diesen Umständen eine normale Abstoßung von Hauthomotransplantaten stattfinden und selbst deren hyperakute Form, die „white graft" Reaktion, wurde beobachtet [289]. In der Milz dieser Hühner fehlen sowohl Keimzentren als auch Plasmazellen. Die kleinen Lymphocyten waren relativ wenig betroffen. Andererseits wies die Milz thymektomierter Hühner intakte Keimzentren auf, dagegen kaum kleine Lymphocyten. Man nimmt an, daß der Bursa bei Säugetieren das lymphoepitheliale Gewebe des Intestinaltraktes entspricht: Peyer'sche Plaques und Appendix, beim Kaninchen auch noch der Sacculus rotundus. Andererseits sind diese Organe bei Neugeborenen und keimfreien Tieren noch kaum ausgebildet, was gegen ihre primäre Rolle in der immunologischen Ontogenese von Säugetieren spricht.

Durch Bursektomie (besonders wenn diese mit Röntgenbestrahlung kombiniert wurde) konnte so bei Hühnern ein experimentelles Modell erzeugt werden, das der menschlichen geschlechtsgebundenen rezessiv vererbbaren Agammaglobulinämie vom Typ Bruton entsprach und mit deren Pathologie übereinstimmte. Bei diesem Zustand sind cellulär vermittelte Immunreaktionen möglich. Transplantate werden abgestoßen, cutane Überempfindlichkeitsreaktionen sind auslösbar und diese Kinder haben einen normalen Thymus und ebensolche Lymphocytenwerte. Tonsillen fehlen hingegen.

Auch andere klinische Defektimmunopathien lassen sich mit experimentellen Modellen vergleichen. So entspräche beispielsweise das DiGeorge-Syndrom, das durch kongenitale Absenz des Thymus und immunologisch inkompetente Lymphocyten charakterisiert ist, einem Ausfall der Thymusabhängigen Komponente des Immunsystems. Homotransplantat- und Immunreaktionen vom verzögerten Typ fehlen bei dieser Krankheit, hingegen braucht die Bildung humoraler Antikörper nicht eingeschränkt zu sein. Die Swiss-type Agammaglobulinämie (Alymphocytose und Agammaglobulinämie mit Thymusaplasie) hätte ihre experimentelle Parallele bei sowohl thymektomierten als auch bei bursektomierten bestrahlten Hühnchen.

Die Fähigkeit, Transplantate zu verwerfen, kann in utero einsetzen, bevor sich Immunoglobuline nachweisen lassen. Der Thymus wird als Primordialorgan der cellulären Immunität angesehen, die Bursa von Fabricius bei Vögeln als jenes der humoralen. Ihr entspricht bei Säugetieren vielleicht das lymphoepitheliale Gewebe des Verdauungstraktes. In gewissen klinischen Defektimmunopathien kann sich der Ausfall des einen oder anderen Anteils des Immunsystems äußern.

C. Phylogenetische Entwicklung der Immunität

Die Kenntnisse über die Phylogenese des Immunsystems stehen in ihren Anfängen. Sie dürften aber zu interessanten Aufschlüssen über die Entwicklung von Reaktions- und Verteidigungsmechanismen gegen „Fremd"-Komponenten biologischer Herkunft führen. Während früher die Ansicht vorherrschte, immunologische Reaktivität sei auf Wirbeltiere beschränkt, liefern neuere Untersuchungen Anhaltspunkte für ihr Vorhandensein bei immer niedrigeren Tierklassen. So bilden Küchenschaben (Periplaneta americana) nach Inoculation mit Protozoen Antikörper-ähnliche Substanzen von Eiweißcharakter, welche die Mikroorganismen zu immobilisieren vermögen [294]. Selbst Anneliden (z. B. die Würmer Lumbricus und Eisenia) vermögen Integument-Heterotransplantate zu verwerfen [69]. Daneben stehen bei Wirbellosen auch primitivere Mechanismen gegen Einwirkungen durch körperfremde Elemente zur Verfügung. Dazu gehören unspezifische, mit Entzündung und Wundheilung in Zusammenhang stehende Vorgänge sowie Phagocytose und bactericide Substanzen. Frei bewegliche Zellen (Coelomocyten) entsprechen bei Würmern primitiven Immunocyten, mit denen auch die Transplantationsimmunität übertragen werden kann. Wieweit sich diese positiven Befunde verallgemeinern lassen, ist noch unklar. So akzeptieren beispielsweise Flachwürmer Heterotransplantate, die großen Teilen, oft nahezu ganzen Tieren entsprechen.

Mehrfach untersucht wurde eine unter die primitivsten Wirbeltiere einzureihende Species, der kalifornische Schleimfisch Inger, Eptatretus stoutii.

Er gehört zu den agnatischen Cyclostomen und ist eines der ersten Tiere in der phylogenetischen Skala mit zirkulierenden Erythrocyten und hämatopoetischem Gewebe in der Submucosa des Verdauungstraktes, sowie einem lymphocytären Thymus-Äquivalent. Er vermag humorale Antikörper zu bilden und vor allem auch Hauthomotransplantate abzustoßen [156]. Die Abstoßung verläuft chronisch mit einer mittleren Überlebenszeit von 2—3 Monaten. Zweittransplantate werden beschleunigt abgestoßen; spezifische Immunreaktivität und immunologisches Erinnerungsvermögen sind also vorhanden. Enhancement von Zweittransplantaten, das auch bei Würmern sowie überhaupt höheren Tieren mit schwachen Histocompatibilitätsdifferenzen beobachtet werden kann, trat ebenfalls unter besonderen Umständen auf. Die Homotransplantatreaktion bei diesen Fischen war deutlich temperaturabhängig; das mag negative Befunde anderer Autoren erklären, bei deren unter ungünstigeren Bedingungen gehaltenen Ingern keine Immunreaktionen auftraten [264]. Auch bei Goldfischen überlebten Flossen-Homotransplantate 40 Tage bei 10° C und nur 10 Tage bei 20° C. Die Temperaturabhängigkeit der Abstoßungszeit ist bei Fischen, Reptilien, Amphibien und Anneliden nachgewiesen. Deutliche Manifestationen cellulärer Immunität zeigt auch ein etwas höher stehender Cyclostom, das Neunauge, nämlich Tuberkulin-Überempfindlichkeit und Homotransplantatabstoßung. Parallel dazu sind bei diesen Fischen anatomisch Aggregate von lymphoiden Zellen (kompaktere Milz, „lymphoepithelialer Thymus") vorhanden. Ein weiterer Übergang tritt bei den Elasmobranchii auf. Sie weisen bereits weiterentwickelte lymphoide Organe auf, einen in der Wand der Kiemenspalten entstehenden Thymus und eine deutlicher lymphoide Milz. Bei ihnen ist die Antikörperbildung sowohl quantitativ wie qualitativ vermehrt. Haifische bilden beispielsweise Antikörper in der Fraktion der β-Globuline. Plasmazellen treten erstmals bei Knorpelfischen auf. Deren Thymus ist in den Lappen organisiert und enthält Hassalsche Körper. Das Spektrum der Immunoglobuline wird reichhaltiger. Die Vermehrung und Differenzierung der lymphoiden Organe schreitet fort und führt bei den Amphibien zur Ansammlung von Plasmazellen im lymphoiden Gewebe des Verdauungstraktes.

Die Entwicklung mag mit der Notwendigkeit lokaler Schutzeffekte im terrestrischen Leben zusammenhängen. Möglicherweise handelt es sich um die Vorstufe des beim Menschen für den lokalen Schutz von Schleimhäuten bestehenden Sekretionsprozeß von IgA-Immunoglobulin, das sowohl phylo- als ontogenetisch als letztes der hauptsächlichsten Immunoglobuline auftritt. Lymphknoten mit Keimzentren finden sich erstmals bei Kloakentieren.

Die Temperaturabhängigkeit der immunologischen Reaktivität mag die widersprüchlichen Befunde bei gewissen Kaltblütern erklären. Vor allem die Induktionsphase der Immunreaktion soll davon beeinflußt sein. Beim Molch Axolotl werden Hauttransplantate beispielsweise mit einer temperaturabhängigen Intensität abgestoßen. Bei niedrigen Temperaturen verläuft die Reaktion zögernd und mild. Köpfe von Axolotl-Larven, auf den Rücken homologer Empfänger transplantiert, können unbeschränkt überleben und für Köpfe charakteristische Funktionen ausüben.

Die Betrachtung der immunologischen Phylogenese vermittelt interessante Einsichten in die progressive funktionelle Differenzierung und Spezialisierung der aufsteigenden Reihe der Wirbeltiere. Die morphologische Ausbildung des lymphoiden Systems geht mit dieser Entwicklung einher. Die für die Transplantatabstoßung wesentliche celluläre Immunität scheint eher der primitivere Mechanismus als die Antikörperbildung zu sein. Das könnte für die Richtigkeit der Ansicht Burnets sprechen, daß die celluläre Immunität ihrem Wesen nach einem Überwachungsmechanismus entspricht, der das Auftreten von Zellen mit „Nicht-selbst"-Komponenten verhindert und damit Autoimmunreaktionen und maligne Entartung.

Was die weitere Ausbildung des Immunsystems bei Säugetieren betrifft, so ergibt sich — vorwiegend nach Befunden und Hypothesen der Arbeitsgruppe von Good [126] — auf Grund ontogenetischer, phylogenetischer und klinischer Beobachtungen das bereits gezeichnete Bild, wonach sich das Immunsystem aus zwei Anteilen differenziert. Einer leitet sich vom Thymus ab und ist für die Ausbildung der cellulären vermittelten immunologischen Reaktivitäten verantwortlich. Im anderen Anteil entstehen die für die Bildung von spezifischen Antikörpern und Immunoglobulinen verantwortlichen Elemente. Hierfür ist bei Vögeln die Bursa fabricii das anatomische Primordialorgan. Bei Kaninchen und wahrscheinlich auch anderen Säugetieren entspricht ihm das lymphoepitheliale Gewebe des Verdauungstraktes. Die Besiedlung peripherer lymphoider Organe mit Stammzellen aus diesen Anlagen findet frühzeitig statt und ist perinatal beendet.

Die Verwerfung von Homotransplantaten läßt sich schon bei Wirbellosen nachweisen. Die Intensität der Abstoßung ist temperaturabhängig. Celluläre Immunreaktionen treten vor humoralen auf. Die morphologische Ausbildung der Immunorgane geht mit der funktionellen Differenzierung einher.

IV. Spezifische Unterdrückung von Immunreaktionen

A. Toleranz durch Antigen

1. Entdeckung

Die meisten grundlegenden Erkenntnisse der Immunologie beruhen auf Untersuchungen, die nicht im Zusammenhang mit der Transplantationssituation standen. Eine Ausnahme macht die immunologische Toleranz, oder — mit einem Synonym bezeichnet — die Immun-Paralyse. Man versteht darunter die für ein Antigen spezifische Hemmung der immunologischen Reaktivität. Die wesentliche Rolle zur Auslösung dieses Zustands spielt das Antigen selbst.

Die Geschichte dieser Entdeckung ist recht interessant. An deren Anfang stand ein Naturexperiment, das Owen bei heterozygoten Zwillingen von Kälbern beobachtete [263]. Er fand, daß sie fast immer Erythrocytenchimären oder -mosaike waren, d. h. ihr Blut enthielt ungefähr zur Hälfte auch den Erythrocytentyp des Partners. Der relative Anteil blieb während des ganzen Lebens stabil. Die Erscheinung wurde auf einen durch vasculäre Anastomosen in der synchorialen Placenta der Geschwister ermöglichten Austausch von Erythrocytenstammzellen zurückgeführt. Als Folge davon bildete das Knochenmark bei den Zwillingspartnern zwei Typen von Erythrocyten mit verschiedenen Antigenen.

Bei bovinen Zwillingen verschiedenen Geschlechts zeigt der weibliche Partner (der freemartin) Sterilität und Virilisierungserscheinungen. Möglicherweise beruhen diese auf einem placentaren Austausch von — diesmal gonadalen — Stammzellen. Jedenfalls lassen sich auch in den Hoden der männlichen Feten weibliche Keimzellen finden.

Hauptsächlich auf Grund dieser Beobachtung von Owen entwickelten Burnet und Fenner [51] eine Theorie, die besagte, daß bei einem Tier der Kontakt mit Antigenen vor der immunologischen Reife zur Toleranz gegenüber diesem Antigen führen müsse statt zur Immunität. Diese Theorie erklärte auch, wieso der Organismus im allgemeinen nicht in der Lage ist, gegen körpereigene Antigene zu reagieren. In der Embryonalphase wertet der Organismus alle Antigene, mit denen er in Kontakt kommt, als Selbstkomponenten. Die Möglichkeit, gegen diese immunologisch zu reagieren, geht verloren, weil die dazu vorausbestimmten Immunocyten ausgeschaltet werden. So lösen in dieser Phase zugeführte Fremdantigene Toleranz aus.

Später wurden auch unter menschlichen Zwillingen Erythrocytenchimären gefunden. Einmal konnte sogar bei einer davon, die als Einzelkind aufwuchs, aus der Analyse der Erythrocytenantigene geschlossen werden, daß sie einmal ein Zwillingsgeschwister gehabt haben mußte. In der Tat war dieses kurz nach der Geburt gestorben! Auch bei solchen natürlichen menschlichen Chimären werden gegenseitige Hauttransplantate toleriert.

Weitere Untersuchungen an Zwillingskälbern zeigten, daß die Toleranz zwischen den Zwillingen auch für andere Gewebe als Erythrocyten galt [3]. Gegenseitige Hauttransplantate zwischen den Partnern blieben in ihrer Mehrheit über lange Perioden erhalten. Die Toleranz war spezifisch, Transplantate anderer Spender wurden normal abgestoßen. Noch besser und ebenso vollständig wie gegen hämatopoetische Zellen war die Toleranz gegenüber Nierentransplantaten.

Die überzeugende Bestätigung der Vorhersage Burnets gelang 1953 Billingham, Brent und Medawar [32]. Sie arbeiteten mit trächtigen Mäusen des Stammes CBA und injizierten den noch *in utero* befindlichen Feten am 15.—16. Graviditätstag ein Gemisch von Hoden-, Nieren- und Milzzellen einer männlichen A-Maus. Vier Tage später warf z. B. eine dieser Mütter fünf normale Junge. Ausgewachsen wurde jedem von ihnen ein Stück A-Haut transplantiert. 11 Tage später, wenn Kontroll-A-Transplantate auf CBA-Mäusen normalerweise vollständig abgestoßen sind, überlebten auf drei der *in utero* injizierten braungrauen CBA-Mäusen die weißpelzigen A-Transplantate und blieben dann monatelang intakt. Auch Zweittransplantate des Spenderstammes A überlebten dauernd, während Hauttransplantate anderer Herkunft normal abgestoßen wurden. Damit war erstmals bewiesen, daß spezifische Toleranz gegen Homotransplantate durch fetalen Kontakt der Empfänger mit Transplantationsantigenen der prospektiven Spender aktiv erworben werden kann.

2. Modelle zur Toleranzerzeugung

In der Folge wurden diese Befunde ergänzt. Auch bei Neugeborenen bewirkte die intravenöse Injektion lymphoider Zellen spätere Toleranz. Sie ließ sich auch bei anderen Tierspecies erzeugen, wobei der Zeitpunkt, bis zu dem das gelang, verschieden war und manchmal (Schafe) vor, manchmal auch erst bei einigen Tagen nach der Geburt lag (Ratten). Auch bei Hühnchen wurde Toleranz erhalten, entweder durch Parabiose der Eier oder durch intravenöse Zellinjektion vor dem Schlüpfen [143]. Daß ein kleiner Teil der bei frisch ausgeschlüpften Küken ausgeführten Hauthomotransplantate dauernd überleben konnte, war schon vorher bekannt [55].

Auch die Toleranzinduktion ist vom Grad der genetischen Disparität abhängig. So kann gegenüber Heterotransplantaten die Intensität der Abstoßungsreaktion zwar gemildert werden, dauerndes Überleben von Heterotransplantaten läßt sich aber auch durch neonatale Zellinjektion nicht erreichen. Später wurde Toleranz durch neonatale Exposition auch gegen andere als Transplantationsantigene erzeugt. Auch dabei spielte wiederum die Stärke der verwendeten Antigene eine Rolle und beeinflußte die Dauer der spezifischen Reaktionslosigkeit. Es zeigte sich auch, daß Toleranz mit den gleichen Antigenen erzeugt werden konnte, die bei erwachsenen Tieren

Immunität bewirkten. Gewebsextrakte ohne Immunisierungsvermögen führen auch nicht zur Toleranz.

Nach neueren Ansichten sind es dieselben Zellen, die auf einen Antigenreiz entweder mit Immunität oder Toleranz antworten können. Möglicherweise finden in den meisten Fällen beide Reaktionen parallel statt, wobei die jeweils überwiegende den Gesamtausgang der Begegnung mit dem Antigen bestimmt [88]. Bei Toleranz wäre die Zahl der mit Antikörperbildung reagierenden Zellen vermindert, nicht die Menge der pro Zelle gebildeten Antikörper. Bei Neugeborenen kann mit bestimmten Antigenen, die in großen Dosen Toleranz bewirken, mit kleinen Dosen Immunität demonstriert werden [161].

Eine Erklärung, daß neonatale Tiere überwiegend zur Toleranz neigen, stützt sich auf Beobachtungen über das verschiedene Schicksal von Antigenen bei Erwachsenen und Neugeborenen. Bei ersteren lokalisiert das reticuloendotheliale System das Antigen durch Phagocytose in den Follikeln der Lymphknoten [255], anschließend bilden sich Keimzentren. Im Gegensatz dazu kommt es bei Neugeborenen, offenbar wegen einer noch unwirksamen Phagocytose, zu einer Verteilung über den ganzen Körper. Auch daß Antigene bei Neugeborenen in den Thymus gelangen, könnte eine Rolle spielen. Bei Erwachsenen ist dies durch die Blut-Thymus-Schranke verhindert.

Es gibt überhaupt eine Reihe von Argumenten, die der Phagocytose des Antigens durch Makrophagen eine entscheidende Rolle dafür zuschreiben, ob Toleranz oder Immunität auftritt. Direkter Kontakt lymphoider Zellen mit Antigen soll Toleranz bewirken, während Präsentation des Antigens nach Aufnahme und „Verarbeitung" durch Makrophagen Immunität auslösen würde [88]. Ob die Makrophagen über eine Konzentrierung des Antigens wirken, ob sie es durch chemische Veränderung wirksamer oder durch Verbindung mit RNS zu einem Superantigen machen, ist nicht geklärt. Für Protein-Antigene ist erwiesen, daß ihre Immunogenität von Löslichkeit und Aggregatzustand abhängt [88]. Zu Tolerogenen werden Antigene möglicherweise auch nach Passage durch die Leber. So bewirkt beispielsweise Injektion eines sonst immunogenen Antigens in die Pfortader Toleranz [21]. Damit in Zusammenhang stehen wohl auch die Befunde, daß verzögerte Überempfindlichkeitsreaktionen gegenüber z. B. Picrylchlorid in der Haut von Meerschweinchen durch vorherige Verfütterung des Stoffes verhindert werden kann [60]. Diese Reaktionslosigkeit von Meerschweinchen gegen chemische Allergene, die vorher verfüttert oder intravenös injiziert worden waren, bezeichnet man als Sulzberger-Chase Phänomen; dieses könnte aber auch auf durch Antikörper bewirkte Immunosuppression beruhen (s. S. 49). Direkter Kontakt mit lymphoiden Zellen unter Umgehung von phagocytierenden Zellen ist möglicherweise auch dafür verantwortlich, daß intravenöse Verabreichung von Antigenen Toleranz auslöst und verhindert, daß das gleiche Antigen, später mit Freunds Adjuvans subcutan injiziert, die sonst übliche Immunreaktion bewirkt.

Das Prinzip der aktiv erworbenen immunologischen Toleranz bot in seiner ursprünglichen Form — neonatale Injektion prospektiver Empfänger mit Spenderantigen — kaum Aussicht auf praktische Anwendung. Deshalb war die Erkenntnis, daß mit Antigen auch bei Erwachsenen Toleranz erzeugt werden kann, von besonderer Bedeutung. Die ursprüngliche Annahme, daß Antigene bei Neugeborenen Toleranz und im späteren Leben Immunität bewirkten, mußte bald revidiert werden, wobei vor allem die Rolle der Antigendosis für das Zustandekommen der einen oder anderen Reaktionsart erkannt wurde. Im allgemeinen nimmt mit steigenden Antigendosen die Incidenz und Dauer der Toleranz zu. Außer mit hohen, erhält man aber auch gegen bestimmte Proteine bei Mäusen mit minimsten Dosen von Antigen Toleranz (low zone tolerance) [88]. Höhere Antigendosen würden diese Toleranz durch Immunität maskieren.

Die Erzeugung von Toleranz gegen Transplantationsantigene ist aber im allgemeinen bei erwachsenen Tieren bedeutend schwerer als bei Neugeborenen. Wird Antigen allein verwendet, so benötigt man sehr hohe Zelldosen [45, 298]. Auch kommt es vor der Toleranz zu einer vorübergehenden erhöhten Immunität. Die Vorstellung ist nicht abwegig, daß der Organismus durch Toleranz eine ihm nachteilige Hyperimmunisation vermeidet.

Man diskutiert auch die Möglichkeit, daß Toleranz vom quantitativen Verhältnis zwischen Antigen und immunologisch kompetenten Zellen abhängt. Durch hohe Antigendosen würde bei Erwachsenen eine ähnliche Relation zwischen Antigenmenge und Körpergewicht erhalten wie bei Neugeborenen. Die andere Möglichkeit, das „neonatale" Mengenverhältnis herzustellen, liegt in der Verminderung der Antigen-empfindlichen Zellen. So erleichtert subletale Röntgenbestrahlung die Toleranzinduktion mit Antigen, und letale Röntgenbestrahlung mit nachfolgender Knochenmarktransplantation führt zu dauernder Toleranz gegenüber den Spenderantigenen [203]. Dasselbe gilt für Behandlung mit cytostatischen und immunosuppressiven Stoffen, wie z. B. Cyclophosphamid oder 6-Mercaptopurin.

Während auf diese Weise gegen nicht-celluläre Antigene relativ leicht Toleranz erzeugt werden kann, läßt sie sich gegen celluläre Antigene mit pharmakologischer Immunsuppression nur unter besonderen Bedingungen herbeiführen. Möglicherweise würden Transplantationsantigene in geeigneter löslicher Form die Situation verändern. Mit Spenderzellen erwiesen sich bisher vor allem Methylhydrazinderivate (Abb. 6, 7 und 10) und ALS sowie ihre Kombination, ferner die Verbindung von ALS mit Bestrahlung als erfolgreich [106, 113, 187, 242]. Auch andere Immunsuppressiva wie z. B. Methotrexat und 6-Mercaptopurin verstärken die Fähigkeit von Spenderzellen oder Zellmaterial, die Überlebenszeit von Transplantaten zu verlängern [134, 221]. Es zeichnet sich ab, daß die Durchbrechung der immunologischen Barriere auch in der klinischen Organtransplantation durch kombinierte Behandlung mit Spenderantigenen und als Adjuvans verabfolgten Immunsuppressiva möglich werden könnte. Dabei würde die Bereitschaft des Immunsystems, auf Antigene entweder mit Immunität oder Toleranz zu antworten, durch eine kurze befristete Vorbehandlung mit pharmakologischen Immunsuppressiva bei Zufuhr des Spenderantigens in Richtung Toleranz gelenkt. Auch für dieses System gilt, daß intravenöse Verabreichung

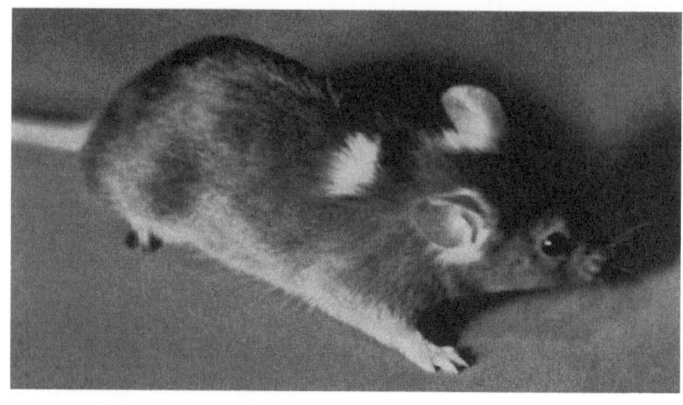

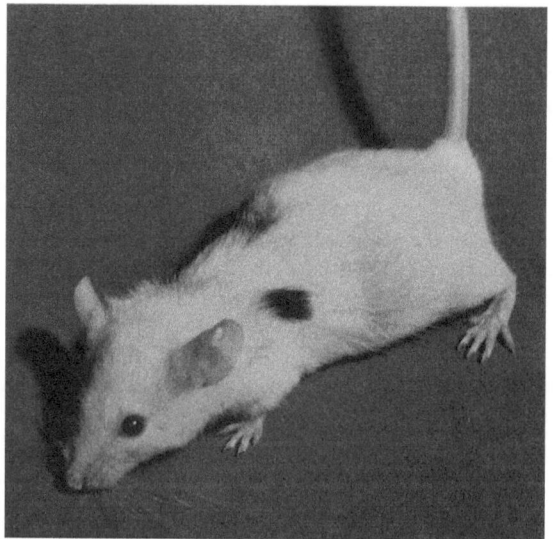

Abb. 6 a u. b. Immunologische Toleranz gegen Hauttransplantate.
a) Maus des Stammes C57Br, die mit dem Methylhydrazinderivat Ro 4-6824 vorbehandelt wurde und gleichzeitig mit einem Stück A-Haut 30×10^6 Milzzellen dieses Stammes intravenös erhielt. Das A-Transplantat zeigt nach 69 Tagen ein dichtes Büschel weißer Haare
b) Gleiche Behandlung, jedoch bei Transplantation von CBA-Haut auf eine Maus des Stammes A. Auf der rechten Thoraxseite sieht man ein CBA-Hautstück 196 Tage nach der Transplantation. Links wurde der Maus nach 115 Tagen sowohl ein weiteres CBA als auch ein C57Bl-Transplantat eingepflanzt. Das erste ist erhalten, das letztere wurde innerhalb der normalen Zeitspanne abgestoßen. Die induzierte Toleranz ist somit spezifisch für CBA-Antigene

am geeignetsten zur Toleranzinduktion ist (intraperitoneale und subcutane Injektionen bewirken eher Sensibilisierung).

Die Stärke des Antigens spielt auch bei dem als „split tolerance" bezeichneten Phänomen eine Rolle. Werden z. B. neugeborene A-Mäuse mit Zellen von (C57Bl/6×CBA)$_{F_1}$-Hybriden injiziert, so erfolgt eine heterogene Reaktion. Gegen CBA-Zellen entsteht Toleranz, gegen die stärkeren, im-

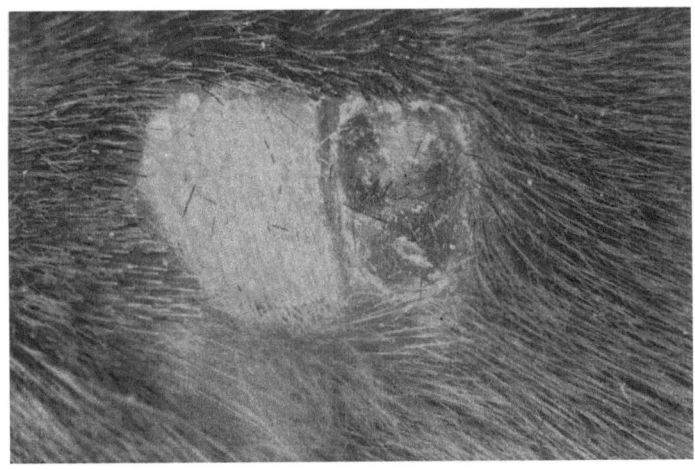

Abb. 7. Spezifität der Toleranz. Bei einer CBA-Maus wurde mit Ro 4-6824 und intravenös verabfolgten (CBA×A)F$_1$-Thymuszellen Toleranz erzeugt. (CBA×A)F$_1$-Haut überlebte dauernd. 97 Tage nach dieser ersten Transplantation eingepflanzte Schwanzhautstücke der Mäusestämme A und C57Bl erleiden ein unterschiedliches Schicksal. Das A-Transplantat (links) überlebt unbegrenzt, die C57Bl-Haut (rechts) ist 19 Tage nach der Transplantation gänzlich zerstört. Aus [113]

munogeneren (C57Bl/6×CBA) Antigene kommt es zu Immunität [44]. Einer Form von „split tolerance" entspricht auch die Beobachtung, daß bei F$_1$-Hbriden des Stammes C57Bl nach Injektion homologer männlicher Zellen in neugeborene Weibchen Toleranz gegen Transplantate isologer männlicher Herkunft entsteht [200].

Ein entscheidender Vorteil der spezifischen Toleranz bestünde darin, daß auf eine weitere Behandlung mit Immunosuppressiva verzichtet werden könnte.

Er gibt Hinweise, daß in einem solchen Schema — in Analogie zur „low zone tolerance" gegen Protein-Antigene — auch kleinste Mengen von Transplantationsantigenen anwendbar wären. Durch tägliche intravenöse Vorbehandlung mit Antigenäquivalenten entsprechend ungefähr 2500 ultraschall-behandelten Leberzellen ließ sich die Überlebenszeit von Nierenhomotransplantaten bei Kaninchen verdoppeln [262]. Fortführung der Antigeninjektionen nach der Transplantation und Behandlung mit Azathioprin verbesserten die Ergebnisse zusätzlich. Die Verwendung zellfreien Materials ist insofern bedeutsam, als damit keine Gefahr einer Antiwirt-Reaktion auftritt.

Eine ganze Reihe von Fragen über den Mechanismus der Toleranz sind noch offen. Dazu gehört jene, ob die dauernde Persistenz des Antigens notwendig ist, damit der tolerante Zustand erhalten bleibt. Versuche, bei denen in Hühnern Toleranz gegen homologe Erythrocyten erzeugt wurde, ergaben beispielsweise, daß die Toleranz erlischt, nachdem die Erythrocyten der Spender aus dem Kreislauf der Empfänger verschwunden sind. Das Intervall war um so länger, je älter die Empfänger waren [237]. Das deutet darauf hin, daß die Geschwindigkeit der Zellmauserung eine Rolle spielt und daß die Toleranz durch neu rekrutierte Zellpopulation beendet wird, die kein Antigen mehr antreffen. Auch die Toleranz gegen Pneumokokkenpolysaccharide ließe sich durch abnormale Persistenz dieser Substanzen erklären, für deren Abbau Enzyme fehlen.

Offen ist auch, ob Toleranz durch vorübergehende Paralyse oder durch Elimination immunologisch kompetenter Zellen bedingt ist. Nach der Theorie von Burnet [50] wäre die Voraussetzung der Toleranz, daß durch das Antigen die Zellinie selektiv ausgerottet wird, die genetisch ausersehen ist, gegen es zu reagieren. Für diese „clonal selection" Theorie spricht die Beobachtung, daß einzelne Zellen mehrheitlich nur Antikörper gegen ein Antigen produzieren. Andererseits spricht die spontane oder durch Bestrahlung provozierte Beendigung der Toleranz gegen die Elimination des entsprechenden Zellklonus. Aber Zellen toleranter Tiere sind nach Transfer in normale Wirte nach wie vor unfähig, immunologisch zu reagieren [209]. Das besagt allerdings nur, daß Toleranz die Absenz von potentiell reaktiven Zellen bedeutet. Außer Immunität läßt sich demnach auch Toleranz „adoptiv" durch Zellen übertragen. Daß Toleranz auf einem „zentralen" Ausfall der immunologischen Funktionen beruht, beweisen Versuche, die zeigen, daß nach Übertragung normaler Lymphocyten in tolerante Tiere deren spezifische Reaktionslosigkeit wieder behoben werden kann [32, 130], was zu unweigerlichen — und mit sensibilisierten Lymphocyten prompten — Abstoßung lange tolerierter Transplantate führt. Daß dies nicht nur für Hauttransplantate gilt, illustriert ein eindrucksvolles Experiment. Werden tolerante Mäuse adrenalektomiert, so kann deren endokrine Funktion von transplantierten Nebennieren übernommen werden. Sensibilisierte Lymphocyten verursachen eine immunologische Adrenalektomie [222].

Gegen Antigene, welche das Immunsystem zu einem bestimmten frühzeitigen Entwicklungszeitpunkt antrifft, vermag es später nicht zu reagieren. Es liegt eine spezifische immunologische Toleranz vor. Toleranzerzeugung bei Erwachsenen wird durch immunsuppressive Maßnahmen erleichtert. Auch die Präsentationsform des Antigens (z. B. Löslichkeit) und die Aufbereitung durch Hilfszellen bestimmen, ob die Reaktion zwischen Antigen-empfindlicher Zelle und Antigen zu Toleranz oder Immunität führt.

B. Immunosuppression durch Antikörper

Es ist seit langem bekannt, daß die primäre Antikörperbildung gehemmt werden kann, wenn das Antigen vor der Injektion mit einem Überschuß des entsprechenden Antikörpers gemischt wird. Ferner läßt sich die primäre Antikörperbildung auch durch passiv verabfolgte Antikörper ausschalten, auch wenn diese einige Tage nach dem Antigen verabfolgt werden. Diese Ergebnisse wurden jedoch mit großen Mengen von Hyperimmunseren erhalten. Erwähnenswert in diesem Zusammenhang dürfte auch das Sulzberger-Chase Phänomen sein, daß nämlich bei Meerschweinchen nach oraler oder intravenöser Gabe eines chemischen Haptens später eine Hemmung der Antikörperbildung und vor allem der cutanen Überempfindlichkeitsreaktion beobachtet werden kann. Eine entsprechende Beobachtung von Frei datiert aus dem Jahre 1928 [117]. Er hatte festgestellt, daß die bei Patienten normalerweise auslösbare cutane Überempfindlichkeitsreaktion auf Neosalvarsan ausblieb, wenn das Mittel vorher intravenös verabreicht worden war.

Es bedarf noch weiterer Abklärung, wann humorale Antikörper fördernd und wann hemmend auf die Abstoßung von Transplantaten wirken. Die Analyse der dabei eine Rolle spielenden Wechselwirkungen zwischen humoraler und cellulärer Immunität wird wichtige Aufschlüsse über die Mechanismen beider Immunitätsformen liefern. Von besonderer Bedeutung für die Transplantationsbiologie ist nun eine abnormale Erscheinung, die sich darin äußert, daß gegen Transplantate gerichtete Antikörper diese auch schützen können. Man nennt dieses Phänomen „enhancement" und versteht darunter die Förderung des Wachstums oder des Überlebens von Homotransplantaten durch Serumantikörper, welche gegen die Spender-Transplantationsantigene gerichtet sind. Aktives enhancement kann durch Immunisierung des Empfängers mit Spenderantigen erzeugt werden; passiv läßt sich enhancement mittels Serum von einem anderen gegen die Spenderantigene immunisierten Individuum übertragen [173]. Es muß sich dabei — im Gegensatz zum heterologen Antilymphocytenserum — um homologe, also von der gleichen Species stammende Antiseren handeln.

Enhancement wurde 1907 entdeckt (Flexner und Jobling [101]). Immunisierung von Ratten mit einer hitzegetöteten Emulsion von Zellen eines Sarkoms begünstigte dessen Wachstum bei einer späteren Transplantation. In der Folge wurde nachgewiesen, daß die für enhancement verantwortlichen Faktoren durch Histocompatibilitätsantigene ausgelöst wurden und daß auch normales Gewebe gegenüber Tumoren von gleicher genetischer Konstitution enhancement zu provozieren vermochte [173]. Förderung von Transplantation kommt somit unter Bedingungen zustande, welche gegenüber anderen Antigenen zu einer verstärkten Immunreaktion führen. Einzig bei Leukämien trat die orthodoxe Wirkung ein: sie wuchsen schlechter nach vorheriger Immunisierung. Für aus dissoziierten Zellen bestehende Transplantate oder Tumoren sind die produzierten Antikörper offenbar cytotoxisch; solide Transplantate hingegen werden geschützt. Es ist anzunehmen, daß cytotoxische und fördernde Antikörper verschiedenen Klassen von Gammaglobulinen angehören, immunosuppressive Antikörper wahrscheinlich der

IgG-Fraktion. Für Cytotoxicität ist die Anwesenheit von Komplement notwendig. Die Bindung von Komplement wird auch durch hohe Antigenkonzentration auf der Zelloberfläche begünstigt.

Gegenüber Hauttransplantaten blieb der enhancement-Effekt gering. Es ist nicht ausgeschlossen, daß mit anderen Geweben ausgelösten Antikörpern Haut-spezifische Komponenten fehlen. Deutliche Förderung und dauerndes Überleben erfuhren hingegen Nierentransplantate bei Hunden oder Ratten [318].

Eine Erklärung für enhancement ergibt sich aus der Tatsache, daß von den beiden immunologischen Reaktionsformen, nämlich der humoralen und der cellulären Immunität, vorwiegend die letztere für die Abstoßung von Homotransplantaten verantwortlich ist. Humorale gegen das Transplantat gerichtete Antikörper schädigen dieses nicht, sondern bewahren es vor den zerstörenden Einwirkungen der cellulären Immunität. Diese kann auf verschiedene Arten blockiert werden: afferent, zentral und efferent. Man kann auch von einer peripheren (afferenten bzw. efferenten) Blockade im Gegensatz zu einer zentralen sprechen. Erstere wäre durch die Bildung von Antigen-Antikörper-Komplexen charakterisiert.

Bei einem afferenten enhancement wären die Transplantationsantigene durch Antikörper inaktiviert, so daß keine Immunisierung stattfinden könnte. Ein zentraler Mechanismus schaltete die für die Immunreaktion verantwortlichen Zellen aus; bei einer efferenten Blockade schließlich würden die Zellen des Transplantats durch einen Antikörperüberzug vor dem Kontakt mit den die Abstoßung bewirkenden Zellen beschützt. Für einen efferenten Mechanismus spricht die Tatsache, daß passiv übertragene Antikörper die Abstoßung von Tumortransplantaten noch eine Woche nach der Übertragung hemmen kann. Ein bestechend einfaches Experiment [240] bestärkt diesen Eindruck. Mäusen wurden beidseitig homologe Tumorzellen subcutan injiziert. Die Zellen der einen Seite waren vorher in homologem Antiserum inkubiert worden. Der Tumor auf dieser Seite wuchs stark, derjenige der anderen Seite (nicht inkubierte Zellen) nur beschränkt. Auch die Tatsache, daß Zugabe von Antiserum *in vitro*-Equivalente cellulärer Immunität — d. h. cytotoxische Auswirkungen sensibilisierter Lymphocyten auf kultivierte Zielzellen — in mehreren Versuchsanordnungen hemmt [49, 151], spricht für efferente Blockade. Es liegen aber auch überzeugende Anhaltspunkte für die Bedeutung zentraler Mechanismen vor. Einmal ist bei Immunosuppression durch Antikörper die Zahl der Zellen vermindert, die auf den Antigenreiz reagieren. Ferner scheinen Antikörper zu verhindern, daß Makrophagen die aufgenommenen Antigene so verarbeiten, daß sie zu wirksamen, Lymphocyten stimulierende Immunogenen werden. Mit anderen Worten: der Informationstransfer von Makrophagen zu Lymphocyten ist blockiert [281]. Möglicherweise beruht auch die *in vitro* mit Antigen und Antikörper induzierbare „low zone" Toleranz lymphoider Zellen auf diesem Mechanismus [98].

Mit der Immunosuppression durch Antikörper scheint sich eine wichtige Entwicklung in der Transplantationsbiologie anzubahnen. Die Beziehungen zur Toleranz werden dabei weitere Abklärung finden. Man kann spekulieren, daß Toleranz eine Eigenschaft der Immunzelle selbst sei, während Antikörper auf die mit der Antigenaufbereitung betrauten Makrophagen wirken [309]. Toleranz und enhancement dürften aber komplementäre und nicht exklusive Manifestationsformen immunologischer Reaktionslosigkeit sein.

Die Immunosuppression durch Antikörper weist darauf hin, daß mit der Manipulierung der relativen humoralen und cellulären Komponenten von Immunreaktionen wichtige Beeinflussungsmöglichkeiten gegeben sind. Hemmung cellulärer Immunität und Stimulierung fördernder Antikörper würde Transplantate begünstigen; für die Immunotherapie von Malignomen wäre das Gegenteil anzustreben. Daß die *in vitro* beobachtete Blockierung cellulärer Cytotoxicität durch Antikörper praktisch bedeutsam sein dürfte, geht aus Beobachtungen hervor, wonach bei Patienten mit gut funktionierenden Nierenhomotransplantaten fördernde Antikörper gefunden wurden, ebenso wie bei Patienten mit in Progression befindlichen Tumoren [150]. Die Antikörper waren vom IgG-Typ. Bei in Regression befindlichen Tumoren verschwanden die Antikörper.

Bezüglich der Toleranzinduktion gegen Transplantate liegen bereits Hinweise vor, daß residuelle humorale Immunität einer maximalen humoralen und cellulären Immunosuppression vorzuziehen wäre. Enhancement muß als Ausdruck eines Regulationsvorganges gesehen werden, bei dem die Antikörperbildung durch Antikörper gesteuert wird.

Für die Bedeutung solcher Rückkopplungs-Mechanismen liegen weitere Anhaltspunkte vor. In neueren Versuchen, bei denen mit getrennten IgG- und IgM-Immunoglobulinfraktionen gearbeitet wurde, ergab sich, daß IgG-Immunoglobuline die IgM-Bildung hemmen [100, 282]. Das zeigte sich einmal dann, wenn die normale Immunglobulin-Sequenz durch 6-Mercaptopurin gestört wurde, welches vorwiegend die IgG-Bildung unterdrückt. Der Abfall der IgM-Antikörper war dann stark verzögert. Ferner ließ sich durch passive Verabfolgung von IgG die IgM-Bildung abrupt unterbinden. Möglicherweise sind diese Vorgänge wie auch die Toleranz Ausdruck eines Mechanismus, durch den eine Hyperimmunisierung verhindert wird.

Nicht nur die Bildung humoraler Antikörper, sondern auch Manifestationsformen cellulärer Immunität können durch passiv zugeführte Antikörper gehemmt werden. Zwei Beispiele dafür seien angeführt. Wurden Ratten intradermal mit Schaferythrocyten in Freund's Adjuvans immunisiert, so ließ sich nach neun Tagen in den Pfoten durch Antigen eine Überempfindlichkeit vom verzögerten Typ auslösen. Sowohl passive Immunisierung mit Ratten-Anti-Schaferythrocytenserum als auch intravenöse Verabfolgung der Schaferythrocyten verringerte die lokale verzögerte Überempfindlichkeitsreaktion. Wurden diese Maßnahmen kombiniert, so war die Hemmung vollständig [7].

Ebenso konnte die Immunreaktion gegen transplantierte homologe Rattennieren auf diese Weise beeinflußt werden. Hier wurden gegen die Histocompatibilitätsantigene des Spenderstamms gerichtete Antikörper den Transplantatempfängern injiziert. Die Ergebnisse waren ebenfalls besser, wenn zusätzlich Zellen vom Spendertyp intravenös verabfolgt wurden. Die bei den Kontrollen nach durchschnittlich 17 Tagen zum Tode führende Abstoßung blieb bei den mit Antikörper und Antigen behandelten Versuchstieren aus [318]. Auch noch kürzer zurückliegende Versuche sprechen dafür, daß die Transplantate durch Antikörper mit enhancement-Wirkung überleben. Erhielten Ratten nach Transplantation der Nieren von F_1-Hybriden nichts anderes als relativ hohe Dosen von Antitransplantat-Antikörpern, so überlebten sämtliche Tiere dauernd mit guter Nierenfunktion [118]. Injektion von Spender-Milzzellen 100 Tage nach der Transplantation löste Antikörperbildung aus; es bestand also keine Toleranz. Die Verlängerung von homozygoten Homotransplantaten war allerdings bescheidener.

Diese Versuche eröffnen interessante Zugänge zur Hervorrufung spezifischer Toleranz gegen Transplantate ohne globale Unterdrückung der immunologischen Reaktivität. Zudem zeigen sie, daß Nierentransplantate privilegiert sind; die Überlebenszeit von Hauttransplantaten ließ sich mit der eben beschriebenen Behandlung nur geringfügig verlängern.

Zu einer praktisch wichtigen und erfolgreichen Anwendung dieses Prinzips der Hemmung von Immunreaktionen durch spezifische Antikörper ist es bei der Rhesuskrankheit des Neugeborenen gekommen. Die Sensibilisierung von Müttern, welche zur Bildung von Rhesus-Antikörpern prädisponiert sind, kann verhindert werden, indem sie vor dem Termin passiv mit kleinen Mengen von spezifischen gegen Rh^+-Antigene gerichteten Antikörpern behandelt werden [116].

Es bedarf noch weiterer Abklärung, ob bei menschlichen Organtransplantaten humorale Antikörper protektive Effekte haben. Bisher erwiesen sich gegen Nierenhomotransplantate gerichtete Antikörper mehrheitlich als cytotoxisch. Möglicherweise überwiegen beim Mensch die cytotoxischen Immunoglobuline gegenüber den fördernden.

Spezifische Antikörper können sowohl Antikörperbildung als auch Immunreaktionen vom cellulären Typ unterdrücken. Dieses Phänomen wurde bei Tumorhomotransplantaten entdeckt und als „enhancement" bezeichnet. Humorale Antikörper vermögen auch homologe Organtransplantate zu schützen (z. B. Rattennieren) und in vitro Manifestationsformen cellulärimmunologischer Reaktivität zu hemmen. Möglicherweise sind Makrophagen der Angriffspunkt immunosuppressiver Antikörper.

V. Wechselwirkungen zwischen Transplantat und Empfänger

A. Antiwirt-(Graft-versus-host)Reaktionen

Lymphoide Zellen eines homologen Spenders können auch andere Folgen als Toleranz zeitigen. Dies ist dann der Fall, wenn das Transplantat immunologisch kompetente Zellen enthält, die mit Antigenen des Wirts reagieren. Solche Antiwirt-Reaktionen treten unter den gleichen Bedingungen auf, unter denen Toleranz zustande kommt, nämlich dann, wenn der Empfänger nicht in der Lage ist, die transplantierten homologen lymphoiden Zellen abzustoßen. In der Tat wurde eine Form dieser Antiwirt-Reaktionen anläßlich von Versuchen entdeckt, bei Neugeborenen Toleranz zu induzieren [29]. Die Voraussetzung für das Zustandekommen von Antiwirt-Reaktionen liegt somit bei immunologisch unreifen Individuen vor wie neugeborenen Mäusen und bei Tieren, deren immunologische Reaktivität durch eine massive immunsuppressive Einwirkung unterdrückt wurde (beispielsweise durch letale Bestrahlung). Auch F_1-Hybriden werden Zellen ihrer beiden Elternstämme akzeptieren. Ob bei der Injektion neonataler Tiere mit homologen Zellen Toleranz oder eine Antiwirt-Reaktion erzeugt wird, hängt vom Zelltyp sowie seiner genetischen Disparität ab. Bei immunologisch reaktiven Zellen aus Lymphknoten oder Milz wird bei starken Histocompatibilitätsunterschieden die Antiwirt-Aktivität überwiegen.

Drei Voraussetzungen sind notwendig, damit eine Antiwirt-Reaktion zustande kommt. Erstens muß das Transplantat lebensfähige immunologisch reaktive Zellen enthalten. Zweitens muß der Wirt Transplantationsantigene aufweisen, die dem Transplantat fehlen, und drittens darf der Wirt nicht in der Lage sein, das Transplantat abzustoßen.

Das Konzept einer Antiwirt-Reaktion geht auf Beobachtungen Dempsters [81] und Simonsens [305] aus dem Jahre 1953 zurück. Sie sahen in transplantierten Hundenieren innerhalb einer Woche auftretende massive interstitielle Infiltrate mit plasmacytoiden, pyroninophilen Zellen. Beide Autoren schlossen daraus, daß diese gegen Wirtsantigen reagierten. Auf Grund späterer Untersuchungen ergab sich allerdings, daß die Zellinfiltrate vom Wirt stammten. Sie traten nämlich auch auf, wenn die Spenderniere hochdosierter Röntgenbestrahlung unterworfen worden war [115, 163]. Auch radioaktive Markierung von Spender- und Wirtszellen zeigte, daß die Infiltrate nicht vom Spender herrühren konnten [270]. Simonsen stellte nachträglich scherzend fest, daß die Theorie der Antiwirt-Reaktivität in der Transplantationsbiologie vollkommen richtig war, mit Ausnahme der experimentellen Befunde, auf die sie sich vorerst stützte.

Je nach den experimentellen Systemen, in welchen sich die Antiwirt-Reaktionen abspielen, tragen sie verschiedene Namen. Werden immunologisch kompetente Zellen, z. B. aus der Milz erwachsener Mäuse, in Neugeborene eines homologen Mäusestammes bestimmter genetischer Konstitution intravenös injiziert, so kommt es zu einem Zustand, den deren Entdecker, Billingham und Brent, 1957 *runt disease* nannten [31]. Man kann ihn als Zwergkrankheit bezeichnen, denn das hervorstechendste Merkmal ist der nach ungefähr zwei Wochen einsetzende Wachstumstillstand der betroffenen Tiere, der zu grotesken Zwergwesen führen kann (Abb. 8). Ein hoher Prozentsatz der Tiere stirbt vor dem dreißigsten Lebenstag.

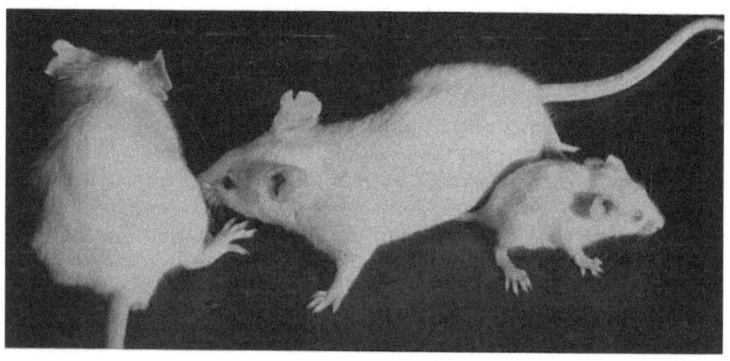

Abb. 8. Sechs Wochen alte Maus mit Zwergkrankheit (runt disease). Neugeborene eines Wurfes des Stammes C$^-$ erhielten innerhalb der ersten 24 Lebensstunden $1,5 \times 10^6$ C57Bl-Milzzellen intravenös. Als auffallendstes Symptom resultierte eine durch die zwerghafte Maus rechts illustrierte Wachstumshemmung. Daneben zeigt die Aufnahme zwei normale Geschwister aus demselben Wurf, denen keine homologen Zellen verabfolgt wurden

Mit *secondary disease* oder je nach Herkunft der transplantierten Zellen als *homologous* oder *heterologous disease* bezeichnet man die Krankheit, welche Tiere befällt, die mit Knochenmarkzellen vor dem akuten Strahlentod bewahrt worden sind. Solche Tiere können dann der meist protrahiert verlaufenden Sekundärkrankheit erliegen [19, 328]. Schließlich existiert auch der Ausdruck F_1-*Hybrid disease*. Er bezeichnet jene Manifestationsform der Krankheit, die dann auftritt, wenn lymphoide parentale Zellen in F_1-Hybriden injiziert werden.

Viele pathologische Symptome dieser Zustände sind allen drei Formen gemeinsam. Man spricht daher auch von einem *„wasting syndrome"* oder einem Auszehrungssyndrom bzw. einer Schwundkrankheit. Die Begriffe weisen auf ein Kardinalsymptom des Zustandes, die Kachexie. Daneben sind die befallenen Tiere hypothermisch und lethargisch; sie haben durch Piloerektion ein struppiges Fell und sitzen zusammengekauert mit einem Buckel da. Beim *runt disease* wird dieses Bild des Jammers durch Diarrhoe ergänzt, die präterminal auftritt. Myeloische Metaplasie vorwiegend in der Milz, Lymphopenie und Erythroblastopenie im Knochenmark gehören ebenfalls zu der Krankheit. Vielleicht spielt in der Pathogenese der Anämie eine Immunvasculitis der Knochenmarksinus eine Rolle [178a].

Gemeinsam ist den verschiedenen Manifestationsformen des Auszehrungssyndroms auch die Latenzzeit, welche nach der Zellinjektion bis zum Auftreten der Krankheit vergeht. Sie hängt von Zelldosis und Histocompatibilität ab, aber *runt disease* manifestiert sich im allgemeinen nach zwei Wochen und die Sekundärkrankheit selten früher.

Hauptsächlich ist das lymphoide System der Empfänger betroffen. Vorerst kommt es zu einer Hyperplasie. Sie äußert sich z. B. in der Splenomegalie bei neugeborenen Mäusen [31] oder bei Küken, denen embryonal oder kurz nach dem Schlüpfen Milzzellen erwachsener homologer Spender injiziert wurden [306]. In dieser Phase ist auch die Phagocytose-Aktivität des reticuloendothelialen Systems erhöht.

Hühner überleben diese Phase kaum je, aber falls dies bei Nagetieren der Fall ist, so kommt es im weiteren Verlauf zum Gegenteil: die lymphoiden Organe verkümmern, die Lymphocyten verschwinden aus Lymphknoten und z. B. den Peyerschen Plaques. Proliferierende reticuloendotheliale Zellen ersetzen sie. Der Thymus kann nahezu vollständig verschwinden. Anämie, Granulocyto- und Lymphopenie sind weitere Manifestationen der Schädigung des lymphohämatopoetischen Systems. Ein weiteres Organ, das vor allem bei Ratten in Mitleidenschaft gezogen wird, ist die Haut, wo infiltrative, degenerative Veränderungen, Hyperkeratose und exfoliative Dermatitis gesehen werden [29]. Bei Mäusen finden sich häufig nekrotische Herde in der Leber. Interessant ist die Beobachtung, daß unter Bedingungen von Antiwirt-Reaktionen eine Mitosehemmung auftreten kann [67]. Sollte solch ein antimitotischer Faktor freigesetzt werden, so könnte er für den Zwergwuchs verantwortlich sein. Auch für die Beobachtung, daß tumortragende Mäuse nach Letalbestrahlung länger überleben, sofern sie mit homologem Knochenmark am Leben erhalten werden [211], böte sich daraus eine weitere Erklärung.

Es ist erwiesen, daß die Antiwirt-Reaktionen immunogenetisch bedingt sind. Mit toleranten Zellen tritt die Reaktion nicht auf, mit sensibilisierten ist sie verstärkt. Bezüglich der Histocompatibilitätsdifferenzen sind Antiwirt-Reaktionen anspruchsvoller als Wirt-gegen-Transplantat-Reaktionen. Kombinationen mit schwächeren Unterschieden, bei denen Hauttransplantate noch normal abgestoßen werden, führen oft zu keinen Antiwirt-Reaktionen. Offen bleibt die Frage, wieso die gegen die Transplantationsantigene des Wirtes reagierenden lymphoiden Zellen des Spenders die Mehrzahl der Organe des Wirtes verschonen. Eine besondere Empfindlichkeit der Haut geht auch aus folgendem paradoxen Befund hervor. CBA-Mäuse wurden letal bestrahlt und mit Knochenmarkzellen von BALB/c Spendern restauriert. Die resultierenden Strahlenchimären tolerierten in der Folge BALB/c Hauttransplantate, verwarfen jedoch isologe Transplantate [180].

Auffallende Ähnlichkeit mit dem Auszehrungssyndrom bei Antiwirt-Reaktionen weisen noch andere experimentell hervorrufbare Zustände auf. Dazu gehört vor allem die neonatale Thymektomie, nach der es auch häufig zu Kachexie und vorzeitigem Tod kommt. Ebenfalls können durch einmalige Verabfolgung von 0.25 mg Cortison an neugeborene Mäuse am ersten Lebenstag, durch bakterielle Endotoxine oder durch Polyoma- sowie Reoviren ähnliche Zustände herbeigeführt werden. Letztere Ursachen weisen auf eine mögliche Rolle von Mikroorganismen in der Pathogenese der Schwundkrankheit hin. Sie ist auch deshalb wahrscheinlich, weil die immunologische Reaktivität gegen gewisse Antigene bei Antiwirt-Reaktionen vermindert ist [29]. Ein Unterschied zwischen *runt disease* und neonataler Thymektomie besteht darin, daß keimfrei gehaltene Mäuse diese überleben und nur dem *runt disease* erliegen [216]. Eine virale Infektion bleibt dabei aber möglich. Auch vermochten keimfreie neonatal thymektomierte Mäuse Hauttransplantate besser abzustoßen als konventionell gehaltene Tiere. Die Antikörperbildung nach neonataler Thymektomie war hingegen sowohl bei keimfreien als auch bei konventionellen Mäusen gleichermaßen unterdrückt [234]. Auf Grund dieser Befunde darf angenommen werden, daß beim *runt disease* der primäre ätiologische Faktor immunogenetischer Natur ist. Sekundär kommt es zu einem Zustand immunologischer Insuffizienz, der Ähnlichkeiten mit dem Post-Thymektomie-Syndrom hat.

Eine wichtige Frage betrifft den für die Auslösung der Antiwirt-Reaktivität verantwortlichen Zelltyp. Die Untersuchungen von Gowans ergaben klar, daß kleinen Lymphocyten diese Fähigkeit zukommt [130]. Aber auch Wirtzellen scheinen eine Rolle zu spielen; bei manchen Formen lokalisierter Antiwirt-Reaktionen wird die zur Reaktion notwendige Wechselwirkung zwischen Transplantat und Wirt auch durch Bestrahlung des letzteren unterbunden [273]. Ebenso stammen die Zellen in den hyperplastischen Milzen mehrheitlich vom Wirt. Lymphocyten sind auch die Elemente, welche für Antiwirt-Reaktionen verantwortlich sind, die durch Injektion von normalem peripherem Blut ausgelöst werden [322].

Eine Ausnahme bilden lymphoide Zellen und Blut von fetalen oder neugeborenen Spendern: solange sie immunologisch unreif sind, lösen sie auch keine Antiwirt-Reaktionen aus. So kann das Auftreten der Sekundärkrankheit bei letal bestrahlten Mäusen reduziert werden, wenn die Repopulation mit Zellen fetaler Herkunft erfolgt [18, 331]. Auch Zellen neonatal thymektomierter Tiere lösen keine Antiwirt-Reaktionen aus. Zu den Kunstgriffen, mittels denen die für die Antiwirt-Reaktionen verantwortlichen immunologisch kompetenten Lymphocyten aus einem hämatopoetischen Zellinoculum entfernt werden sollen, gehören vorherige Inkubation bei 37° C sowie Zellauftrennung mittels Albumingradienten [85].

Es gibt noch weitere Möglichkeiten, Antiwirt-Reaktionen zu hemmen. Einleuchtend ist die gleichzeitige Injektion isologer immunologisch kompetenter lymphoider Zellen. Sie verleihen dem Wirt das ihm fehlende Vermögen, die pathogenen Zellen zu eliminieren. Auch medikamentös lassen sich experimentelle graft-versus-host-Reaktionen verhindern. Besonders bewährt hat sich hierbei Methotrexat. Es hemmt eindrücklich *runt disease* bei Mäusen [280, 332] und die Sekundärkrankheit nach Knochenmarktransplantation bei Mäusen und Hunden [325]. Der Effekt betrifft die frühe hyperplastische Phase. Die späte, mit Aplasie des lymphoiden Systems einhergehende Form dürfte kaum beeinflußbar sein. Auch Antilymphocytenserum kann angewendet werden. Bei Mäusen ist die Vorbehandlung des Zellspenders wirksamer [47, 190, 324]. Bei Affen unterdrückte ALS auch bei Behandlung der Empfänger die Sekundärkrankheit. Die Tiere erlagen in der Folge allerdings einer Virusinfektion [25].

Unerklärt, aber möglicherweise von erheblicher Bedeutung ist die Beobachtung, daß ungefähr die Hälfte der Mäuse, die eine chronische *F_1-Hybriddisease* überleben, maligne Lymphome entwickeln [292].

Antiwirt-Reaktionen können auch klinisch eine Rolle spielen, sofern toleranten Empfängern immunologisch kompetente Zellen zugeführt werden. Das ist z. B. der Fall bei der Leukämiebehandlung mit Letalbestrahlung und nachfolgender Knochenmarktransplantation. Die immunologisch aktiven Zellen im Knochenmark führen bei einem großen Teil der Patienten zu einem schweren, oft tödlich verlaufenden Syndrom, bei dem gastrointestinale Störungen (Erbrechen, Diarrhoe, Anorexie) mit Fieber, Infektionen und desquamativen Erythrodermien einhergehen [211]. Lymphocytäre Infiltration und immunologische Insuffizienz sind Hauptursachen der vielfältigen Symptomatik. Nach 1—2 Monaten kann die Krankheit nachlassen und in eine chronische Phase übergehen. In der akuten Phase hat die Pflege dieser Patienten unter aseptischen Bedingungen zu erfolgen.

Auch bei immunologischen Insuffizienzsyndromen sowie intrauterinen Austauschtransfusionen wegen Erythroblastosis fetalis lassen sich durch Infusion von in Blut, Knochenmark oder lymphoiden Organen enthaltenen Immunocyten letale Antiwirt-Reaktionen auslösen [86, 160, 249]. In beiden Situationen ist die Bedingung erfüllt, daß der Empfänger immunologisch wehrlos ist. Durch Auswahl von Spendern, die mit den Empfängern bezüglich des HL-A-Histocompatibilitätslocus identisch sind, kann die Antiwirt-Reaktion jedoch kontrolliert und stabiler Chimärismus herbeigeführt werden [229].

Antiwirt-Reaktionen bewirken neue, durch die Transplantationsbiologie aufgedeckte Krankheiten. Man kann sie, entsprechend dem Hauptsymptom, als Auszehrungssyndrome bezeichnen. Sie kommen zustande, wenn immunologisch kompetente Zellen des Transplantates gegen ihnen fehlende Antigene des Wirts zu reagieren vermögen. Das ist der Fall, wenn der Wirt immunologisch areaktiv ist, z. B. bei Injektion parenteraler Zellen in F_1-Hybride, nach Letalbestrahlung oder bei neonataler Zellinoculation. Die Krankheit geht vorerst mit lymphoider Hyperplasie und später Aplasie einher. Immundefizienz und infektiöse Mikroorganismen spielen eine Rolle in der Pathogenese.

B. Parabiose

Eine besondere Form der Toleranzerzeugung stellt die Parabiose dar. Man kann sie als gegenseitige Ganzkörpertransplantation bezeichnen. Versuchstiere werden dabei so vereinigt, daß zwischen ihrer Haut, Muskulatur oder auch Abdominalhöhlen Kontinuität hergestellt wird. Der Ausdruck Parabiose stammt von Sauerbruch und Heyde [287], die 1908 bei Kaninchen eine Kommunikation der Peritonealhöhlen herstellten und den Begriff vorschlugen für den „durch die Vereinigung eingetretenen neuen Zustand der Versuchstiere". Sie stellten auch fest, daß der Dauererfolg dieser künstlichen Symbiose von Alter und Verwandtschaft der Partner abhängig war und daß der Tod des Paares oft durch die Abmagerung des einen Parabionten eingeleitet wurde.

Zwei entscheidende Feststellungen über die Parabiose machte aber schon Paul Bert, der im Jahre 1862 seine Pionier-Experimente ausführte [28]. Er wies bei durch Haut und Muskulatur anastomosierten Ratten die Ausbildung eines gemeinsamen Kreislaufs nach und fand zudem, daß die übertragene Haut des einen Parabionten beim anderen Partner erhalten bleiben konnte. Bert beschrieb ferner das Überleben von Autotransplantaten und Unterschiede zwischen bei jungen Ratten ausgeführten Homotransplantaten und Heterotransplantaten.

Zwei der bei Parabiose auftretenden Erscheinungen sind transplantationsbiologisch von Interesse. Einmal die Parabiose-Vergiftung. Dieser Zustand wurde schon bei frühen, nach den Sauerbruch-Heydeschen Versuchen durchgeführten Parabiosen beschrieben. Er besteht darin, daß einer der Parabionten unter Erscheinungen zunehmender Kachexie nach ungefähr 10 Tagen stirbt. Die Schwere und Häufigkeit der Krankheit nimmt mit der genetischen Diskrepanz zwischen den Partnern sowie der Dauer der Parabiose zu. Auch nach Trennung kann der Tod noch eintreten. Eine exaktere Analyse des Zustandes und der immunologischen Grundlagen der Parabiose hat erst die Verwendung von Inzuchttieren erlaubt, wobei ein Tier des einen Elternstammes mit seinem F_1-Hybriden vereinigt wurde. In einer solchen Kombination vermögen nur immunologisch kompetente Zellen des Elterntieres gegen Antigene vom anderen Elternstamm im F_1-Hybriden zu reagieren. Bei diesem tritt die Parabiose-Vergiftung auf. Nachdem allgemein bei Parabiose zwischen den Partnern innerhalb von vier Tagen Gefäßverbindungen entstehen, die auch das Übertreten von Zellen erlauben, dürften elterliche Zellen im F_1-Hybriden eine Antiwirt-Reaktion auslösen. Die Krankheit hat zumindest entscheidende immunologische Komponenten, denn sie tritt bei isologen Partnern nicht auf. In Kombinationen starker genetischer Diskrepanz kommt es nach einer Woche zu einer entzündlichen Reaktion im Bereich der Anastomose mit Gefäßverschluß und häufig Trennung der Tiere. Bei Parabiose von Eltern und F_1-Hybriden tritt die Trennung verzögert auf, was die Krankheit begünstigt.

Das Mortalitätsprofil ist zweigipflig. Die Hybriden-Partner sterben entweder nach einer Woche oder nach ca. 13—16 Tagen [70]. Der erste Gipfel („early disease") äußert sich in Polycythämie des einen und Anämie des anderen Partners und beruht auf Asymmetrie der Zirkulationsverhältnisse. Die Frühkrankheit ist nicht immunologisch bedingt, im Gegensatz zur Parabiosevergiftung. Bei dieser zeigen die Hybriden Lymphopenie und Granulocytopenie. Als Folge eines shunts zwischen Hybriden und elterlichen Parabionten kommt es bei den letzteren zu einer Polycythämie und bei den Hybriden zu einer schweren Anämie mit Hämatokritfall und Reticulocytose. Diese sistiert aber bald und das Knochenmark wird hypocellulär. Die Parabiose-Vergiftung gleicht weitgehend dem Auszehrungssyndrom. Die klinische Symptomatik äußert sich in Kachexie, Gewichtsverlust, buckliger Stellung und Piloerektion. Der Zustand ist nicht von dem shunt-bedingten Blutverlust des Hybriden-Parabionten abhängig. Werden Blutverluste durch wiederholten Aderlaß herbeigeführt, so persistiert beispielsweise die Reticulocytose. Auch Normalisierung des Hämatokrits der Hybriden durch Bluttransfusionen hat keine Heilwirkung. Anämie bei den Hybriden und Polycythämie der Eltern sind aber nicht obligat [307]. Ebenso ist das Absinken des Hämatokrits nicht für den Tod verantwortlich. Die bei den parentalen Partnern auftretenden Symptome (Gewichtsverlust, Lymphopenie) sind vorübergehend. Der erhöhte Hämatokrit normalisiert sich nach der Trennung.

Trennung der Partner nach sechs Tagen parabiontischer Vereinigung reduziert die Mortalität der Hybriden und die Schwere der pathologischen Symptome; Trennung nach 10 Tagen hat hingegen keinen Effekt mehr auf die Mortalität.

Die zweite uns interessierende Erscheinung bei Parabionten ist die immunologische Toleranz, die zwischen den Partnern auftreten kann. Sie hängt von der Dauer der parabiotischen Vereinigung ab. Beträgt diese fünf oder sechs Tage statt nur vier, so erhöht sich die Quote der gegenüber Hauttransplantaten des homologen Partners toleranten Tiere sprunghaft. Das weist auf einen Zusammenhang mit dem Austausch von Antigenen zwischen den Partnern hin. Auf Parabiose beruhten auch frühe erfolgreiche Versuche zur Erzeugung immunologischer Toleranz. Hühnchen, deren Chorioallantoismembranen in der Embryonalperiode vereinigt wurden, vermochten nach dem Schlüpfen nicht Antikörper gegen die Erythrocyten des Partners zu bilden oder dessen Haut abzustoßen [43].

Toleranz wird um so besser erhalten, je länger die Parabiose besteht und je geringer die Histocompatibilitätsdifferenzen zwischen den Partnern sind. Auch für diese Form der Toleranzinduktion gilt, daß Differenzen, welche den H-2-Histocompatibilitätslocus der Maus betreffen, schwerer zu überwinden sind. Wie bei Versuchen zur Induktion von Toleranz mit lymphoiden Zellen entweder Toleranz oder Antiwirt-Reaktionen erzeugt werden, ist auch bei Parabiose das Gleichgewicht zwischen Toleranz und Parabiose-Vergiftung labil. Trotzdem anzunehmen ist, daß die Toleranzquote mit der transferierten Antigenmenge in Zusammenhang steht, braucht die Toleranz nach Parabiose nicht mit Persistenz der Zellen von F_1-Hybriden in den Elterntieren einherzugehen; jedenfalls wurden im allgemeinen in deren Milzen keine vom hybriden Parabionten stammende Zellen gefunden [252]. Der Chimärismus ist unilateral, nur bei den Hybriden finden sich zahlreich elterliche Zellen.

Bei starken Histocompatibilitätsdifferenzen kann Parabiose sogar zu gesteigerter Immunität gegenüber dem F_1-Hybrid-Partner führen. Auch in dieser Situation läßt sich Toleranz durch Behandlung mit Antilymphocytenserum [252] sowie Methotrexat [307] herbeiführen. ALS bewirkt dann Toleranz des elterlichen Parabionten, wenn es diesem vor der Vereinigung verabfolgt wird. Es handelt sich somit um ein weiteres Beispiel für Induktion spezifischer Toleranz durch Synergismus eines Immunosuppressivums mit Spenderantigen. Auch bezüglich des Methotrexats gilt diese Übereinstimmung: wie bei intravenös injizierten lymphoiden Zellen war die Substanz auch bei Parabiose nur wirksam in einer Kombination ohne H-2-Differenzen und bei massiver Applikation während der Antigenexposition.

Bei der als Parabiose bezeichneten Vereinigung zweier Individuen kann nach Ausbildung eines gemeinsamen Kreislaufs eine „Vergiftung" entstehen, die auf einer Immunreaktion zwischen den Partnern beruht. Nach langdauernder Parabiose bei geringgradigen Histocompatibilitätsdifferenzen ist auch immunologische Toleranz möglich.

VI. Die unspezifische Beeinflußbarkeit von Immunreaktionen

A. Mögliche Angriffspunkte

1. Beeinflussung des Empfängers

Neben der spezifischen Immun-Paralyse durch Antigen (Toleranz) oder durch Antikörper (enhancement) kann die immunologische Reaktivität auf mannigfaltige Weise global und unspezifisch unterdrückt werden. Wir wollen auf diese Möglichkeiten nun eingehen.

Das anatomische Substrat von Immunreaktionen sind Elemente des lymphoretikulären Systems, also z. B. zirkulierende Lymphocyten, Lymphknoten und Milz. Wir haben im Kapitel über die Grundlagen der Transplantationsimmunität die möglichen Vorgänge zwischen erstem Kontakt mit dem Antigen bis zur Abstoßung des Transplantates skizziert und dabei gesehen, daß die Vermittlung und Exekution der Transplantationsreaktion an die Aktivität und Proliferation lymphoider Zellen gebunden ist.

Es wäre ferner denkbar, daß Immunreaktionen nicht nur über eine Hemmung des lymphoiden, sondern auch des phagocytären Systems unterdrückt werden könnten. Diese Möglichkeit gewinnt an Gewicht, seitdem Anhaltspunkte dafür vorliegen, daß es von der Präsentation oder von dem Grad der „Verarbeitung" durch phagocytierende Zellen abhängt, ob ein Antigen als Immunogen oder als Tolerogen wirkt. Diese cellulären Wechselwirkungen mit Antigenen und die ganze Skala einer möglichen cellulären Zusammenarbeit kommen somit als Angriffspunkte für die pharmakologischen Immunosuppressiva in Frage.

Es ist nun nicht verwunderlich und auch seit langem bekannt, daß sowohl die Bildung humoraler Antikörper als auch Immunreaktion vom verzögerten Typ durch cytotoxische Stoffe gehemmt werden. Antikörperbildung — seien sie nun humoral oder zellständig — ist die Funktion einer heterogenen und dynamischen Population immunologisch kompetenter Zellen, die durch den Antigenreiz zur Proliferation angeregt werden. Es ist somit verständlich, daß cytostatische oder cytotoxische Stoffe auch immunosuppressiv wirken. Als biochemischer Angriffspunkt der Cytostatica und Antimetaboliten steht die Hemmung der Nucleinsäuresynthese im Vordergrund. Einwirkungen auf Antigen-Antikörperreaktion, die pharmakodynamische Aktivität von Antigen-Antikörperkomplexen oder durch diese freigesetzte Mediatorsubstanzen sind ebenfalls möglich. Sie treffen teilweise für die Glucocorticoide zu, zeigen dann aber fließende Übergänge zu anti-inflammatorischen Wirkungsmechanismen. Immunosuppressiva im eigentlichen Sinn hemmen also die

Multiplikation oder Funktion immunologisch kompetenter Zellpopulationen. Je spezifischer dieser Effekt ist, um so brauchbarer werden diese Stoffe sein. Die meisten der bisher verwendeten haben aber nur einen relativ unspezifischen antiproliferativen Effekt, der sich bei allen Geweben und Zelltypen mit hoher Proliferationsrate manifestiert. Damit haben wir bereits eine Erklärung für die unter cytotoxischer Immunosuppression auftretenden Nebenwirkungen. Dazu gehören Pancytopenien als Ausdruck der Knochenmarkhemmung, Durchfälle, Nausea und Geschwüre als Folge der Schädigung des Epithels im Verdauungstrakt, Haarausfall und Sterilität. Nicht nur bei der Immunosuppression, sondern auch bei der Krebstherapie verhindern ja diese Nebenwirkungen eine wirksamere Dosierung. Die Erfolge der chemischen Immunosuppression können daher nicht darüber hinwegtäuschen, daß wir es bisher mit Stoffen zu tun haben, deren therapeutische Breite gering ist. Aber gänzlich parallel brauchen immunosuppressive und cytotoxische Aktivität nicht zu gehen. Wird das Verhältnis zwischen immuno- und myelosuppressiven Wirkungen von Cytostatica verglichen, so zeigt sich beispielsweise für Cyclophosphamid ein hoher, für Vincalkaloide ein niedriger Wert [110]. Die höchste immunosuppressive Selektivität der bisher bekannten Stoffe hat Antilymphocytenserum.

Fassen wir die Möglichkeiten zur Hemmung von Immunreaktionen zusammen, so ließen sich nach Humphrey [165] Einwirkungen auf folgende Stufen des Prozesses denken:

1. Verhinderung der Entwicklung von immunologisch kompetenten Zellen aus deren Stammzellen (z. B. Thymektomie bei Neugeborenen oder bei Erwachsenen kombiniert mit Bestrahlung).

2. Zerstörung immunologisch kompetenter Zellen oder deren Inaktivierung, beispielsweise durch eine Veränderung ihrer Oberfläche, so daß ihre Reaktion mit dem Antigen verunmöglicht würde (z. B. Antilymphocytenserum).

3. Verhinderung des Kontaktes zwischen Antigen und immunologisch kompetenten Zellen (z. B. durch Maskierung von Antigendeterminanten durch Antikörper).

4. Falls die Präsentation des Antigens durch Makrophagen ein für das Zustandekommen von Immunreaktionen obligatorischer Schritt sein sollte, so wäre eine Hemmung der Makrophagenfunktion anzustreben, beispielsweise mittels Blockade durch irrelevante Substanzen und Partikel. Auch könnte die Verarbeitung des Antigens durch Makrophagen zu einem wirksamen Immunogen verhindert werden.

5. Einwirkung auf die cellulären Reorganisationsvorgänge immunologisch kompetenter Elemente, welche in der Induktionsphase auf den Antigenreiz folgt (z. B. durch Antimetabolite).

6. Beeinträchtigung der Vermehrung und Differenzierung der stimulierten Zellen. Dann fielen sowohl Vermittler efferenter Immunmechanismen als auch Träger des immunologischen Gedächtnisses aus (z. B. durch cytotoxische Substanzen).

7. Hemmung der Eiweißsynthese, die eine Voraussetzung zur Bildung von Immunoglobulinen ist (z. B. durch Puromycin).

8. Erzeugung spezifischer immunologischer Toleranz oder Paralyse. Dabei handelt es sich möglicherweise um eine Alternativ-Antwort immunologisch kompetenter Zellen auf Antigenstimulation. Maßnahmen, die Antigene daran hindern, eine Immunreaktion auszulösen, dürften das Zustandekommen von immunologischer Toleranz erleichtern.

Immunosuppressiva setzen die immunologische Reaktivität unspezifisch herab. Diese Stoffe greifen in die Reaktionskette cellulärer Proliferation ein, die im Verlaufe von Immunreaktionen stattfindet. Die meisten dieser Mittel wirken allgemein cytotoxisch und schädigen auch andere Zellsysteme mit hoher Proliferationsrate, z. B. das Knochenmark. Ihre therapeutische Breite ist gering.

2. Modifikation des Transplantates

Über die oben besprochenen Mechanismen könnte die immunologische Reaktivität des Empfängers ausgeschaltet werden. Ein grundsätzlich anderer Weg zur Umgehung der Transplantationsimmunität bestünde in der Anpassung der Spenderantigene an jene des Empfängers. Genetische Transformation durch Nucleinsäuren ist bei Bakterien möglich. Ebenso konnten bei Säugetierzellen gewisse Merkmale durch RNS (Ribonucleinsäure) übertragen werden. Es liegen eine Reihe von Versuchen vor, bei denen Spendergewebe in aus Empfängerorganen extrahierter RNS inkubiert wurden in der Absicht, die Histocompatibilitätsantigene der Empfänger dem Spendergewebe zu vermitteln. Dabei konnten wiederholt die Überlebenszeiten bei Haut- und Nierentransplantaten verlängert werden. Aber auch RNS, die nicht vom Empfänger stammte, war wirksam [131], was auf einen unspezifischen RNS-Effekt weist, vielleicht über eine Verminderung von im Transplantat enthaltenen immunogenen Zellen. Auch das umgekehrte Experiment, bei dem die Abstoßung isologer Transplantate nach Inkubation in homologer RNS beschleunigt war, konnte nicht immer bestätigt werden. Dasselbe gilt für die Übertragung immunologischer Reaktivität auf normale Lymphknotenzellen durch aus sensibilisierten Zellen gewonnene RNS. Ebenso erbrachte der Versuch, durch Röntgenbestrahlung histocompatible Mutanten von Knochenmarkzellen zu erzeugen, keine eindeutigen Ergebnisse [102]. Der Beweis steht noch aus, daß Transplantationsantigene auf die Nachkommenschaft transformierter Zellen übertragen werden. Trotzdem verdient diese Möglichkeit zur Vereitelung der Transplantatabstoßung intensiv verfolgt zu werden. Für die allfällige Verwirklichung dürfte vorerst ein Modell, bei dem mit dissoziierten Elementen wie z. B. Knochenmarkzellen gearbeitet wird, wohl die größten Chancen bieten.

Die Überwindung der immunologischen Barriere wäre auch denkbar durch Veränderung der Antigenität des Transplantats.

B. Medikamente für die Organtransplantation

Noch vor weniger als einem Jahrzehnt war die Organtransplantation eine experimentelle Rarität oder eine als *ultima ratio* ausgeführte Notoperation. Heute ist sie — wenigstens soweit es die Nierentransplantation betrifft — eine klinische Routineprozedur. Der Fortschritt wurde durch die Einführung chemischer Immunosuppressiva ermöglicht. Vorher, d. h. bis ca. 1962, starben Patienten mit Nierenhomotransplantaten meist innerhalb einiger Wochen. Überlebten sie ohne Behandlung mehrere Monate, so beruhte das wohl auf einem zufällig hohen Grad von genetischer Compatibilität zwischen Spender und Empfänger [162]. Auch mit Ganzkörperbestrahlung, die in jener Periode zur Unterdrückung der Transplantationsimmunität angewendet wurde, blieben nur vereinzelte Nierenhomotransplantate länger erhalten [137, 183, 224].

Die Grundlage des Fortschrittes, der sich in der Folge als Durchbruch erwies, war wohl eine experimentelle Beobachtungen aus dem Jahre 1958 von Schwartz und Dameshek [291]. Sie untersuchten die Wirkung eines Mittels, das bereits in der Leukämie-Behandlung Anwendung gefunden hatte, auf Immunreaktion. Es handelte sich um den Purinantagonisten 6-Mercaptopurin. Wurden Kaninchen damit während der Induktionsphase der Antikörperbildung behandelt, so bildeten sie über Monate keine Antikörper gegen das verabreichte Protein-Antigen, bei dem es sich um menschliches Serumalbumin handelte. Diese chemisch herbeigeführte immunologische Toleranz war spezifisch; gegen ein während der Toleranzphase zugeführtes anderes Antigen wie Rinder-γ-Globulin blieb die Antikörperbildung normal. Drei Faktoren bestimmten die Inzidenz und die Dauer der Toleranz: Antigenmenge sowie Dosis und Applikationszeitpunkt des Mittels. Wie wichtig die beiden letzteren Größen zur Erzielung eines positiven Ergebnisses waren, zeigt der ein Jahr früher durchgeführte Versuch von Sterzl und Holub [313]); sie behandelten Kaninchen nur mit zwei Dosen von 6-Mercaptopurin 24 Stunden vor und gleichzeitig mit dem Antigen; sie fanden keinen Effekt.

Die Beobachtung von Schwartz und Dameshek wurde von den Chirurgen Calne [52] und Zukoski [349] aufgegriffen. Sie suchten nach Mitteln, um die Abstoßung von Nierenhomotransplantaten bei bilateral nephrektomierten Hunden zu hemmen. Beide fanden, daß mit 6-Mercaptopurin die Überlebenszeit wenigstens eines Teils dieser Hunde um ein Vielfaches verlängert wurde. Sie hatten dabei eine glückliche Hand in der Wahl ihres Versuchssystems bewiesen: Hauttransplantate bei Mäusen oder Kaninchen werden durch 6-Mercaptopurin nur so geringfügig beeinflußt, daß man auf Grund dieser Ergebnisse die Substanz als Immunosuppressivum zur Organtransplantation wohl wieder hätte fallen lassen. Weitere Versuche an Hunden ergaben, daß ein Imidazolderivat von 6-Mercaptopurin, Azathioprin (Markenname: Imuran, Imurel), bei offenbar gleicher immunosuppressiver Potenz eine geringere Knochenmarktoxizität zeigte. Auch bei Mäusen hatte es einen besseren therapeutischen Index. Azathioprin wird *in vivo* zu 6-Mercaptopurin umgewandelt. SH-Donatoren wie Glutathion können diesen Prozeß beschleunigen. Azathioprin kann *cum grano salis* als Depotform des 6-Mercaptopurins angesehen werden. Der Imidazolylrest hemmt die Oxydation des S-Atoms, verlangsamt somit den enzymatischen Abbau der Verbindung. 6-Mercaptopurin seinerseits greift als 6-Mercaptopurinribonucleotid in den Nucleinsäurestoffwechsel ein. Es führt einerseits zu funktionsuntüchtigen DNS-Matrizen und andererseits über eine feedback-Hemmung zur Verminderung der Guanin- und Adeninsynthese. Beim Menschen ist allerdings die Überlegenheit von Azathioprin gegenüber 6-Mercaptopurin zur Immunosuppression noch nicht erwiesen.

Welche Stufe der Immunreaktion wird durch die Purinantagonisten gehemmt? Offenbar die Proliferation und Transformation von spezifisch durch das Antigen stimulierten Lymphocytenpopulationen. So sind die großen pyroninophilen Zellen in den Lymphknoten nach Behandlung deutlich vermindert. Die Analyse der Antikörperbildung bei mit Azathioprin und Prednisolon behandelten Patienten zeigt allerdings, daß die Primärreaktion nicht betroffen ist [279]. Hingegen ist die Sekundärreaktion vermindert. IgG-Antikörper fehlen ganz. Offenbar werden Zellen ausgeschaltet, die das immunologische Gedächtnis enthalten.

Noch bessere Resultate als mit Azathioprin allein erhielt Calne, wenn es mit dem cytostatisch wirksamen Antibioticum Actinomycin C kombiniert wurde. Dieser Stoff hat einen Immediateffekt auf die Antikörperbildung. Seine Anwendung erfolgt in Intervallen und ausschließlich bei Exacerbationen der Transplantatabstoßung, den sogenannten Abstoßungskrisen. Die Kombination von Azathioprin und Actinomycin C wurde rasch für die klinische Nierentransplantation übernommen. Kurz darauf, und gleichzeitig in mehreren Kliniken, wurde die immunosuppressive Behandlung durch Zugabe eines Corticosteroids ergänzt. Die entscheidende Anregung lieferte wohl die Beobachtung Zukoski's [350], daß auch Prednisolon allein bei Hunden die Nierenhomotransplantatreaktion deutlich zu unterdrücken vermochte.

Damit war die Standardbehandlung zur Immunosuppression bei Organtransplantationen etabliert. Die damit erzielten Einjahresüberlebensraten übertrafen die auf Grund der Tierexperimente berechtigten Erwartungen, wobei vor allem die Corticosteroide beim Menschen zu den besseren Erfolgen beitrugen. Azathioprin bildet die Grundlage der Behandlung in einer Dosierung von 2—5 mg/kg. Dazu wird Prednison oder Prednisolon während der ersten kritischen Monate je nach Bedarf in einer mittleren Dosis von ca. 50—80 mg verabfolgt. Im allgemeinen wird mit der Behandlung kurz vor oder unmittelbar nach der Transplantation eingesetzt. Sowohl Azathioprin als auch die Steroide werden im Verlaufe der nächsten Monate nach Möglichkeit abgebaut, die Steroide gänzlich. Ob ein Transplantat ohne jede Behandlung nach längerer Zeit erhalten bleibt, ist beim Menschen noch nicht geklärt. Nachdem selbst unter Behandlung chronische, klinisch lange stumme Abstoßungsprozesse beschrieben sind, scheint hier Vorsicht am Platz. Allerdings kann bei Hunden mit lange bestehenden Nierentransplantaten bei einem Teil der Fälle die Behandlung ohne offensichtliche Schäden für das Transplantat abgebrochen werden.

Ein sehr ernstes Problem sind die Nebenwirkungen der immunosuppressiven Medikamente. Der Organismus ist ja nicht nur entwaffnet gegenüber Transplantaten; er vermag auch pathogene Mikroorganismen nicht mehr abzuwenden. Dazu tragen auch Hemmung der Phagocytose, der Antikörper- und Interferonbildung bei. Erhöhte Infektanfälligkeit muß in Kauf genommen werden, solange Immunosuppressiva nicht spezifisch die Transplantationsimmunität herabsetzen, sondern allgemein die immunologische Reaktivität des Organismus, also auch jene gegen pathogene Mikroorganismen. Neuere Statistiken über Nierentransplantationen ergeben, daß Abstoßung und chirurgische Technik als Ursachen für Mißerfolge zwar stark zurückgegangen sind, nicht aber die noch 10—15% betragenden Todesfälle durch Toxizität der Immunosuppressiva bzw. meist pulmonale Infekte, vor allem durch ungewöhnliche und opportunistische Erreger wie z. B. *Cytomegalovirus, Candida, Aspergillus, Nocardia, Pneumocystis carini* und *Pseudomonas*. Auch bei immunologischen Insuffizienzsyndromen sind diese exotischen und therapieresistenten Erreger häufige Todesursachen. Glucocorticoide verursachen überdies in den angewendeten Dosierungen oft Diabetes — ein weiterer zu Infekten prädisponierender Faktor. Seltenere Nebenwirkungen der Immunosuppressiva sind hämorrhagische Pankreatiden und Ulcusblutungen, — hier dürften neben der durch Azothioprin hervorgerufenen Thrombopenie auch die Glucocorticoide eine Rolle spielen — sowie Leberschäden. Auch die wachstumshemmende Wirkung der Immunosuppressiva wirft bei Kindern Probleme auf.

Besonders hoch ist die Sterblichkeit in der Woche nach der ersten Abstoßungskrise bei Nierentransplantaten, die durchschnittlich am 12. Tag einsetzt. Hier ist der Therapeut versucht, die Dosis der Medikamente zu erhöhen, um die Immunreaktion wirksamer zu unterdrücken. Gleichzeitig ist aber in diesen Fällen die Nierenfunktion verschlechtert. Ob dies eine verringerte Ausscheidung und vielleicht einen verringerten Abbau des Azathioprins zur Folge hat, ist noch nicht geklärt. Bei Leberschäden ist sowohl die Konversion zum aktiven Metaboliten als auch dessen Abbau verringert. Störungen des Metabolismus können so für durch Azathioprin verursachte Knochenmarkschäden verantwortlich sein. Wegen des verminderten Abbaus durch das geschädigte Organ ist auch bei Lebertransplantaten die Azathioprindosis zu verringern.

Auf die Nebenwirkungen der Corticosteroide gehen wir noch ein. Es hat sich gezeigt, daß beim Menschen vor allem durch Verminderung dieser Komponente die Infektanfälligkeit abnimmt.

Von besonderer Bedeutung wären somit Maßnahmen, die es erlauben würden, die Dosierung der Immunosuppressiva zu verringern. Eine solche Möglichkeit besteht in der genetisch optimalen Paarung von Spender und Empfänger. Die Abstoßungsreaktion ist mit um so kleineren Dosen von Immunosuppressiva zu kontrollieren, je besser die Histocompatibilität ist.

Das geschilderte vorwiegend empirisch aufgebaute *régime* aus Azathioprin, Steroiden und Actinomycin C fand seit 1963 praktische Anwendung. Keine Klinik, in der Nierentransplantationen durchgeführt werden, weicht grundsätzlich davon ab. Das ist bei den bisher stets verbesserten Erfolgen begreiflich. Andererseits ist dadurch der weitere Fortschritt in Frage gestellt. Zumindest experimentell sollten bei Tieren mit Nieren-, Leber- oder Herztransplantaten weitere Substanzen und Substanzkombinationen mit der Standardbehandlung verglichen werden.

Seit der Einführung des Antilymphocytenserums sind viele Kliniken dazu übergegangen, es mit Azathioprin und Corticosteroiden zu kombinieren. Actinomycin C wird heute kaum mehr verwendet, da mit ALS ein besser verträgliches Mittel zur Beherrschung der akuten Abstoßungskrisen zur Verfügung steht. Zudem ist auch dann seine Wirksamkeit erwiesen, wenn es erst nach Beginn der Abstoßung angewendet wird. Ausschließliche Behandlung mit ALS scheint allerdings für die Organtransplantation nicht zu genügen; es war z. B. bei Hunden mit Nierenhomotransplantaten etwas weniger wirksam als Azathioprin allein. Man wird auch nach Möglichkeit danach zu trachten haben, die Dosis dieses körperfremden Proteins so gering als möglich zu halten. Durch Kombination mit chemischen Immunosuppressiva kann das erreicht werden. Wir werden bei der Besprechung des ALS näher darauf eingehen.

In der heute üblichen medikamentösen Behandlung bei Organtransplantation wird der Antimetabolit Azathioprin mit einem Nebennierenrindensteroid (Prednison) kombiniert. Azathioprin ist ein Derivat von 6-Mercaptopurin, dessen immunosuppressive Wirkung an Hand der Hemmung der Antikörperbildung bei Kaninchen entdeckt wurde. Sowohl Azathioprin als auch Prednison verlängerten die Überlebenszeit von Nierenhomotransplantaten bei Hunden; ihr Effekt beim Menschen scheint aber überlegen zu sein. Zu den gefährlichen Nebenwirkungen dieser Mittel gehören erhöhte Infektanfälligkeit und Hemmung der Hämatopoese.

C. Ionisierende Bestrahlung

Die ersten Erkenntnisse über die Hemmbarkeit von Immunreaktionen wurden mittels Röntgenstrahlen erhalten. Immunosuppression durch Bestrahlung hat in vielem die späteren Ergebnisse mit chemischen Mitteln vorweggenommen und kann immer noch als Muster der Hemmung immunologischer Reaktivität betrachtet werden.

Schon 13 Jahre nach ihrer Entdeckung wurde die Wirkung von Röntgenstrahlung auf die Antikörperbildung beschrieben [26]. Die Hemmung war dosisabhängig und trat ein, wenn das Antigen innerhalb eines bestimmten Zeitintervalls nach der Bestrahlung verabfolgt wurde. Und später demonstrierte man auch, daß Röntgenbestrahlung den Widerstand erwachsener Tiere gegenüber Tumorheterotransplantaten aufhob [245].

Wie wirkt die Bestrahlung? Auf die biochemischen Grundlagen — die in dem Taschenbuch „Strahlen-Biochemie" von Streffer ausführlich dargestellt sind (316 a) — kann nicht eingegangen werden; es sei lediglich erwähnt, daß für die biologischen Effekte die nach Energieabsorption im Gewebe gebildeten freien Radikale aus Wasser eine Rolle spielen. Als Quelle ionisierender Strahlen kommen neben Röntgenstrahlen auch schnelle Neutronen oder von radioaktiven Isotopen (z. B. ^{60}Co) emittierte γ-Strahlen in Frage. Die biologischen Wirkungen verschiedener Strahlendosen sind in Kap. IX, Abschnitt A, beschrieben.

Lymphocyten sind ausgesprochen strahlenempfindliche Zellen. Das mag mit ihrem relativ hohen Gehalt an Nucleinsäuren, dem strahlenempfindlichsten Makromolekül, zusammenhängen. Schon nach weniger als einer Stunde im Anschluß an die Bestrahlung kommt es zu Nekrose, Karyorrhexis und Pyknose der Lymphocyten in den lymphoiden Organen, die im weiteren Verlauf atrophieren. Neben der direkten cytotoxischen Wirkung hat Bestrahlung aber noch einen protrahierten Effekt, der sich erst äußert, wenn die Zellteilung stattfinden sollte. Diese Schädigung wird also bis zur Mitose in den Zellen gespeichert. Die Mitose ist dann entweder ganz verhindert oder in ihrem Ablauf gestört, was zu bizarren Zellteilungsfiguren, non-disjunction und abnormal großen und polyploiden Zellen führt.

Die Strahlenwirkung vermag sich also unabhängig davon zu manifestieren, ob Zellen gerade in der Teilungsphase sind oder nicht. Tatsächlich hemmt Bestrahlung Immunreaktionen nicht nur, wenn die immunologisch aktivierten Zellen auf Grund des Antigenreizes eine gesteigerte Proliferationsrate aufweisen, sondern vorwiegend gerade dann, wenn vor der Antigenapplikation bestrahlt wird. Diese Eigenschaft hat Bestrahlung mit Myleran und ALS gemeinsam sowie bis zu einem gewissen Grad auch mit Glucocorticosteroiden.

Die Bildung von Keimzentren und Plasmazellen in lymphoiden Organen ist strahlenempfindlich; parallel dazu wird die Bildung von hämagglutinierenden Antikörpern nach Transplantation gehemmt. Hämocytoblasten sind hingegen strahlenresistent. Folglich ist die Antikörperbildung bedeutend empfindlicher auf Bestrahlung als cellulär vermittelte Immunität. Strahlendosen, die zu einer ausgeprägten Verminderung der humoralen Antikörper bei Mäusen führen, beeinflussen die Überlebenszeit von Hauthomotransplantaten kaum. Erst nach Ganzkörperbestrahlung in hohen Dosen lassen sich Effekte auf die Transplantationsimmunität nachweisen, was ausgenützt wurde, bevor chemische Immunsuppressiva zur Verfügung standen. Dempster, Lennox und Boag [82] leiteten diese Periode 1950 mit der Beobachtung ein, daß sich die Überlebenszeit von Hauthomotransplantaten bei Kaninchen durch Bestrahlung mit 250 r verdoppeln ließ. Die second set-Reaktion war nicht beeinflußbar. Ganzkörperbestrahlung wurde in den folgenden Jahren sowohl in den USA als auch in Frankreich zur Ermöglichung von klinischen Nierentransplantationen angewendet. In wohl weniger als 10% der Fälle führte diese Behandlung zu damals erstaunlichen — jahrelangen — Überlebenszeiten von Patienten [137, 183, 224]. Aber diese Erfolge waren durch die Nebenwirkungen der Röntgenstrahlen mit einer zu hohen, meist infektbedingten Sterblichkeit belastet.

Versuche, durch Bestrahlung selektiv gewisse Organe zu beeinflussen, haben bisher zu keinen entscheidenden Erfolgen geführt. Sowohl Bestrahlung von Milz und Thymus als auch extrakorporelle Bestrahlung des Blutes bei Organempfängern verbesserten die Überlebenszeiten von Transplantaten im allgemeinen nicht genügend, um die Einführung dieser Methoden anzuregen. Auch die Vorteile einer lokalen Bestrahlung *in situ* oder einer Vorbestrahlung der transplantierten Organe sind nicht eindeutig abgeklärt. Immerhin liegen Anhaltspunkte dafür vor, daß sich diese Art von Bestrahlung vorteilhaft auswirken könnte [121, 247]. Im Zusammenhang mit der Theorie, daß im Transplantat befindliche „Passagier-Leukocyten" für die Immunisierung verantwortlich sind, ließe sich die Wirkung erklären.

Auf die Möglichkeit, nach letaler Bestrahlung durch Infusion homologer hämatopoetischer Zellen „Bestrahlungschimären" zu erzeugen, werden wir noch eingehen. Nach Letalbestrahlung führt das celluläre Inoculum zur Toleranz gegenüber seinen Histocompatibilitätsantigenen. Zudem wirkt es lebensrettend. DBA/2-Mäuse, deren Hämatopoese nach Letalbestrahlung mit BALB/c-Knochenmarkzellen restauriert wurde, blieben in der Folge tolerant gegenüber BALB/c-Hauttransplantaten [203]. Bei Übertragung auf eine zweite Chimäre geht die Toleranz verloren, falls nicht noch zusätzlich Lymphocyten transferiert werden [346]. Für die praktische Anwendung ist aber diese Methode, vor allem der Gefahr der Sekundärkrankheit wegen, nicht indiziert.

Schon früh wurde die Hemmwirkung von Röntgenstrahlen auf die Antikörperbildung erkannt. Die Bestrahlung zerstört immunologisch aktive Zellen. Sie ist am wirksamsten, wenn sie kurz vor dem Kontakt mit dem Antigen vorgenommen wird. Klinisch hat Bestrahlung zur Immunsuppression der Nebenwirkungen wegen keine allgemeine Bedeutung erlangt.

D. Chemische Immunsuppressiva

Bei den meisten Pharmaka, welche die Transplantationsimmunität unterdrücken, wurde vorerst die Hemmwirkung auf humorale Immunität gefunden. Im folgenden seien die Hauptgruppen dieser Stoffe kurz charakterisiert.

1. Nebennierenrindensteroide

Die den Kohlenhydratstoffwechsel beeinflussenden Nebennierenrindenhormone (Glucocorticosteroide) beeinträchtigen die immunologische Reaktivität. Beziehungen zwischen der Nebenniere und dem lymphoiden System fielen schon Addison auf. Er beobachtete eine lymphoide Hyperplasie bei Patienten mit atrophischen Nebennieren.

Der lymphocytolytische Effekt der Glucocorticosteroide ist seit der Einführung dieser Substanzen bekannt. Cortison bewirkt innerhalb weniger Stunden Lymphopenie im Blut und Zellnekrosen in den lymphoiden Organen. Zudem hemmen Glucocorticosteroide experimentell die Bildung zirkulierender Antikörper. Wichtig ist dabei der Applikations-Zeitpunkt. Die stärkste Verminderung der Antikörperbildung tritt auf, wenn die Behandlung vor der Antigenzufuhr erfolgt. Teilweise ließen sich die Glucocorticosteroidwirkungen bei Immunreaktionen auch über direkte Angriffspunkte in Grundprozesse des Entzündungsvorganges erklären, die auch bei immunogenen Entzündungen eine Rolle spielen. Dazu gehören die Stabilisierung von Lysosomenmembranen, Hemmung von Gefäßpermeabilität und Fibroblastenaktivität sowie Förderung von Kollagenolyse und Thrombolyse.

Auch die Beeinträchtigung der Phagocytose mag für den afferenten Schenkel der Immunreaktion von Bedeutung sein. Bei *in vitro* ablaufenden Immunreaktionen zwischen sensibilisierten Lymphocyten und Zielzellen hemmen Steroide — wie Azathioprin — die cellulären Anlagerungsvorgänge nicht, wohl aber die Lyse der Zielzellen. Zu den nach Cortison beschriebenen biochemischen Veränderungen gehört auch eine Beeinträchtigung der Nucleinsäure-Synthese durch Hemmung der DNS-Polymerase.

Die Überlebenszeit von Hauttransplantaten läßt sich bei Kaninchen durch Cortison deutlich verlängern. Ebenso wird bei der Tuberkulinreaktion in dieser Species die mononucleäre Infiltration vermindert. Speciesunterschiede in der Ansprechbarkeit gegenüber Glucocorticosteroiden dürfen aber nicht übersehen werden. Beim Menschen ist die Situation insofern paradox, als Glucocorticosteroide im allgemeinen die Antikörperbildung nicht herabsetzen, aber dennoch bei Organtransplantaten vor allem in Kombination mit Antimetaboliten nützlich sind. Eine besondere Ansprechbarkeit auf Glucocorticosteroide dürfte auch dafür verantwortlich sein, daß die Ergebnisse der klinischen Nierentransplantation deutlich besser sind als jene der experimentellen beim Hund. Andererseits sind die Glucocorticosteroide auch für gefährliche bzw. unerwünschte Nebenwirkungen verantwortlich, wozu Infektanfälligkeit, Diabetes, cushingoide Veränderungen, Psychosen, Euphorie und die nach Dauerbehandlung auftretenden Arthropathien und Knochennekrosen gehören.

2. Alkylierende Verbindungen

Eine weitere wichtige Gruppe von chemischen Immunosuppressiva sind die alkylierenden Verbindungen. Unter Alkylierung versteht man Ersatz von Wasserstoffatomen in nucleophilen Zentren von Molekülen durch reaktive Alkylgruppen, d. h. von aliphatischen Kohlenwasserstoffresten. C_2H_5- ist z. B. das Alkyl des Äthans. Allgemein läßt sich Alkylierung durch einen Alkylrest R so ausdrücken: $HX + R \rightarrow RX + H$. Alkyliert werden wohl vorwiegend Nucleinsäuren und Enzymproteine. Als ein Mechanismus, über den bifunktionelle alkylierende Verbindungen zu Störungen führen, wurde das inter- oder intramolekuläre „cross-linking" von Makromolekülen angesehen, wobei sich alkylierende Verbindungen z. B. mit Carboxylgruppen des Serumalbumins verestern oder mit dem Guanin von Nucleinsäuren reagieren. Dadurch kann eine Gel-Bildung verursacht werden. Auch kommt es *in vitro* durch größere Knäuelung von Nucleinsäureketten und Depolymerisierung zur Viscositätsabnahme. Die Halbwertszeit der alkylierenden Substanzen *in vivo* ist nur sehr kurz. Für Stickstoff-Senfgas liegt sie in der Größenordnung von Minuten, für Myleran von einer knappen Stunde. Den alkylierenden Substanzen sind eine Vielzahl biologischer Wirkungen gemeinsam, die sie zum guten Teil mit der ionisierenden Bestrahlung teilen. Dazu gehören Einwirkungen auf die Chromosomen wie Fragmentierung und Brückenbildung, sowie mutagene und teratologische Effekte; interessant ist die Carcinogenität dieser Stoffe, die gleichzeitig auch carcinostatische Wirksamkeit aufweisen. Als Ausdruck der Beeinflussung der Zellproliferation kommt es zur Wachstumshemmung junger Tiere und den bereits erwähnten Schädigungen von Organen mit hoher Mitoserate.

Die biologischen Effekte der alkylierenden Substanzen wurden im Anschluß an die Verwendung von Vertretern dieser Klasse als Kampfstoffe im ersten Weltkrieg untersucht. Dabei zeigte sich, daß Gelbkreuzgas (Lost, Senfgas, Dichlordiäthylsulfid) neben schweren cutanen Reizeffekten mit Blasenbildung auch zu Aplasie des Knochenmarks und der lymphoiden Organe führte. Daraufhin wurde auch die Hemmwirkung dieser Stoffe auf die Antikörperbildung durch Hektoen [147] entdeckt und auf die Schädigung der lymphoiden Organe zurückgeführt.

Die vom Senfgas ausgehende Weiterentwicklung analoger Substanzen führte im zweiten Weltkrieg zum Stickstoff-Senfgas (N-Lost, Nitrogen-Mustard, Methyl-2-dichloräthylamin), einer Verbindung, die — ebenso wie Röntgenbestrahlung — dann auch in der Klinik Anwendung zur Behandlung bösartiger hyperplastischer Erkrankungen des lymphoiden Systems fand.

Da diese Substanzen sehr toxisch waren und als Vesikantien wirkten, wurde in der Folge versucht, die reaktiven alkylierenden Gruppen mit anderen Trägergruppen zu kombinieren, um dadurch besser verträgliche Stoffe zu erhalten. Ersatz der Methylgruppe des Stickstoff-Senfgases durch aromatische Gruppen und Aminosäurenabkömmlinge führte dazu. Als ein Beispiel solcher zwecks weiterer Selektivitätssteigerung synthetisierter Stoffe sei das Chlorambucil erwähnt (p-di-2-Chloräthylaminophenylbuttersäure; Leukeran). Es hat eine relativ deutliche lymphocytologische Wirkung. Eine Substanz, die sowohl in der Therapie von Malignomen als auch der experimentellen Immunsuppression beträchtliche Bedeutung erlangt hat (Cyclophosphamid), enthält ebenfalls die reaktive Dichloräthylkonfiguration, wobei aber ein cyclisches Phosphamid die N-Methylgruppe des Stickstoff-Senfgases ersetzt. Cyclophosphamid ist *in vitro* inert; offenbar ist enzymatische Spaltung notwendig; jedenfalls wirkt die Substanz gegenüber dem Ausgangsprodukt protrahierter, auch fehlt ihr die lokale Reizwirkung und ihr therapeutischer Index ist relativ günstig.

Experimentell hemmt Cyclophosphamid das Auftreten von Immunoblasten in Lymphknoten sensibilisierter Tiere. Gegenüber Schaferythrocyten kann es bei Mäusen vorübergehende immunologische Reaktionslosigkeit verursachen [1]. Die Wirkung auf die Transplantationsimmunität gegenüber Haut- und Nierentransplantaten ist nicht beeindruckend. Cyclophosphamid ermöglicht aber das Angehen homologer Knochenmarktransplantate bei Ratten [285]. Aus der Tatsache, daß nach letalen Dosen von Cyclophosphamid geringere Dosen homologer Knochenmarkzellen ausreichen, um Ratten am Leben zu erhalten, als nach letaler Bestrahlung, könnte gefolgert werden, daß die immunsuppressive Wirkung von Cyclophosphamid spezifischer ist, als jene von Letalbestrahlung. Wurde der immunsuppressive Effekt auf antikörperbildende Milzzellen mit der die Erythropoese betreffenden Myelotoxizität verglichen, so gehörte Cyclophosphamid zu den cytotoxischen Stoffen mit größter relativer immunsuppressiver Wirkung [110]. Cyclophosphamid hemmt auch (im Gegensatz zu 6-Mercaptopurin, Vinblastin und Actinomycin D) bei Meerschweinchen den anaphylaktischen Schock gegen Ovalbumin [202].

Zur Illustration einer Nebenwirkung der alkylierenden Substanzen sei der Vorschlag erwähnt, sie zu benützen, um Schafwolle ohne Schur zu erhalten. Nach einmaliger Injektion von Cyclophosphamid läßt sich tatsächlich bei Schafen binnen zweier Wochen die gesamte Wolle einfach abstreifen. Wie andere Immunosuppressiva begünstigt Cyclophosphamid Infektionen durch pathogene Mikroorganismen. Leukopenie, Hypogammaglobulinämie, Beeinträchtigung der Phagocytose und der primären Antikörperreaktion sowie der Interferonbildung können dazu beitragen. Vielleicht wird auch durch die Hemmung von Enzymen, die an der Zerstörung von Bakterien beteiligt sind, deren Vermehrung erleichtert [299].

Wurden in weiteren Abwandlungen des Stickstoff-Senfgases beispielsweise die Chloratome durch reaktive Mesylgruppen ($-O \cdot SO_2 \cdot CH_3$) ersetzt, so entstanden Stoffe mit relativ stärkerer Wirkung auf das granulocytäre Blutbild (Disulfonsäureester, Myleran). Kombination der für sich allein partiell radiomimetischen Substanzen Chlorambucil und Myleran veränderte das Blutbild gleich wie einmalige Bestrahlung [94]. Durch gezielte Anwendung solcher Stoffe ließen sich somit spezifische Teilwirkungen ionisierender Bestrahlung erhalten mit Verringerung der unerwünschten Begleiterscheinungen.

Was den Wirkungsmechanismus dieser Verbindungen betrifft, so wird angenommen, daß jene vom Myleran-Typ einerseits Stammzellen schädigen und zudem das intermitotische Intervall verlängern. Folglich ist die Wirkung von der Mitosefrequenz der Stammzellen und der Lebensdauer dieser Zellen in der Blutzirkulation abhängig. Der stärkste Effekt tritt daher bei Granulocyten und Thrombocyten auf. Stammzellen akkumulieren in der Prophase mit zunehmender Ploidität. Stoffe vom N-Lost-Typ schädigen demgegenüber Zellen, die gerade in Teilung begriffen sind oder sich in DNS-synthetisierenden Phase des Zellcyclus befinden. Sie haben zudem auch einen direkten cytotoxischen Effekt auf Lymphocyten. Manchen alkylierenden Stoffen kommt ein intermediärer Wirkungsmechanismus zu. Ebenfalls zu den alkylierenden Substanzen zählt man Epoxide, sowie die auch zum „cross linking" von Textilfasern verwendeten Äthyleniminderivate (z. B. TEM, Triäthylenmelamin; ferner Triäthylenthiophosphoramid, ThioTEPA).

3. Antimetabolite

In diese Gruppe gehören Strukturanaloge von im normalen Zellmetabolismus benötigten Stoffen. Sie interferieren mit der Nucleinsäuresynthese. Nucleinsäuren sind zur Steuerung der Antikörperbildung notwendig. Zu den am besten untersuchten Vertretern dieser Klasse gehört das Antipurin 6-Mercaptopurin und sein Imidazolylderivat Azathioprin, denen heute auch praktisch die größte Bedeutung zur Hemmung der Transplantationsimmunität zukommt. Andere Purin- oder Pyrimidin-Antagonisten wie Thioguanin, 8-Azaguanin, 5-Fluorouracil sowie 5-Fluoro-2-deoxyuridin versagten selbst in toxischen Dosen. Die bevorzugte Wirkung auf Gewebe mit hoher Mitoserate läßt sich auf Grund folgender Überlegungen erklären (Abb. 9).

Nach der Mitose machen die beiden Tochterzellen eine Ruheperiode durch, die Interphase (G_1). Danach muß im Zellkern der Nucleinsäureanteil verdoppelt werden, damit wieder ein komplettes Genom an jede der Tochterzellen abgegeben werden kann. Bei einer gemischten asynchronen Zellpopulation werden zu einem gegebenen Zeitpunkt entsprechend Abb. 9a ca. 20% aller Zellen in der empfindlichen, DNS-synthetisierenden Phase sein, bei dem Zelltyp 9b mit kurzem Cyclus hingegen ca. 60%. Die S-Phase ist für alle untersuchten Zellen ziemlich konstant, die Interphase ist hingegen besonders kurz bei rasch proliferierenden Geweben.

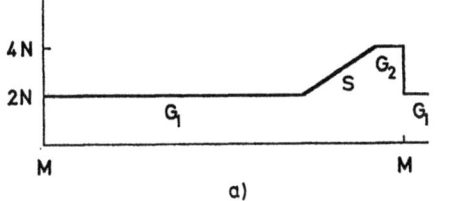 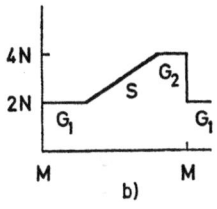

Abb. 9. Schematische Darstellung des Cyclus von Zellen mit langem (a) bzw. kurzem (b) intermitotischem Intervall G_1. Bei rasch proliferierenden Zellen b) ist die Phase der DNS-Synthese (S) im Verhältnis zum Zellcyclus länger als bei a), wodurch die Zelle empfindlicher gegen Einwirkungen wird, die mit der Nucleinsäuresynthese interferieren. M = Mitose, 4N = tetraploides, 2N = diploides DNS-Komplement. G_2 = kurzes prämitotisches Intervall. G_1 und G_2 betragen für Knochenmarkzellen ca. 24 bzw. 3—4 Stunden; die DNS-Synthese dauert ungefähr 12 Stunden. Antimetabolite, Bestrahlung mit über 500 r sowie alkylierende Substanzen vom Typ des Stickstofflost hemmen vorwiegend die S-Phase. Bestrahlung mit weniger als 300 r sowie Myleran verlängern hingegen eher den Transit von Zellen durch die G_1-Phase. Nach Lajtha sowie Elson [94]

Auf den biochemischen und immunosuppressiven Wirkungsmechanismus von 6-Mercaptopurin bzw. Azathioprin gingen wir bereits im Abschnitt über deren klinische Anwendung ein. Obwohl 6-Mercaptopurin als Grundlage der immunosuppressiven Behandlung bei der Nierentransplantation gilt, hat es experimentell bei Transplantaten nie spezifische Toleranz wie gegenüber Proteinantigenen zu erzeugen vermocht.

Die Antikörperbildung kann durch Immunosuppressiva auch stimuliert werden [290]. Das zeigt, wie wichtig es ist, wann in bezug auf den Zeitpunkt der Antigenzufuhr die immunosuppressive Behandlung stattfindet. Eine solche paradoxe Erhöhung der Antikörpertiter ist z. B. mit 6-Mercaptopurin möglich. Während die Applikation des Stoffes gleichzeitig mit dem Antigen zu einer ausgeprägten Hemmung der Antikörperbildung führt, kann diese um ein vielfaches gesteigert werden, wenn 6-Mercaptopurin ungefähr vom vierzehnten bis zum siebten Tag vor der Antigenzufuhr verabfolgt wird. Eine Woche nach Beendigung der Behandlung von Kaninchen mit 6-Mercaptopurin erreichte auch die reaktive Hyperplasie des lymphoiden Gewebes dieser Tiere ihren Höhepunkt. Primitive Blastzellen traten auf. Die Stimulierung der Antikörperbildung nach Vorbehandlung mit 6-Mercaptopurin war abhängig von der Antigen-Dosis; nach 0,02 mg (einer normalerweise nicht immunogenen Dosis) von bovinem Gammaglobulin (BGG) war sie am ausgeprägtesten, bei 200 mg trat sie nicht auf. Die Ursache dieses Phänomens ist nicht geklärt. Es ist nicht ausgeschlossen, daß die stimulierende Wirkung auf Nucleinsäurebausteine zurückzuführen ist, die von Zellen stammen, welche durch die Behandlung zerstört wurden. Es könnte sich aber auch um eine kompensatorische Hyperreaktivität handeln. Auch nach Vorbehandlung mit Colchicin, Cyclophosphamid und Cytosinarabinosid, oder nach Bestrahlung läßt sich vermehrte Antikörperbildung beobachten. Andererseits ist nach Vorbehandlung mit Methylhydrazinderivaten die Immunosuppression gerade besonders ausgeprägt. Der paradoxe Effekt ist aber zweifellos von beträchtlicher theoretischer und praktischer Bedeutung und sollte auch in der Klinik nicht ignoriert werden.

Noch relativ wenig bearbeitet ist die Frage nach der differentiellen Empfindlichkeit der verschiedenen Immunoglobulinklassen gegenüber Immunosuppressiva. Immerhin wurde gefunden, daß 6-Mercaptopurin in geeignet niedriger Dosierung selektiv die IgG-Immunoglobulinbildung gegen BGG zu hemmen vermag, ohne daß die IgM Immunoglobuline verringert waren. Auch auf Cyclophosphamid und Methotrexat war die IgG-Bildung empfindlicher. Das zeigt, daß Populationen von antikörperproduzierenden Zellen selektiv beeinflußbar sind und daß eine gezielte Immunosuppression möglich ist.

Die Versuche, bei denen IgG selektiv unterdrückt wurde, deckten auch die feedback-Hemmung auf, die normalerweise zwischen IgG- und IgM-Antikörpern besteht. Nach chemischer Unterdrückung der IgG-Bildung durch 6-Mercaptopurin war die IgM-Bildung abnormal verlängert [282]. Auch die Hemmbarkeit humoraler und cellulärer Immunreaktionen durch 6-Mercaptopurin war verschieden. Der Stoff verminderte beispielsweise die verzögerte cutane Überempfindlichkeitsreaktion gegen BGG in Kaninchen ohne die Bildung humoraler Antikörper gegen dieses Antigen zu beeinträchtigen.

Was die „entzündungshemmende" Wirkung von 6-Mercaptopurin betrifft, so dürfte sie sich auf Verminderung oder Beeinträchtigung von am immunologischen Entzündungsprozeß beteiligten Zelltypen zurückführen lassen. Von beträchtlicher Bedeutung ist wohl die Tatsache, daß die Ansprechbarkeit immunologisch engagierter Zellen auf Immunosuppressiva abnehmen kann. So wurde beispielsweise gezeigt, daß Hauthomotransplantate bei Kaninchen überlebten, so lange die Proliferation der Hämocytoblasten in den Lymphknoten durch 6-Mercaptopurin unterbunden blieb [5]. Trotz Fortführung der Behandlung kam es in der Folge aber zu einer explosiven Vermehrung der Hämocytoblasten und parallel dazu zur Abstoßung des Transplantates. Wie bei Bakterien oder leukämischen Zellen war offenbar *Resistenz* gegenüber der Chemotherapie aufgetreten. Da Antimetaboliten die Antikörperbildung auch noch hemmen, wenn sie zwei Tage nach dem

Antigen gegeben werden, ist es unwahrscheinlich, daß ihr Effekt auf einer Beeinträchtigung der Makrophagenfunktion (Antigenverarbeitung) beruht.
Ein Folsäureantagonist ist Methotrexat. Seine Verwendung als Antimetabolit geht auf die Beobachtung zurück, daß Folsäure bei leukämischen Kindern das maligne Zellwachstum beschleunigte. Daraus zog man den Schluß, daß Folsäuremangel einen hemmenden Einfluß auf die Zellproliferation ausübt [97]. Methotrexat blockiert einerseits die Bildung von Folinsäure aus Folsäure. Andererseits interferiert es mit der Rolle der Folinsäure bei der Nucleinsäuresynthese. Folinsäure ist notwendig für den Aufbau von Purinen und Pyrimidinen aus C_1-Fragmenten. Folinsäure (Citrovorum factor) kann die Wirkung von Methotrexat antagonisieren. Besonders interessante Möglichkeiten ergäben sich, wenn es gelänge, damit selektiv durch Metabolite den cytotoxischen Effekt von Antimetaboliten unter Schonung des immunsuppressiven zu verringern. Eine Voraussetzung für den Erfolg solcher Maßnahmen ist die größere Empfindlichkeit der immunologisch aktivierten Zellen gegenüber dem Antimetaboliten. Dann können diese Zellen irreversibel geschädigt sein, während die nachfolgende Behandlung mit dem Metaboliten andere Zellen wieder zu „retten" vermag. Tatsächlich ließ sich durch Folinsäure die durch vorher appliziertes Methotrexat bedingte Sterblichkeit vermindern. Ebenso erwies sich, daß leukämische Zellen schlechter durch Folinsäure reaktiviert werden konnten als solche anderer Organe und schließlich führte Folinsäure zur Verträglichkeit von sonst prohibitiv toxischen aber deutlich immunsuppressiv wirksamen Methotrexatdosen [27]. Die hohe Empfindlichkeit des Chorioncarcinoms gegenüber Methotrexat zeigt, daß verschiedene Zelltypen eine verschiedene Empfindlichkeit auf cytostatische Immunsuppressiva haben können. Die Empfindlichkeit mag von der Permeationsfähigkeit des Stoffes in die Zellen oder von der Syntheserate des Enzyms Dihydrofolsäurereductase abhängen. Methotrexat blockiert dieses Enzym und weist ihm gegenüber eine Affinität auf, die jene der Folsäure um das 20 000fache übertrifft. Auch für die Wirkung des Methotrexats läßt sich eine Speciesspezifität zeigen. Sie mag durch verschiedene Inaktivierungsgeschwindigkeiten oder Eliminationsraten, d. h. Stoffwechselcharakteristica, bedingt sein.

Methotrexat soll vor allem die Umwandlung von Immunoblasten in kleine Lymphocyten hemmen, die bei der efferenten Immunreaktion beteiligt sind. Es verlängert die Überlebenszeit von Hauthomotransplantaten allerdings nur geringfügig, beeinflußt aber die Sekundärkrankheit nach Knochenmarktransplantation und die Zwergkrankheit. Bei letzterer verhindert es Wachstumsstillstand und Tod der neonatal mit homologen Milzzellen injizierten Mäuse [280]. Zu den Nebenwirkungen gehört auch eine Hemmung der Magenmotilität, die zu Resorptionsstörungen führt.

4. Methylhydrazinderivate

Kurz nach der Entdeckung der Cytotoxizität dieser neuen Stoffklasse fand man auch ihre immunsuppressive Wirksamkeit. Sowohl heterologe Tumortransplantate bei Ratten [39] als auch Hauthomotransplantate bei

Mäusen [104] und Kaninchen (Abb. 5) wurden verzögert abgestoßen. In der Folge erwies sich, daß Vertreter dieser Stoffklasse wie Procarbazin und Ro 4-6824 (1-Methyl-2-p-isopropylcarbamoylbenzylhydrazin) zu den stärksten bekannten Immunosuppressiva gehören.

Es kann vorläufig nicht mit Sicherheit gesagt werden, über welchen biochemischen Mechanismus die Methylhydrazinderivate wirken. Im Vordergrund steht auch hier eine Hemmung der Nucleinsäuresynthese. Möglicherweise spielen dafür beim Abbau der Methylhydrazinderivate entstehendes Wasserstoffsuperoxid und Formaldehyd, welche die RNS- und DNS-Polymerase hemmen, eine Rolle. Die ebenfalls beobachtete Beeinträchtigung der Eiweiß-Synthese ist wohl als sekundär auftretendes Phänomen aufzufassen. Die Aktivität der Methylhydrazinderivate ist an das Vorhandensein der $CH_3-NH-NH$-Gruppe geknüpft.

Wahrscheinlich steht die relative Spezifität dieser Stoffklasse als Immunosuppressiva damit im Zusammenhang, daß sie vorwiegend das lymphoide System beeinflussen. Es kommt zu einer Atrophie des Thymus und in den Lymphknoten zu einem Lymphocytenschwund im Cortex und den paracorticalen Zonen [113]. Auch die Milz wird stark verkleinert. Demgegenüber tritt der Effekt auf die zirkulierenden Lymphocyten erst nach längerer Behandlung mit hohen Dosen auf. Diese Befunde stehen im Gegensatz zu jenen, die sich nach Behandlung mit Antilymphocytenserum zeigen. Dabei werden vorwiegend die peripher zirkulierenden Lymphocyten geschädigt; Methylhydrazinderivate greifen hingegen die cellulären Elemente in den zentralen lymphoiden Geweben an. Das mag auch die ausgeprägten synergistischen Effekte erklären, die auftreten, wenn Antilymphocytenserum nach einer Vorbehandlung mit Methylhydrazinderivaten verabfolgt wird. Man nimmt an, daß dann die Rekrutierung neuer immunologisch kompetenter Lymphocyten durch Schädigung der Vorstufen nur in stark reduziertem Maße erfolgen kann.

Methylhydrazinderivate hemmen sowohl humorale Antikörperbildung als auch Manifestationsformen cellulärer Immunität. Interessant ist, daß Vorbehandlung mit diesen Verbindungen die Bereitschaft erhöht, auf Antigene mit Toleranz statt mit Immunität zu reagieren. Ein der Embryonalperiode vergleichbarer Zustand tritt auf. Bei Mäusen können Hauttransplantate nach einmaliger zusätzlicher Verabfolgung von lymphoiden Zellen des Spenderstamms dauernd überleben [106] (s. auch Abb. 6, 7, 10). Bei der Betrachtung dieser Ergebnisse muß noch berücksichtigt werden, daß die Homotransplantatreaktion gegen Haut schwerer zu unterdrücken ist als gegen andere Organe.

Wie weit diese Befunde auch bei Menschen gelten, läßt sich vorderhand noch nicht sagen. Eine gewisse Vorsicht ist hier geboten, da Methylhydrazinderivate bei Nagetieren als Carcinogene wirken. Neben Lungenadenomen bei Mäusen, die allerdings auch nach Behandlung mit fast allen gebräuchlichen Tumorchemotherapeutica beobachtet werden können, kommt es auch zu Leukämien und zu Mammacarcinomen bei Ratten. Es ist allerdings nicht abgeklärt, ob es sich hierbei um einen echten carcinogenen Effekt handelt oder um eine Carcinogenese als Folge der starken Immunosuppression, welche den Überwachungsmechanismus ausschaltet, der normalerweise auftretende Krebszellen eliminiert. Bei Primaten und Menschen liegen vorläufig keine Anhaltspunkte für eine besondere Carcinogenität der Methylhydrazinderivate vor.

Auch die Vorbehandlung der Spendertiere mit Procarbazin führt zu verbesserter Funktion von Rattennierenhomotransplantaten.

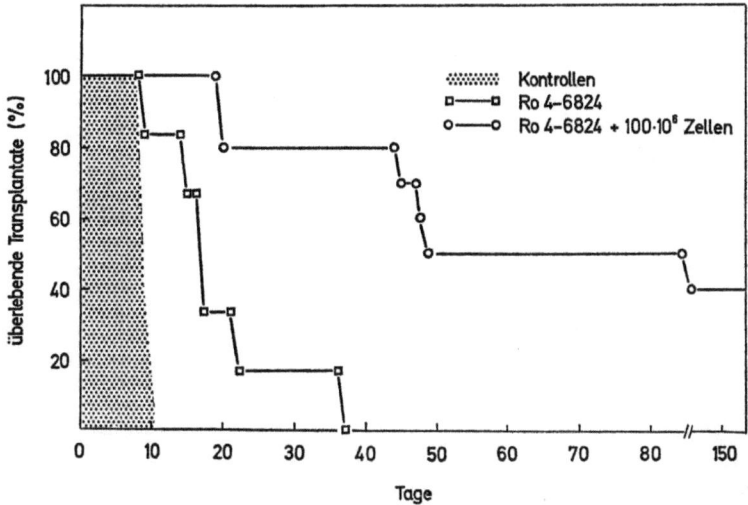

Abb. 10. Wirkung des Methylhydrazinderivates Ro 4-6824 auf die Überlebenszeit von (CBA×A)F$_1$-Hauttransplantaten bei CBA-Mäusen. Den Empfängern wurde das Immunosuppressivum 14mal in der Dosis von 100 mg/kg vor der Transplantation verabfolgt. Die zweite Gruppe erhielt am Tage vor der Transplantation zusätzlich Milzzellen und Thymocyten intravenös. Die Vorbehandlung mit Ro 4-6824 verdoppelte die Überlebenszeit der Transplantate; zusätzliche Zufuhr von Spenderzellen führte bei 40% der Empfänger zu dauernder Toleranz. Alleinige Injektion der Spenderzellen hatte keine Wirkung. Aus [113]

5. Varia

Aus der großen Zahl immunosuppressiv wirkender cytotoxischer Verbindungen seien noch die Actinomycine erwähnt. Actinomycin-C ist eine Mischung dreier cytotoxischer Antibiotica aus *Streptomyces chrysomallus*. Das Chromopeptid Actinomycin-D ist eines davon. Es hemmt die DNS-gesteuerte RNS-Synthese, also die Transkription der immunologischen Information auf RNS und damit die entsprechende Antikörpersynthese. Actinomycin-D hemmt auch eine *in vitro* ablaufende Immunreaktion vom cellulären Typ. Peritoneale Exsudatzellen sensibilisierter Meerschweinchen werden *in vitro* normalerweise durch Antigen am Auswachsen gehindert. Das

Auswandern der Zellen, bei denen es sich größtenteils um Makrophagen handelt, wird durch einen von Lymphocyten produzierten Faktor (migration inhibitory factor) verhindert. Actinomycin-D im Medium ermöglicht es wieder.

Schließlich lassen sich in vielen Stoffklassen nicht-cytotoxische Substanzen finden, die über unbekannte unspezifische Mechanismen eine angedeutete immunosuppressive Wirksamkeit haben. Praktische Bedeutung kommt diesen Mitteln vorläufig nicht zu, und oft müssen sie in enorm hohen Dosen angewendet werden. Dazu gehören Antihistaminica, 4-Desoxypyridoxin, Oestrogene, Epsilon-aminocapronsäure, Chloramphenicol, Dibenamin und Carcinogene wie Dibenzanthrazen. Die immunosuppressiven Wirkungen von 1-Asparaginase und Cinanserin wurden erst kürzlich entdeckt.

Interessant ist ein im Serum vorhandenes α-Globulin, das die durch Antigene oder Phytohämagglutinin bedingte *in vitro*-Transformation von Lymphocyten verhindert. Es könnte sich dabei um einen normalerweise zirkulierenden unspezifischen immunosuppressiven Faktor handeln, welcher die Proliferation lymphoider Zellen nach Antigenreizen kontrolliert. Er steht möglicherweise mit einem Serumfaktor in Zusammenhang, der auch in der α_2-Globulin-Fraktion gefunden wurde und zu verlängerten Überlebenszeiten von Hauthomotransplantaten führen konnte. Die heutigen Vermutungen gehen dahin, daß es sich um eine Serumribonuclease handelt [41]. Die Bedeutung dieser Befunde nähme zweifellos durch bessere Reproduzierbarkeit zu.

Nebennierenrindensteroide wirken plurivalent immunosuppressiv und entzündungshemmend. In der klinisch bei Transplantationen meist angewendeten Dosierung führen sie zu Symptomen der Cushingschen Krankheit (Nebennierenrindenüberfunktion).

Alkylierende Substanzen leiten sich vom Senfgas her und haben starke cytotoxische Effekte. Sie werden auch in der Tumorchemotherapie benützt. Ein relativ gut verträglicher Stoff dieser Gruppe mit ausgeprägter immunosuppressiver Wirkung ist Cyclophosphamid.

Antimetabolite hemmen als Strukturanaloge den Nucleinsäurestoffwechsel. Azathioprin findet ausgedehnte klinische Anwendung. Auch der Folsäureantagonist Methotrexat gehört in diese Klasse.

Methylhydrazinderivate haben eine besondere Affinität zum lymphoiden System und zählen experimentell zu den wirksamsten Immunosuppressiva.

Unter den Stoffen aus verschiedensten Klassen mit immunosuppressiven Effekten verdient eine Serumribonuclease Erwähnung.

E. Antilymphocytenserum (ALS)

1. Entdeckung

Beginnend 1899 mit Metchnikoff [228] haben eine Reihe von Autoren im Rahmen von Untersuchungen über organ-spezifische Antiseren antileukocytäre Antikörper gefunden. Diesen Seren eignete zwar eine hochgradige Art-Spezifität, aber sie waren im allgemeinen sowohl gegen Granulocyten als auch gegen Lymphocyten gerichtet. Agglutination von Lymphocyten durch Antithymusserum wies 1917 Pappenheimer nach [265]. Weiter deuteten die Arbeiten von Chew und Lawrence [61] und von Cruickshank [71] auf eine antilymphocytäre Spezifität von Seren, die in Tieren durch Injektion heterologer Lymphocyten gewonnen wurden. Es ist verständlich, daß die potentielle Bedeutung dieser Befunde erst dann erkannt wurde, als die These von der entscheidenden Rolle der Lymphocyten als Vermittler von Immunreaktionen, insbesondere solcher vom cellulären Typ, an Boden gewann. Einen entscheidenden Schritt hierzu stellten die Untersuchungen von Gowans [130a] zu Beginn der sechziger Jahre dar. Aus ihnen ging klar hervor, daß Lymphocyten für Manifestationsformen der Transplantationsimmunität verantwortlich waren.

Im Laboratorium von Humphrey [164], der die Auswirkung einer durch Antigranulocytenserum bewirkten Neutropenie auf die Arthus-Reaktion beim Meerschweinchen untersucht hatte, wies Inderbitzin [166] 1956 die Hemmwirkung eines Antilymphocytenserums auf die Tuberkulinreaktion beim Meerschweinchen nach. In der Folge konnte gezeigt werden, daß sich durch ALS auch andere Immunreaktionen vom verzögerten Typ, wie Kontaktekzeme, die Autoimmun-Encephalomyelitis und die durch Freund's Adjuvans bewirkte Ratten-Polyarthritis unterdrücken ließen. Neben der Hemmung von cutanen Überempfindlichkeitsreaktionen vom Spättyp beobachteten Waksman und Mitarbeiter 1961, daß ALS zu einer zwar geringen, aber doch signifikanten Verlängerung der Überlebenszeit von Hauthomotransplantaten bei Ratten führen konnte [335].

Das große Interesse, welches ALS in der Folge als Mittel zur Unterdrückung der Transplantationsimmunität fand, ist aber durch die Arbeiten von Woodruff [345] ausgelöst worden. Woodruff hatte schon um 1950 den Effekt von Antilymphocytenserum bei Ratten geprüft, diese Arbeiten aber wieder aufgegeben, nachdem er damit keine Lymphopenie von einiger Dauer hatte erzeugen können. In seinen späteren Versuchen wies er aber erstmals einen ganz klaren Effekt von ALS auf die Transplantationsimmunität nach. Woodruff und Anderson arbeiteten mit zwei homologen Rattenstämmen. Die verpflanzte Haut überlebte statt acht Tage bei den Kontrolltieren nun bis zu 75 Tage bei den mit ALS behandelten Ratten. Das übertraf bei weitem alle bisher mit Pharmaka erzielten Ergebnisse. Noch krasser wurde der Unterschied, wenn man die Tatsache berücksichtigte, daß ALS im Gegensatz zu den bisher bekannten chemischen Immunsuppressiva gut verträglich war. In parallelen Versuchen hatte Woodruff Ratten nicht nur mit ALS behandelt, sondern durch Drainage ihres Ductus thoracicus eine zusätzliche Lymphocytenverarmung bewirkt. Die Transplantate überlebten bei den mit ALS und Ductus thoracicus-Drainage behandelten Tieren noch länger als bei jenen, die nur ALS erhalten hatten.

Rasch wurde in weiteren Laboratorien bestätigt, daß ALS das wirksamste bisher bekannte Immunsuppressivum ist und sich besonders zur Unterdrückung der Transplantationsimmunität eignet. Die Wirksamkeit war auch nicht auf Nagetiere beschränkt: die Homotransplantatreaktion gegen Hundenieren sowie gegen Haut- und Knochenmarkzellen von Affen ließen sich ebenfalls hemmen.

2. Erzeugung und Eigenschaften von ALS

Im allgemeinen ist ALS nur wirksam, wenn es in einer vom Empfänger verschiedenen Species erzeugt wird. Seren von zu nahe verwandten Species sind relativ schwach. ALS, das die Überlebenszeit von Hauthomotransplantaten bei Mäusen verlängert, kann beispielsweise durch Injektion von Mäuselymphocyten oder Thymuszellen in Kaninchen erzeugt werden. Milzzellen sind wegen der verhältnismäßig starken Kontamination mit Erythrocyten hier weniger geeignet. Eines der Immunisierungsschemata besteht darin, daß Kaninchen zweimal im Abstand von zwei Wochen je 10^9 Thymocyten junger Mäuse intravenös verabfolgt werden. Eine Woche nach der zweiten Injektion wird das Serum gewonnen [191]. Mäuse-Thymocyten führen zu wirksameren Seren als durch Lymphocyten erzeugte [248]. Unter ALS verstehen wir im folgenden also auch Antithymusserum. Es ist nicht ausgeschlossen, daß mit Thymocyten erzeugtes Serum deshalb wirksamer ist, weil es nach Injektion eine besondere Affinität zum Thymuscortex zeigt und weil ja die vom Thymus stammenden Lymphocyten überdies für die cellulären Immunreaktionen verantwortlich sind. Agglutinierende Antikörper sind in gegen Lymphocyten oder Thymuszellen gerichteten Seren hingegen gleichermaßen enthalten. Diese Antikörper spielen dementsprechend wohl keine bedeutende Rolle bei der Abstoßung von Hauttransplantaten.

Die Fähigkeit, die Bildung von aktivem ALS auszulösen, ist aber nicht auf intakte lymphoide Zellen beschränkt. Membranfraktionen von lymphoiden Zellen und bei Mäusen epidermale Zellen sowie Fibroblasten lassen sich ebenfalls verwenden. ALS ist also nicht ausschließlich gegen Antigene gerichtet, die für Lymphocyten spezifisch sind, wenn auch lymphoide Zellen aus Thymus, Lymphknoten und Ductus thoracicus, schon ihres „Heimfindungsinstinktes" in die lymphoiden Organe wegen und durch die hohe Antigenkonzentration auf ihrer Zelloberfläche, besonders geeignete Induktoren sind. Lymphocyten sind das bevorzugte, aber nicht ausschließliche Ziel der ALS-Aktivität.

Die Species, die zur Gewinnung des ALS gewählt wird, ist nicht gleichgültig. Schafe eignen sich beispielsweise nicht regelmäßig zur Erzeugung von Antilymphocytenserum. Die Seren sind relativ species-spezifisch; Kaninchen-Anti-Rattenlymphocytenserum zeigt z. B. keinen Effekt gegen Hundelymphocyten. ALS für die klinische Anwendung wird durch Immunisierung von Pferden mit menschlichen Milz-, Lymphknoten- oder Ductus thoracicus-Zellen hergestellt. Die letzteren sowie Thymocyten sind wohl am geeignetsten. Besonders gut scheint sich Ziegen-ALS zu bewähren [300a].

Von Bedeutung ist die Frage, welcher Serumfraktion das immunosuppressive Prinzip angehört. Je reiner diese Komponente zur Verfügung steht, um so mehr verringert sich die Gefahr unerwünschter durch Fremdeiweiße hevorgerufener Nebenwirkungen. Das aktive Prinzip im ALS ist ein Immunoglobulin vom IgG- oder 7 S-Typ. Es kann durch Fraktionierung des kompletten Antiserums erhalten werden. Nur ein Bruchteil des totalen IgG ist tatsächlich immunsuppressiv wirksam. Durch Verdauung mit Papain oder Trypsin ist auch die 7 S-Fraktion inaktivierbar. Die 19 S-Fraktion verlängert die Transplantatüberlebenszeit nicht.

ALS-IgG wirkt, im Gegensatz zu normalem Kaninchen-IgG, bei Mäusen als Immunogen. Eine zweite Dosis ALS-IgG wird daher rascher eliminiert. Intermittierende Injektionen von ALS-IgG bewirken die Bildung präzipitierender Antikörper, während normales Kaninchen-IgG Immun-Paralyse erzeugt. Es ist möglich, daß sich durch hohe ALS-IgG-Dosen „high zone paralysis" hervorrufen läßt, d. h. eine durch Antigen bewirkte Form spezifischer Immuntoleranz. Sie läßt sich durch konstante Verabfolgung von ALS erzeugen, während intermittierende hochdosierte Applikation eher zur Immunität führt. Die Wirkung einer ALS-Dosis kann aufgehoben sein, wenn einige Tage vorher normales Serum der das ALS liefernden Species injiziert wurde. Durch Plasmazellen gebildete Antikörper gegen IgG fangen möglicherweise das spezifische IgG ab und verhindern dessen Einwirkung auf Lymphocyten. Diese Immunisierung gegen Antilymphocytenglobuline ist für die Klinik außerordentlich wichtig, kommt es doch dadurch im Verlauf einer Behandlung zu zunehmend beschleunigter Immun-Elimination und entsprechendem Wirkungsverlust.

Andererseits läßt sich durch Vorbehandlung mit hochgereinigtem, aggregatarmem IgG-Globulin auch Toleranz gegenüber IgG-Antithymus-Globulin erzeugen. So kann unter Umständen auf diese Weise die Immun-Elimination von in Pferden mit menschlichen Thymocyten erzeugtem IgG-Globulin in menschlichen Empfängern verhindert werden. Bei ALS-Toleranz ist dessen immunsuppressive Wirkung stärker. Ohne derartige Maßnahmen ist ALS nach einer Injektion schon binnen weniger Stunden nicht mehr im Serum nachzuweisen. 80% der Dosis werden innerhalb von 24 Stunden aus dem Körper eliminiert.

Die histologischen Effekte von ALS gleichen jenen der neonatalen Thymektomie, der Drainage des Ductus thoracicus oder der extrakorporellen Bestrahlung des Blutes. In den Lymphknoten verarmen die paracorticalen und in den Milzfollikeln die periarteriolären Zonen an Lymphocyten [320]. Als Ersatz treten Fibroblasten auf. Auf den durch ALS-Komponenten bewirkten Antigenreiz kommt es aber in der Folge zu einer Hyperplasie der Lymphknoten-Medulla und der Lymphfollikel. Dieser Befund, der bei praktisch aufgehobener cellulärer Immunität erhoben wird, weist wieder auf die funktionelle und anatomische Dissoziation zwischen humoralen und cellulären Immunreaktionen hin. Der Thymus zeigt nach ALS kaum histologische Veränderungen.

Daß ALS als Antikörper wirkt, läßt sich durch die Tatsache beweisen, daß seine Aktivität durch Absorption mit Lymphocyten aufgehoben werden kann. Auch die leukoagglutinierenden und cytotoxischen Effekte gehen dadurch verloren. Hingegen hebt Absorption mit Erythrocyten, Nieren- oder Lungenzellen die Aktivität nicht auf. Aber auch mit Lymphocyten erzeugtes

ALS kann gegen Makrophagen und hämatopoetische Knochenmarkzellen gerichtete Aktivität aufweisen.

Wohl zeigen alle immunosuppressiv wirksamen Seren Cytotoxicität. Hingegen fehlt manchen cytotoxischen Seren die immunosuppressive Wirkung. Die cytotoxische Wirkung dürfte dann auf *in vivo* inaktiven Globulinfraktionen (IgM) beruhen. Mit Adjuvantien und durch multiple Immunisierungen erzeugte Seren weisen bei abnehmender immunosuppressiver Potenz erhöhte cytotoxische und Hämagglutinations-Titer auf. Antikörper gegen für die Immunosuppression irrelevante celluläre Determinanten werden dabei offenbar in zunehmendem Maß gebildet. Bisher wird die immunosuppressive Aktivität unbekannter Seren auch anhand ihrer Wirkung auf Hauthomotransplantate bei Schimpansen geprüft, deren Gewebsantigene eine gewisse Kreuzreaktivität mit Menschen aufweisen. Auch die Beeinflußbarkeit heterologer Graft-versus-host-Reaktionen könnte zur Evaluierung von ALS-Chargen benützt werden [284]. Ein Test, der es ermöglicht, die *in vitro* Aktivität eines bestimmten ALS mit seiner immunosuppressiven Wirksamkeit in eine quantitative Beziehung zu bringen, ist die Hemmung der Rosettenbildung von Schaferythrocyten um Mäusemilzzellen [11].

3. Wirkungsmechanismus

Es ist vorderhand nicht möglich, eine mit Bestimmtheit gültige Aussage über den Wirkungsmechanismus des Antilymphocytenserums zu machen. Eine Reihe von Beobachtungen und Hypothesen seien hier angeführt.

Lymphopenie. Injektion von ALS führt bei genügender Dosierung innerhalb weniger Stunden zu einem Abfall der im Blut zirkulierenden Lymphocyten. Eine Granulocytose kann damit einhergehen. Bei intravenöser Injektion läßt sich der Abfall schon nach 15 Minuten nachweisen. Mit Raster-Elektronenmikroskopie lassen sich die Veränderungen, welche Lymphocyten bei Kontakt mit ALS durchmachen, gut beobachten (Abb. 11). Die Oberfläche der Zellen wird zunehmend rauh und zerklüftet, was schließlich zur Fragmentierung der Zellen führt. Die geschädigten Zellen agglutinieren. Durch ALS verlieren Lymphknotenzellen auch ihren „Heimfindungsinstinkt". Statt nach Injektion in die lymphoiden Organe der Empfänger zu wandern, werden sie nun mehrheitlich in der Leber festgehalten und phagocytiert.

Die Mehrzahl der Untersuchungen weist auf eine Korrelation zwischen der Lymphopenie und der Hemmung der Homotransplantatreaktion hin. Trotzdem sind stark verlängerte Transplantatüberlebenszeiten bei völlig oder nahezu normalen Lymphocytenwerten möglich oder Abstoßungen trotz Lymphopenie. Für eine Beziehung zwischen der Lymphopenie und ALS-Wirkung sprechen auch die synergistischen Effekte von ALS mit der Drainage des Ductus thoracicus oder mit Bestrahlung. Wichtig ist aber offenbar nicht die Zahl der zirkulierenden Lymphocyten, sondern deren Typ. Der Anteil der kurzlebenden, nicht ALS-empfindlichen Lymphocyten vermag den Abfall der von ALS betroffenen Elemente offenbar zu kompensieren.

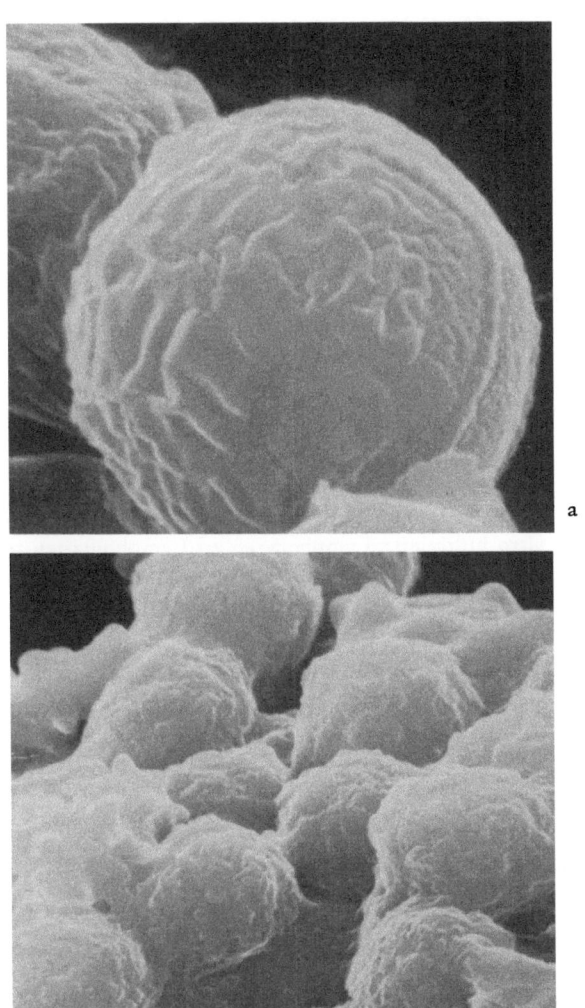

Abb. 11. a) Normaler Lymphocyt aus dem Lymphknoten einer Ratte. Rasterelektronenmikroskopaufnahme, Vergrößerung ×28.000. Diese Zellen sind isoliert, die sphärische Oberfläche weist nur die normale leichte Wellung sowie eine manchmal sichtbare Kammlinie auf
b) Gleiche Lymphocyten nach Inkubation *in vitro* während 15 Minuten mit Kaninchen-Anti-Rattenlymphocytenserum und anschließendem Waschen. Die auffallendsten Folgen sind die Agglutination der Zellen und die Aufrauhung der Zelloberfläche. Die Wirkung kann so ausgeprägt sein, daß sie zur Auflösung der zerklüfteten Zelloberflächen und zur Bildung von aus Membrantrümmern bestehenden Klumpen führt. Vergrößerung ×7500. Beide Aufnahmen von Dr. J. A. Clarke, London

Verblendung (blindfolding). Nachdem mittels Immunofluorescenz gezeigt worden war, daß sich ALS *in vivo* an Lymphocyten anlagert und diese überzieht, lag die Annahme nahe, daß diese Zellen dadurch in ihrer Funktion behindert werden, mit Transplantationsantigenen in Kontakt zu treten. Die Tatsache, daß den Nachkommen von Lymphocyten aus mit ALS behandelten Tieren die Fähigkeit, Antiwirt-Reaktionen auszulösen, fehlt, spricht aber eher gegen die Verblendungs-Theorie. Die für die Antiwirt-Reaktion verantwortlichen transferierten Lymphocyten müssen nämlich in den Empfängertieren mehrfache Teilungen hinter sich haben, und es ist unwahrscheinlich, daß dabei noch eine ausreichende Konzentration von ALS auf ihrer Zellmembran erhalten bleibt. Gegen die Theorie spricht auch die Beobachtung, daß sich ALS-Fragmente zwar ebenfalls an Lymphocyten anlagern, aber keine immunosuppressive Wirkung entfalten. Andererseits liegen auch die Theorie stützende Befunde vor. Werden Lymphknotenzellen *in vitro* mit ALS inkubiert, so sollen sie die Fähigkeit zur Erzeugung der Zwergkrankheit verlieren. Nach Behandlung der Zellen mit Trypsin *in vitro* sind sie aber wieder dazu fähig [47].

Sterile Aktivierung. Eine andere Hypothese über den Wirkungsmechanismus von ALS beruht auf der Beobachtung, daß es mitogene Eigenschaften hat und *in vitro* kultivierte Lymphocyten zu Lymphoblasten transformiert und dabei eine erhöhte Syntheserate von RNS und DNS bewirkt. Ein ähnlicher Effekt kann nach Phytohämagglutinin (einen Extrakt aus der Bohne Phaseolus vulgaris) oder nach Kontakt mit spezifischen Antigenen bei immunisierten Lymphocyten gezeigt werden. Es wurde daher die Möglichkeit in Erwägung gezogen, daß ALS ähnlich wie Phytohämagglutinin zu einer unspezifischen Aktivierung der Lymphocyten führt, wodurch diese in ihrer Funktion behindert wären. Es ist allerdings zu bemerken, daß die erwähnten *in vitro* Effekte mit dekomplementierten ALS erzielt wurden. Nicht dekomplementiertes ALS zerstört die Zellen *in vitro*. Auch hemmen höhere Dosen von ALS die Phytohämagglutinin-Stimulierbarkeit von Lymphocyten.

Antigen-Konkurrenz. Nach dieser Theorie würden die Elemente des lymphoiden Systems das Antigen, das ALS für sie darstellt, selektiv aufnehmen und dadurch vorübergehend unfähig, auf andere Antigenreize zu reagieren. Wenn diese Theorie zuträfe, wäre zu erwarten, daß auch ALS-Fragmente immunosuppressiv wirksam sind.

Opsonisierung. Hemmende Einwirkungen auf die Makrophagenfunktion und das reticuloendotheliale System vermindern die Wirkung von ALS [141]. Man könnte daraus schließen, daß ALS zu einer Elimination von immunologisch kompetenten Lymphocyten durch das reticuloendotheliale System führt [320].

Makrophagenhemmung. Neuere Untersuchungen sprechen ebenfalls für eine Beeinträchtigung von Makrophagen und der Phagocytose. So ließ sich die Hemmung der Antikörperbildung durch ALS bei Ratten deutlich besser durch Makrophagen als durch lymphoide Zellen aufheben [265a]. In diesem Zusammenhang gehört auch die Beobachtung, daß ALS die Bildung des „migration inhibitory factor" (s. S. 21) hemmt, nicht aber dessen Wirkung.

Wirkung auf zirkulierende Lymphocyten. Schließlich weisen eine Reihe von Untersuchungen auf die Möglichkeit, daß die Wirkung von ALS vorwiegend die zirkulierenden Lymphocyten betrifft, weniger die Zellen in den lymphoiden Organen.

1. Wurde das Schicksal von markiertem ALS im Organismus verfolgt, so zeigte sich, daß es nur in geringem Maße in die lymphoiden Organe eindrang [320].
2. Bei Sensibilisierung von Mäusen entweder durch ein Hauttransplantat oder durch intravenöse Injektion lymphoider Zellen läßt sich die Zweitreaktion gut durch ALS unterdrücken, wenn die Sensibilisierung durch Hauttransplantate erfolgte, aber kaum, wenn lymphoide Zellen dazu verabfolgt wurden. Eine Erklärung dafür besteht darin, daß die injizierten lymphoiden Zellen in den lymphoiden Organen der Wirtstiere offenbar weniger verwundbar sind als die zirkulierenden Lymphocyten, die die Sensibilisierung durch das Hauttransplantat vermitteln. Möglicherweise wirkte aber auch das erstmals einen Tag nach dem Antigen verabfolgte ALS nicht mehr gegen die Zellen, verhinderte die aber erst später erfolgende Sensibilisierung gegen das Hauttransplantat. Die Bedeutung des Zeitfaktors zeigt auch ein anderes Experiment. Damit ALS die Zwergkrankheit hemmt, die durch Injektion von Milzzellen in neugeborene Empfängermäuse hervorgerufen wird, müssen mindestens 24 Stunden zwischen der ALS-Verabfolgung an die Spender und der Zellentnahme verstrichen sein [47].
3. Noch eine Beobachtung spricht für die geringe Wirksamkeit von ALS auf organständige Lymphocyten. Die normale Lymphocyten-Transfer-Reaktion bei Meerschweinchen läßt sich leicht hemmen, indem die Empfängertiere mit ALS behandelt werden. Sie ist aber schwer und erst durch hohe ALS-Dosen zu beeinflussen, wenn die Lymphocyten-Spender behandelt werden. Bei den Spendern sind die für die Reaktion verantwortlichen lymphoiden Zellen während der Behandlung zentral lokalisiert (in den Lymphknoten), bei den Empfängern dürften es zirkulierende Elemente sein.

Die Ansicht, daß ALS vorwiegend die rezirkulierenden, langlebenden und vom Thymus abstammenden Lymphocyten, also gerade diejenigen Zellen, die gegen Bestrahlung und Pharmaka relativ resistent sind, angreift und eliminiert, hat heute die meisten Anhänger [83, 185, 207]. Es handelt sich dabei wahrscheinlich um Antigen-reaktive Zellen, welche die Immunreaktionen auslösen und sich von den Antikörper-bildenden Zellen unterscheiden.

4. Beeinflussung experimenteller Immunreaktionen

Von besonderer Bedeutung ist die Tatsache, daß ALS eine gewisse Spezifität gegen cellulär vermittelte Immunreaktionen aufzuweisen scheint. In Dosierungen, die zu deutlich verlängerter Überlebenszeit von Hauttransplantaten führen, waren humoral vermittelte Immunreaktionen (gegen Schaferythrocyten, Salmonellen, Rinderserum-Albumin) nicht oder nur geringfügig vermindert. Einen entgegengesetzten Effekt haben Röntgenstrahlen. Als Bildungsort der zirkulierenden Antikörper werden lymphknotenständige Plasmazellen angesehen, die sich dort aus lymphoiden Vorstufen entwickelt haben. Möglicherweise wird ALS von zirkulierenden Lymphocyten, die für celluläre Immunreaktionen verantwortlich sind, abgefangen, bevor es in die lymphoiden Organe eindringt. Es darf aber nicht übersehen werden, daß der Zeitpunkt der ALS-Applikation entscheidend ist. Vor oder noch mit dem Antigen verabfolgtes ALS vermag auch Bildung humoraler Antikörper zu hemmen. Eine vollständige Trennung der Aktivität gegenüber beiden Immunitätsformen zeigt in Pferden gewonnenes Anti-Kaninchen-Lymphocyten-Serum. Es verlängert Hauttransplantate ohne jede Wirkung gegen die humorale Antikörperbildung, auch jene gegen sich selbst [314].

Auch die durch humorale Antikörper vermittelte Zweitreaktion ist relativ resistent gegen die ALS-Wirkung, während die Zweitreaktion gegen Transplantate, die sich bisher gegen jede Modifikation durch Pharmaka als äußerst widerstandsfähig erwiesen hatte, auf ALS deutlich anspricht. ALS dürfte daher auch die Zellen beeinträchtigen, in denen die immunologische Erinnerung gespeichert ist.

Wie andere cellulär vermittelten Immunreaktionen, so ist auch die Sekundärkrankheit durch ALS hemmbar. Vor allem erwies sich die Behandlung der Zellspender als wirksam, während die Behandlung der Empfänger und die *in vitro* Inkubation der Inocula mit ALS zu schwächeren Effekten führten. Neben Mäusen dienten aus Rhesusaffen als Versuchstiere. Bei den letzteren bestätigte sich, daß heterologe Antiseren die Wirksamkeit homologer übertrafen. Rhesus-Antiserum, das in Cynomolgus-Affen gewonnen wurde, blieb weitgehend unwirksam, im Gegensatz zu Kaninchen-Antirhesuslymphocytenserum. In diesem Versuch konnte zwar die Sterblichkeit der Affen durch die Sekundärkrankheit unterdrückt werden, hingegen zeigte sich bei den Tieren eine fatale Anfälligkeit gegenüber viralen Infekten [25].

ALS hemmt die immunologische Reaktivität wirksamer, wenn es vor dem Antigen verabfolgt wird. Es ist daher unwahrscheinlich, daß ALS die durch das Antigen bewirkte Zellproliferation spezifisch unterdrückt. Die Tatsache, daß die Überlebenszeit von Hauttransplantaten bei Mäusen noch deutlich verlängert ist, wenn ALS einige Tage nach der Transplantation gegeben wird, dürfte mit der längeren Immunisierungsperiode in diesem System in Zusammenhang stehen.

Interessante Anwendungsmöglichkeiten eröffnet ALS auch der Knochenmarktransplantation. Statt durch Letalbestrahlung kann mit einer ALS-Vorbehandlung die Repopulation des Knochenmarks mit homologen hämatopoetischen Zellen ermöglicht werden. Kongenital anämische Mäuse ließen sich nach ALS durch normale homologe Knochenmarkzellen heilen [296]. Auch können nach ALS menschliche Knochenmarkchimären gesehen werden [213].

Intensive und andauernde Behandlung mit ALS verlängert auch das Überleben von Heterotransplantaten, beispielsweise von Meerschweinchen- oder menschlicher Haut in Mäusen fast beliebig. Das ist zudem ein Beweis für die immunologische Natur der Reaktion gegen Heterotransplantate. Für das Mißlingen von die Speciesgrenze überschreitenden Transplantaten könnten ja auch nicht-immunologische Vorgänge wesentlich sein, so z. B.

eine intensiv verlaufende Form von „allogeneic inhibition", eine Infektion des Transplantates durch vom Empfänger, aber nicht vom Spender tolerierte Viren, Toxizität von Metaboliten oder daß der Empfänger über gewisse, für Überleben oder Wachstum von Spendergewebe essentielle Faktoren nicht verfügt. Der Effekt von Antilymphocytenserum auf Heterotransplantate zeigt, daß dem nicht so ist.

5. Synergismus zwischen ALS und anderen immunosuppressiven Behandlungen

ALS läßt sich mit bisher bekannten Methoden zur Immunosuppression kombinieren. Neben der Drainage des Ductus thoracicus [345] führt auch vorherige, im Erwachsenenalter ausgeführte Thymektomie zu einer Verbesserung der Ergebnisse [171, 242]. Offenbar ist das Immunsystem nach der Thymektomie noch empfindlicher und weitgehend unfähig, eine neue Population Antigen-reaktiver Zellen hervorzubringen. Analoge Beobachtungen wurden bekanntlich bei Thymektomie erwachsener Mäuse mit nachfolgender letaler Röntgenbestrahlung gemacht. Auch hier war die Erholung der immunologischen Reaktivität nach Repopulation mit Knochenmarkzellen beeinträchtigt. Wurden im Erwachsenenalter thymektomierte Mäuse nicht nur mit ALS behandelt, sondern zusätzlich mit lymphoiden Zellen des Spenderstammes, so kam es sogar zu dauernder Toleranz gegen Hauthomotransplantate [242].

Synergismen können auch mit Bestrahlung [191] sowie chemischen Immunosuppressiva erzeugt werden. Besonders die Vorbehandlung mit Methylhydrazinderivaten erwies sich als wirksam [109]. Die durch ALS allein bedingten Veränderungen der Überlebenszeiten von Hauthomotransplantaten bei Mäusen wurden mehr als verdoppelt (Abb. 12). Wahrscheinlich verhindert diese Behandlung wie die Thymektomie, daß nach dem Abklingen des ALS-Effektes neue Antigen-reaktive Zellen rekrutiert werden. Aber auch Unterbindung der Immunreaktion gegen ALS durch die Vorbehandlung kommt als Erklärung für die Potenzierung der ALS-Wirkung in Frage.

Außerdem ließ sich der ALS-Effekt auf die Überlebenszeit von Hauttransplantaten bei Mäusen oder von Nierentransplantaten bei Hunden auch verbessern, wenn nach dem ALS mit Glucocorticosteroiden, Methotrexat oder Azathioprin weiterbehandelt wurde. Offenbar besteht eine unterschiedliche Empfindlichkeit der an Immunreaktionen beteiligten Zellen gegen die verschiedenen Einwirkungen.

6. Ausblick auf die klinische Anwendung von ALS

ALS führt experimentell nicht nur zu längeren Transplantatüberlebenszeiten als fast alle chemischen Immunosuppressiva, sondern es vermag dies mit bemerkenswert geringen toxischen Nebenwirkungen. Der große Nachteil der chemischen Immunosuppression, die starke Erhöhung der Infektanfälligkeit, entfällt weitgehend.

Für die Klinik muß die Verwendung eines reinen Antilymphocyten-IgG-Globulins (ALG) gefordert werden, wodurch das Auftreten von Komplikationen verringert werden kann. Ein besonderes Problem stellen bei jeder Behandlung mit Fremdseren nephrotoxische Reaktionen dar. Über deren Auftreten auf längere Sicht lassen sich vorläufig noch keine definitiven

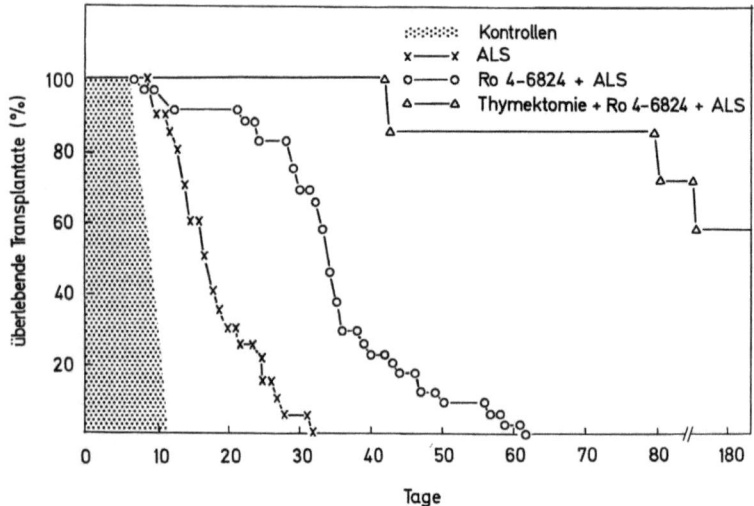

Abb. 12. Überlebenskurven von BALB/c-Hauthomotransplantaten auf CBA-Mäusen zur Illustration des Synergismus zwischen Ro 4-6824, ALS und Thymektomie. ALS allein (0,5 ml am ersten und fünften Tag nach der Transplantation) verlängerte die Transplantate von 9,6 Tagen (Kontrollen) auf 18,5 Tage. Vorbehandlung mit dem Methylhydrazinderivat Ro 4-6824 (12mal 100 mg/kg) allein führte zu einer mittleren Überlebenszeit von 17,2 Tagen. Kombination beider Behandlungen erhöhte den Effekt auf 34,6 Tage. Erfolgte die Anwendung bei adult thymektomierten Mäusen, so blieben 60% ohne weitere Behandlung dauernd tolerant. Aus [109]

Angaben machen. Glomerulonephritiden sowohl durch Antigen-Antikörperkomplexe vom Typ der Serumkrankheit als auch solche durch cytotoxische Antiseren (Typ Masugi-Nephritis) kamen tierexperimentell bei hoher ALS-Dosierung zur Beschreibung. Klinisch werden Glomerulopathien wie auch Thrombopenien eher gesehen, wenn mittels Milz- oder Lymphknotenzellen statt Ductus thoracicus-Lymphocyten gewonnene Antiseren verabfolgt werden. Im Vergleich zu anderen Fremdeiweiß-Behandlungen treten Schäden jedoch spärlich auf. Überdies dürften die Corticosteroide, mit denen ALG bei seiner klinischen Anwendung bisher kombiniert wurde, die Gefahren der Serumbehandlung vermindern.

Durch Kontamination der immunisierenden Inocula mit Erythrocyten provozierte Hämolysine können experimentell absorbiert werden. Bei der experimentellen Anwendung von ALS bei Mäusen sowie in der Klinik wird jedoch auf diese Absorption von Hämolysinen verzichtet. Auftretende geringgradige hämolytische Anämien stellten bisher kein ernsthaftes Problem dar.

Anaphylaktischen Reaktionen nach ALG sowie Fieber, granulocytärer Leukocytose und möglicherweise Thrombocytopenien kommen klinisch im allgemeinen eine geringere Dignität zu, aber Präcipitine gegen Pferde-Immunoglobulin und Hämagglutinine treten bei mit ALG behandelten Patienten auf. Ein Nachteil ist auch, daß die intramuskuläre Injektion für die Patienten äußerst schmerzhaft ist. Andererseits hat diese Applikationsform den Vorteil, daß lokal im Gewebe cytotoxische Komponenten der antilymphocytären Immunoglobuline adsorbiert werden. Bei der intravenösen Injektion von ALG, die bei der Eindämmung akuter Abstoßungskrisen angewandt wurde, ist dies nicht der Fall, und die Gefahr des Auftretens glomerulonephritischer Schädigungen entsprechend größer.

In der Klinik wurde ALG bisher nur als Adjuvans der chemischen Immunosuppression angewendet. Dadurch wurde eine Reduktion der Dosen von Azathioprin und vor allem der Corticosteroide ermöglicht, was die infektiös bedingte Letalität verminderte. Bei einer Serie von Starzl in Denver betrug die Überlebensrate unter Verwendung von Verwandtennieren nach einem Jahr 95%, verglichen mit 65—70% vor der Verwendung mit ALG [312]. Dabei kam es zu keinen durch das Fremdeiweiß bedingten Nierenschädigungen. Anaphylaktische Reaktionen blieben kontrollierbar.

In dieser Serie wurde ein in Pferden durch menschliche Milzzellen erzeugtes Antilymphocyten-Globulin benützt. Es wurde präoperativ während einer Woche und postoperativ bis zum zehnten Tag täglich, dann über zwei Wochen jeden zweiten Tag angewendet. Die Dosis betrug 1—5 ml/Patient. Sie wurde am Serumpräcipitintiter eingestellt, den das ALG *in vitro* aufwies. Nach allmählichem Abbau konnte die ALG-Behandlung nach 3—4 Monaten abgesetzt werden. Frühbehandlung mit ALG führte auch in einem weiteren Zentrum zu einer ansehnlichen Verminderung der Mißerfolgsrate bei Nierentransplantationen. In Ziegen gewonnenes ALG erwies sich dabei als besonders günstig und frei von Nebenwirkungen [300a]. Insbesondere kam es nicht zu einer Thrombopenie wie nach Pferde-ALG.

Aus anderen klinischen Untersuchungen ergab sich allerdings nicht stets so klar, daß die zusätzliche Anwendung von ALS neben Azathioprin und Steroiden die Ergebnisse verbesserte, sowohl in Bezug auf die Häufigkeit der Abstoßungsepisoden als auch der chronischen Nierenfunktion [247]. Auch sein Wert zur Unterdrückung akuter Abstoßungskrisen wird von manchen Klinikern bezweifelt [223]. Signifikante Vorteile scheint ALS jedoch zu bieten, wenn seine Anwendung mit lokaler prophylaktischer Bestrahlung der transplantierten Niere kombiniert wird [247]. Widersprüche können auch dadurch bedingt sein, daß die verwendeten Serum-Präparate keine einheitliche Qualität aufweisen. Es fehlt noch ein einfacher und zuverlässiger *in vitro*-Test. Auch ist möglicherweise noch nicht die am besten geeignete Species zur Gewinnung von Anti-Mensch-ALS gefunden. Ferner müßte auch das optimale Dosierungsschema beim Mensch erarbeitet werden;

entschlossenere Vorbehandlung der Transplantatempfänger könnte beispielsweise von Nutzen sein. Schließlich kann die zukünftige Rolle des ALS auch darin gesehen werden, daß es als Hilfsmittel zur Toleranzerzeugung mit Antigen dienen wird. Vorerst muß betont werden, daß ALS beim Mensch ähnlich spektakuläre Effekte wie bei Mäusen derzeit noch nicht aufweist. Es wird allerdings klinisch auch nicht in vergleichbarer Dosierung angewendet.

Antilymphocytenserum (ALS) wird durch Injektion lymphoider Zellen in heterologe Empfänger gewonnen. Es vermindert vor allem celluläre Immunreaktionen ohne allgemeine Cytotoxizität und wirkt über die Elimination einer Population rezirkulierender langlebender Thymus-abhängiger Lymphocyten. Die wirksame Fraktion ist ein IgG Globulin. Durch chemische Immunsuppressiva läßt sich der Effekt von ALS potenzieren. Es ermöglicht experimentell Toleranzerzeugung gegenüber homologen Hauttransplantaten und Knochenmarkzellen, zusammen mit Thymektomie auch gegenüber Heterotransplantaten. Die ausgezeichnete Wirkung auf die Transplantationsimmunität, wie sie bei Nagetieren auftritt, ließ sich allerdings klinisch noch nicht bestätigen. Möglicherweise kommt dem Antilymphocytenserum vor allem zur spezifischen Toleranzinduktion mit Antigen Bedeutung zu.

F. Immunosuppression und Krebsentstehung

Bei verminderter immunologischer Reaktivität ist die Infektanfälligkeit erhöht. Man kann nachweisen, daß die Vermehrung von Mikroorganismen (z. B. *Listeria monocytogenes* [329]) in Leber und Milz bei Mäusen proportional der Dosis von Azathioprin, Vinblastin, Cyclophosphamid und Methotrexat zunimmt. Auch nach der Behandlung mit ALS können Virämien beobachtet werden, zu denen es sonst nur nach neonataler Inoculation der Viren kommt. Neben der Infektanfälligkeit ist bei verminderter immunologischer Reaktivität nun aber auch die Krebshäufigkeit erhöht. So sterben Kinder mit immunologischen Insuffizienzsyndromen, die nicht multiplen Infekten erliegen, in einem auffallend hohen Prozentsatz an Krebs. Alarmierend ist auch das vermehrte Auftreten von bösartigen Tumoren unter Immunosuppression.

Zum Verständnis dieser Erscheinung müssen wir einige Grundlagen der Tumor-Immunologie erwähnen. Man nimmt heute an, daß gewisse Tumoren durch Tumor-spezifische Antigene gekennzeichnet sind und daß, sofern keine Toleranz zustande kommt, der Wirt eine Immunreaktion gegen die Tumorantigene unterhält. Diese Immunität ist Ausdruck eines Überwachungsmechanismus. Seine Aufgabe ist, die wohl ständig durch somatische Mutation und möglicherweise durch virale Transformation entstehenden Zellen mit maligner Wachstumspotenz zu eliminieren. Zur Abtötung größerer und etablierter Tumorzellverbände ist die Reaktion allerdings zu schwach.

Dieser Mechanismus ließ sich folgendermaßen nachweisen. Wurden in Mäusen durch chemische Carcinogene erzeugte Tumoren abgebunden oder amputiert, so waren die Träger gegenüber danach reimplantierten Tumorzellen bis zu einem gewissen Grad resistent. Die Verwendung von Krebszellen des autochthonen Wirtes schloß aus, daß die Tumorresistenz auf Histocompatibilitätsdifferenzen beruhte, die nicht durch die tumorspezifischen Antigene bedingt waren. Auch Behandlung mit Tumorzellen, die durch Bestrahlung inaktiviert waren oder die in unterschwelligen Dosen appliziert wurden, bewirkte die Resistenz. Sie war zwar deutlich nachweisbar, aber doch relativ schwach. Übertraf das zweite Tumorinoculum eine bestimmte Zellzahl, so vermochte die Immunreaktion das Wachstum des Tumors nicht mehr zu verhindern. Das Vorhandensein von tumorspezifischen Antigenen wurde bisher bei einer Vielzahl durch chemische Carcinogene oder onkogene Viren hervorgerufenen experimentellen Tumoren und Leukämien nachgewiesen, ebenso bei „spontan" auftretenden Geschwülsten [178].

Wieweit das Phänomen auch für menschliche Carcinome zutrifft, kann noch nicht mit Sicherheit gesagt werden. Immerhin bestehen gewichtige Anhaltspunkte für Antigenität beim Chorioncarcinom, dem Burkitt-Lymphom, bei akuten Leukämien und bei Melanomen.

Einen weiteren Beweis für die Antigenität von Tumoren liefert nun die Tatsache, daß Maßnahmen, welche die immunologische Reaktivität vermindern, Auftreten und Wachstum experimenteller Tumoren fördern. Das gilt besonders für neonatale Thymektomie, von der in vielen Versuchen gezeigt wurde, daß sie Incidenz und Mortalität bösartiger Geschwülste steigert. Das Polyoma-Virus verursacht beispielsweise nur bei neonataler Inoculation Tumoren, bei thymektomierten Mäusen hingegen noch weit darüber hinaus. Aber auch für Bestrahlung und Antilymphocytenserum ist dieser Effekt nachgewiesen. Hier ist es möglich, daß bei viralen Tumoren nicht nur die Unterdrückung der gegen virale oder tumorspezifische Antigene gerichteten Immunreaktion eine Rolle spielt. ALS hemmt auch die Bildung von Interferon, das normalerweise die Aktivität onkogener Viren im Zaum halten könnte. Zudem wurde gefunden, daß ALS einen mitogenen Einfluß auf „ruhende" Tumorzellen hat.

Es ist auf Grund dieser Tatsachen zwar nicht ganz unerwartet, aber doch ausgesprochen beunruhigend, daß die Berichte über das Auftreten von Krebs bei unter Immunsuppression stehenden Empfängern von Organtransplantaten zunehmen. Wir denken dabei nicht an jene Krebse, die mit dem makroskopisch natürlich tumorfreien Organ übertragen wurden, sofern die Spender bekannter- oder unbekannterweise Träger eines Primärtumors waren. Aber auch in diesen Fällen fiel das besonders rasche Wachstum der Geschwülste bei den Empfängern auf. Auch wurde beobachtet, daß diese Tumoren nach dem Absetzen der immunosuppressiven Behandlung als Homotransplantate wieder abgestoßen werden konnten.

In diesen Zusammenhang gehören auch Beobachtungen, die gemacht wurden, wenn von Carcinomen befallene Empfängerorgane durch Transplantate ersetzt wurden. Hierbei handelt es sich vor allem um Patienten, die an noch sichtlich auf das Organ beschränktem Krebs der Leber oder der letzten Niere litten. Im Anschluß an die Transplantation und die dabei notwendige Immunsuppression kam es bei der Hälfte der Fälle mit primärem

Lebercarcinom zur unkontrollierbaren Metastasierung des mit seinem Ursprungsorgan entfernten Primärtumors. Trotzdem können aber Patienten, denen ein Ogan wegen primärem lokalisiertem Carcinom entfernt werden mußte, jahrelang überleben. Carcinom eines Organs sollte deshalb wohl keine absolute Indikation gegen dessen Ersatz durch ein Transplantat sein.

Praktisch wichtig und biologisch aufschlußreich ist aber, daß bei immunosupprimierten Empfängern von Transplantaten auch vermehrt primäre Tumoren auftreten [218, 268]. Für Patienten unter 40 Jahren lag die Tumorincidenz im April 1969 achtmal über jener bei der Normalbevölkerung. Bei den 3700 Patienten, die bis August 1970 Nierenhomotransplantate empfangen hatten, wurden 40 Malignome festgestellt. Da sie im Durchschnitt rund 2½ Jahre nach der Transplantation auftraten, wäre die Tumorrate ohne den frühzeitigen Tod eines Teils der Transplantatempfänger wohl noch höher. Interessant ist auch, daß bei den meisten der Tumorträger die immunosuppressive Behandlung wegen drohender Abstoßung verstärkt worden war. Es fällt auf, daß über die Hälfte der *de novo* aufgetretenen Tumoren vom lymphoiden System der Patienten ausgehen. Reticulumzellsarkome stehen im Vordergrund. Ihre Häufigkeit übertrifft jene bei der Normalbevölkerung um das rund 50fache. Sie verlaufen besonders bösartig und führen meist innerhalb weniger Monate zum Tode. Deutlich besser ist die Prognose der epithelialen Carcinome, von denen nach drastischer Reduktion der immunosuppressiven Behandlung ein größerer Teil zurückgeht. So kann man geradezu von einem „Transplantationskrebs" sprechen. Dieses Risiko muß vorläufig als Preis für die erfolgreiche Organtransplantation eingegangen werden. Berücksichtigt man die Schwere des die Transplantation notwendig machenden Zustandes, so ist es klar, daß der Transplantationskrebs keine Kontraindikation gegen Organtransplantation und Immunosuppression darstellt.

Es ist möglich, daß die Schädigung des lymphoretikulären Systems durch Immunosuppressiva die Entstehung von Zellmutanten begünstigt. Zudem ist dabei die Wirksamkeit des Überwachungsmechanismus geschmälert. Man kann aber auch eine weitere Ursache für die maligne Entartung lymphoider Organe sehen. Durch Injektion tolerierter und immunologisch kompetenter Zellen läßt sich bekanntlich die Auszehrungskrankheit hervorrufen. Verläuft die Reaktion chronisch und überleben die Tiere, so treten bei einem beträchtlichen Prozentsatz maligne Entartung der lymphoiden Gewebe auf, die an die Hodgkinsche Granulomatose oder an Lymphosarkome erinnern [292]. Ob immunologische Insuffizienz, Aktivierung latenter onkogener Viren oder chronische Zellstimulation dafür verantwortlich sind, ist offen. Ebenso könnten die mit den Nieren übertragenen Spenderimmunocyten in die lymphoiden Organe der Organempfänger gelangen und dort die malignen Veränderungen bedingen. Ferner ist zu berücksichtigen, daß Immunosuppression auch die Interferonbildung hemmt und damit onkogene Viren begünstigt. Und schließlich muß an die Möglichkeit gedacht werden, daß ständige Stimulierung durch die Antigene des Transplantates Zellen des Immunsystems zu maligner Proliferation anregen könnte. Es scheint aber, daß die Lymphome durch Proliferation von Spenderzellen entstehen [67a].

Der Tumorimmunologie hat sich durch die klinische Organtransplantation ein neues Forschungsfeld eröffnet. Kommen bei unter Immunosuppression stehenden Patienten gehäuft Tumoren vor, so ist anzunehmen, daß diese antigenen Charakter haben. Eine spezifische Antigenität ist andererseits für einen Tumor unwahrscheinlich, wenn er unter diesen Umständen nicht vermehrt auftritt.

Das Vorhandensein von tumorspezifischen Antigenen wiese Krebsgeschwülsten den Status von Homotransplantaten zu. Verminderte immunologische Reaktivität scheint daher nicht nur Infekte, sondern auch die Tumorentstehung zu begünstigen. So wird in der Klinik nach Organtransplantation eine erhöhte Krebsanfälligkeit beobachtet, wobei vor allem die relative Häufigkeit maligner Lymphome auffällt.

G. Zustände verminderter immunologischer Reaktivität

Mit den Defektimmunopathien oder immunologischen Insuffizienzsyndromen (siehe auch Kap. III, Abschnitt B) gehen verschieden stark ausgeprägte Ausfälle sowohl humoraler als auch cellulärer Immunität einher. Bei Agammaglobulinämie wurde vorerst angenommen, daß Transplantate zu überleben vermochten. Spätere Untersuchungen zeigen aber, daß die Abstoßung zwar verzögert, aber doch wirksam und in manchen Fällen sogar normal verlief [289]. Bei Agammaglobulinämie ist auch ein cellulärer Defekt nachweisbar. Leukocyten solcher Patienten sind *in vitro* zwar durch Phytohämagglutinin oder Streptolysin-S stimulierbar, wobei es zu Mitosen und Differenzierung in Plasmazellen kommt. Im Gegensatz dazu verursachen spezifische Antigene diese Verwandlungen nur bei Lymphocyten von Normalen und nicht bei Patienten mit Agammaglobulinämie [119].

Auch bei Erkrankungen des lymphoiden Systems ist die immunologische Reaktivität verändert. Besonders gilt dies für die Hodgkinsche Lymphogranulomatose. Dabei sind vorwiegend die für die cellulären Immunreaktionen zuständigen Mechanismen betroffen. Hauthomotransplantate, die normalerweise von Mensch zu Mensch innerhalb zwei Wochen absterben, überleben in der Regel Monate und in manchen Fällen dauernd. Auch cutane Überempfindlichkeitsreaktion vom verzögerten Typ verlaufen stark abgeschwächt; bei manifester Tuberkulose kann eine Tuberkulin-Anergie bestehen. Ebenso ist die *in vitro*-Stimulierbarkeit von Lymphocyten verringert. Humorale Antikörper werden normal gebildet. Auch bei Sarcoidose und Ataxie-Teleangiectasie sind vorwiegend die cellulären Immunreaktionen vermindert. Als Erklärung der bei Lymphomen auftretenden Hyporeaktivität nimmt man an, daß dabei ein hemmungslos proliferierender Zellklon die ganze für den Typ „lymphoide Zelle" vorgesehene „ekologische Nische" ausfüllt und keinen Raum für anders programmierte immunologisch kompetente Elemente mehr übrigläßt.

Terminaler Nierenschaden mit Urämie bewirkt ebenfalls eine partielle immunologische Inkompetenz. Sie äußert sich in Lymphopenie und reduzierter Reaktionsfähigkeit bei serologischen und cutanen Immunreaktionen. Sowohl die *in vitro*-Reaktivität der Lymphocyten gegenüber Phytohämagglutinin ist eingeschränkt als auch ihre Fähigkeit, cutane Lymphocyten-Transfer-Reaktionen auszulösen. Die Frage, ob diese immunosuppressive Auswirkung des urämischen Syndroms die Abstoßung von transplantierten Nieren hemmt, ist aber offen. Käme der Urämie für das Überleben der Nieren wirklich eine Bedeutung zu, so würde die paradoxe Situation denkbar, daß bessere Funktion der Niere unter Umständen ihrem „Selbstmord" gleichkäme. Wie dem auch sei, es darf auf Grund solcher Erwägungen nicht darauf verzichtet werden, die Patienten durch präoperative Hämodialyse adäquat auf die Operation vorzubereiten.

Über immunologische Insuffizienz bei Kachexie ist wenig bekannt. Experimentell kann durch Eiweißentzug in der Nahrung humorale Immunität vermindert werden, nicht aber die celluläre.

Auch bei Viruskrankheiten können Immunreaktionen vermindert sein. Es ist anzunehmen, daß in solchen Fällen die funktionellen Ausfallerscheinungen der Immunität auf dem Befall des lymphoiden Systems durch das Virus beruhen. Als Prototyp dieser Krankheiten gelten Masern. Hier treten typische pathologisch-anatomische Veränderungen in den lymphoiden Organen auf, und die Anergie unter dieser Krankheit wurde bereits 1908 durch von Pirquet am Beispiel der vorübergehend unterbundenen Reaktion gegen Tuberkulin aufgezeigt [269]. Ferner vermindern eine Reihe leukämogener RNS-Viren (Friend, Rauscher, Moloney, etc.) die immunologische Reaktivität [283].

Schließlich können auch Gram-negative Bakterien Immunreaktionen beeinträchtigen. Lepra und Infektionen durch *Pseudomonas* sind Beispiele solcher Krankheiten, bei denen Homotransplantate verlängert überleben. Bei der ersteren sind die Lymphocyten in den thymusabhängigen paracorticalen Zonen der Lymphknoten durch abnormale histiocytäre Elemente ersetzt. Lipopolysaccharide aus *S. typhosa, S. paratyphi B* sowie *B. Pertussis* hemmen verschiedene Manifestationsformen cellulärer Immunität, letztere u. a. auch die Immunreaktion gegenüber Schwellendosen von Tumorzellen [107]. Als ein weiteres Beispiel sei die durch Mycoplasma bewirkte Hemmung der Stimulierbarkeit von Lymphocyten durch Phytohämagglutinin angeführt. Die Liste ist unvollständig und weitere Beispiele, welche die zukünftige Forschung wohl aufdecken wird, dürften die Bedeutung der durch Pathogene verursachten Immunosuppression vermehren. Andererseits kann BCG sowie Endotoxin aus *S. typhosa* die Überlebenszeit von Hauttransplantaten auch geringfügig verkürzen.

Zu den Zuständen, bei denen Immunreaktionen vermindert sind, gehört auch die Verbrennungskrankheit. Je ausgedehnter die Verbrennungen sind, um so mehr ist die immunologische Reaktivität herabgesetzt und um so länger leben Hauthomotransplantate. Die Hemmung ist aber nicht vollständig genug, um die dauernde Deckung von Verbrennungsdefekten durch Hauthomotransplantate zu ermöglichen. Auch das häufige Auftreten von Sepsis bei Verbrennungspatienten dürfte durch deren herabgesetzte Immunantwort zusätzlich gefördert werden.

Schließlich lähmt auch Überladung mit Dritt-Antigenen, z. B. mit massiven Dosen von heterologem γ-Globulin, das Immunsystem. Man spricht von Antigen-Kompetition und denkt an die Überlastung des Immunsystems mit einer Aufgabe und dessen Versagen gegenüber anderen Ansprüchen.

Außer bei Defektimmunopathien sind Immunreaktionen bei bestimmten Krankheiten unspezifisch vermindert. Dazu gehört die Urämie sowie lymphoproliferative Zustände, z. B. die Hodgkinsche Krankheit. Pathogene Mikroorganismen können ebenfalls allgemeine Immunosuppression bewirken. Dies gilt für onkogene Viren sowie für eine Reihe Gram-negativer Bakterien.

VII. Histocompatibilitätsprüfungen

Die Intensität der Immunreaktion gegen ein Transplantat hängt von der genetischen Disparität zwischen Empfänger und Spender ab. Das Grundgesetz der Transplantationsgenetik besagt, daß Homotransplantate dann erfolgreich sind, wenn der Empfänger alle Isoantigene des Spenders aufweist. Die Immunreaktion wird durch Transplantationsantigene des Spenders ausgelöst, die dem Empfänger fehlen. Je deutlicher diese Verschiedenheiten sind, um so stärker verläuft die Abstoßung, um so schwerer ist die durch Immunosuppressiva zu unterdrücken, und um so größer wird demzufolge das Infektionsrisiko.

Auf Grund dieser Gesetzmäßigkeiten ist bei genetisch polymorphen Individuen wie den Menschen mit verschiedenen Graden von Übereinstimmung bezüglich der Histocompatibilitätsantigene zu rechnen. Das äußert sich ja auch darin, daß die Abstoßungszeit von Transplantaten von Mensch zu Mensch stark variiert, wobei das eine Extrem die dauernd überlebenden Transplantate zwischen eineiigen Zwillingen sind. Aber auch sonst bleiben Hauttransplantate manchmal bedeutend länger als die üblichen 8—12 Tage erhalten und die Überlebenszeiten von Nierenhomotransplantaten bei Patienten unter gleicher immunosuppressiver Behandlung weisen eine starke Streuung auf. Diese Erscheinungen könnten durch zufällige Compatibilität der Paarungen erklärt werden. Bei Nierentransplantationen war es schon früh aufgefallen, daß die Ergebnisse deutlich besser ausfielen, wenn die Spendernieren von Blutsverwandten des Empfängers stammten statt von Fremden. Die Chance einer besonders günstigen genetischen Paarung ist bei ersteren natürlich größer. Die Compatibilität kann sich in einer weitgehenden Übereinstimmung der Transplantationsantigene äußern; es besteht aber auch die Möglichkeit, daß nur der Empfänger zusätzliche Transplantationsantigene aufweist, die dem Spender fehlen, was für die Abstoßung des Transplantates keine Folgen hat.

Es war nun naheliegend, nach Methoden zu suchen, um solche sonst nur zufällig und selten auftretenden compatiblen Paarungen zu finden. Dazu war eine Definition der Merkmale nötig, welche die Histocompatibilität ausdrückten. Das gelang mit der Auffindung von Leukocyten agglutinierenden Antikörpern. Mit ihnen ließen sich Leukocyten-Spezifitäten, bzw. Histocompatibilitätsantigene aufdecken. Antikörper mit agglutinierender oder cytotoxischer Aktivität gegenüber Spenderleukocyten wurden bei Empfängern von Transplantaten nachgewiesen. Auch das Serum von mehrfach mit Blut transfundierten Patienten zeigte eine solche Aktivität. Besonders geeignet waren Seren von Frauen, welche Antikörper nach Schwangerschaften gebildet hatten. Wurden diese Seren auf cytotoxische Aktivität gegenüber

Leukocyten von einem größeren Kollektiv geprüft, so ergab sich für manche der Seren ein gleiches Reaktionsmuster. Monospezifische Seren erkannten auf diese Weise einzelne Antigene. Dadurch wurde ein System von Leukocytengruppen der Identifizierung und Klassifikation analog den Erythrocytengruppen zugänglich. Damit die Leukocytengruppen für die Transplantationsimmunität eine Rolle spielen, müssen die Leukocytenantigene mit den Histocompatibilitätsantigenen identisch sein. Schon Versuche Medawars aus dem Jahre 1946 hatten gezeigt, daß Leukocyten mit anderen Geweben gemeinsame Transplantationsantigene teilten [220]. Durch intracutane Injektion von Leukocyten erzeugte er bei Kaninchen Transplantationsimmunität gegen Hauttransplantate des gleichen Spenders. Leukocyten HL-A-Antigene sind bisher auf allen untersuchten menschlichen Organen inklusive Thrombocyten und Reticulocyten (mit Ausnahme der Erythrocyten) gefunden worden. Reticulocyten verlieren offenbar bei ihrer Ausreifung zu Erythrocyten die Antigene [142]. Bei Mäusen enthalten nicht nur die Vorstufen, sondern auch die ausgereiften roten Blutzellen die Antigene des H-2-Systems. Nach Immunisierung mit z. B. einem Hauttransplantat lassen sich hämagglutinierende Antikörper nachweisen.

Die Beziehungen der Histocompatibilitätsantigene zu den Erythrocytenantigenen des ABO-Blutgruppensystems sind weniger direkt. Obwohl die Regel zu bestehen scheint, daß Erythrocyten keine Transplantationsimmunität auslösen, bestehen bezüglich der Blutgruppenantigene Ausnahmen. Immunisierung von 0-Empfänger mit A- und B-Erythrocyten führte zu einer beschleunigten Abstoßung von Hauttransplantaten, die von Spendern der Gruppen A und B stammten [75]. ABO-Incompatibilität allein kann die normale Überlebenszeit von Hauttransplantaten zwischen Menschen verkürzen und schon bei Ersttransplantaten zu „white graft"-Reaktionen führen [58]. Auch bei klinischen Transplantationen muß daher bezüglich der ABO-Blutgruppen Compatibilität gefordert werden. Immerhin sind vereinzelte Fälle beschrieben, bei denen trotz ABO-Incompatibilität Nierentransplantate befriedigend funktionierten.

A. Typisierung

Hinweise, daß Transplantationsantigene verschiedenen Menschen gemeinsam sein können und nach der Häufigkeit ihres Auftretens gruppierbar sind, boten auch Versuche, bei denen Menschen mit einem Hauttransplantat sensibilisiert wurden. Beschleunigte Abstoßung trat nicht nur bei Zweittransplantaten desselben Spenders auf, sondern auch bei einem Teil der Transplantate, die von dritten Spendern stammten. Daraus ergab sich, daß auch beim Menschen bezüglich des Musters seiner Transplantationsantigene Übereinstimmungen bestanden. Das erste von Dausset definierte und als Mac bezeichnete Transplantationsantigen war z. B. bei ungefähr 50% der untersuchten Menschen vorhanden.

Die serologische Typisierung der Leukocytenantigene hat in den letzten Jahren rasche Fortschritte gemacht und zur Entdeckung geführt, daß die meisten dieser Antigene durch einen genetischen Locus (HL-A) bestimmt sind. Er wird vorläufig in mindestens zwei nahe beieinander liegende Subloci eingeteilt mit je fünf oder mehr antithetischen Allelen. Die Antigengruppen werden in Blöcken vererbt. Die zum HL-A-System gehörenden Transplantationsantigene sind wie jene des H-2-Locus von überwiegender Mächtigkeit. Sie lassen sich auf Thrombocyten auch mit der Komplement-Fixations-Technik nachweisen.

Die heute am häufigsten verwendete Methode besteht darin, daß die Lymphocyten prospektiver Spender und Empfänger mit einer Reihe möglichst monospezifischer Testseren bei Anwesenheit von Kaninchen-Komplement zur Reaktion gebracht werden [323]. Bei dieser Mikrotropfenmethode wird die Cytotoxicität der Testseren mittels der Farbstoffeklusionsmethode beobachtet. Danach kann jener Empfänger ausgewählt werden, der für das Antigenmuster des Spenders der anfallenden Niere am geeignetsten ist, d. h. dem möglichst wenige der Spenderantigene fehlen. Der Beweis, daß die Leukocyten und Transplantationsantigene identisch sind, ergibt sich aus der Korrelation zwischen der Compatibilität der Leukocytengruppen mit dem Schicksal von Transplantaten bei denselben Spender-Empfänger-Paarungen. Bei Geschwistern wiesen beispielsweise 25% HL-A-Identität auf: Hauttransplantate überlebten im Mittel 23 Tage. Bei einem bzw. zwei verschiedenen Allelen betrugen die Transplantatüberlebenszeiten nur noch 14 bzw. 11 Tage.

Hinweise für die Bedeutung der Typisierung lieferten auch die Langzeitergebnisse bei klinischen Nierentransplantationen. Bezüglich Zahl der Abstoßungskrisen, Histologie und Spätfunktion der transplantierten Nieren, sowie der Überlebenszeit der Empfänger zeigten sich mehrheitlich Beziehungen zwischen Antigen-Compatibilität und klinischem Verlauf. So überlebten aus einer Serie von Transplantationen (mit Verwandten als Spendern) zwei Jahre nach der Operation beispielsweise 75% der Patienten aus identischen oder compatiblen Paarungen und nur 30% von nicht compatiblen [277]. Auch bei Transplantaten, die von Leichen stammen, hat sich gezeigt, daß die Prognose der Empfänger aus compatiblen Paarungen besser ist. 75% der Patienten aus einer Serie hatte gute Nierenfunktion, wenn bezüglich der bekannten Histocompatibilitätsantigene Identität oder Differenz eines Antigens bestand. Hingegen war die Transplantation ein Mißerfolg bei allen acht Patienten, bei denen fünf oder mehr erkennbare Antigen-Incompatibilitäten vorlagen [20]. Am klarsten zeigt sich der Wert der Typisierung und die Bedeutung des HL-A-Systems, wenn die Resultate bei HL-A-identischen Geschwistern betrachtet werden. In diesen Fällen sind die klinischen Ergebnisse eindeutig besser als bei Vorhandensein von HL-A-Incompatibilitäten [308, 315]. Andererseits ergibt sich eine gewichtige Einschränkung für die Aussagekraft der Typisierung daraus, daß sich bei HL-A-Incompatibilität zwischen nicht verwandten Paarungen keine Voraussagen über das Schicksal der Transplantate machen lassen. Als Gründe für dieses Versagen der Typisierung lassen sich anführen: 1. noch unbekannte Histocompatibilitätsantigene, 2. Kreuzreaktionen, z. B. mit Bakterien, 3. enhancement statt Cytotoxicität durch Antikörper, 4. individuell verschiedene Reaktivität gegen HL-A-Antigene, 5. gegen HL-A-Antigene gerichtete Antiseren sind für die celluläre Transplantationsimmunität relativ unwichtig.

Die bisherigen Befunde beruhen vorwiegend auf retrospektiven Vergleichen. Es fällt trotz dem klaren Unterschied zwischen compatiblen und incompatiblen Paarungen auf, daß doch eine relativ große Zahl der Empfänger incompatibler Nieren jahrelang mit guter Organfunktion überleben. Bei prospektiver Paarung hätte man ihnen das Transplantat vorenthalten. Immunosuppression ermöglicht auch Erfolge bei incompatiblen Paarungen. Aber die Regel, daß bei steigernder Incompatibilität auch vermehrte Immunosuppression nötig ist, behält ihre Bedeutung. Die bisherigen Methoden zur Typisierung sind somit noch nicht vollkommen. Es ist anzunehmen, daß eine Reihe von Leukocyten-Spezifitäten noch nicht erfaßt werden, weil die entsprechenden Isoantiseren noch nicht zur Verfügung stehen. Ist dies nicht der Fall, so wird die Bestimmung eine nur scheinbare Compatibilität ergeben. Damit wäre auch erklärt, wieso Transplantate oft heftige Immunreaktionen auslösen, trotzdem sie auf Grund der Typisierungsergebnisse compatibel sein sollten.

Die prospektive Typisierung ist aber anzustreben. Es liegt dabei auf der Hand, daß die Wahrscheinlichkeit einer optimalen Paarung zunimmt, je größer das Kollektiv der prospektiven Empfänger ist. Die Koordination der Transplantationsprogramme zwischen verschiedenen Kliniken und möglichst auch Ländern ist daher notwendig. Die Verbesserung der Konservierungsmethoden wird es auch ermöglichen, andere Organe als nur Nieren in lebensfähigem Zustand über weite Strecken zu transportieren. Es erweist sich dabei als besonderer Vorteil, daß die Typisierung mittels Leukocytenagglutination oder Cytotoxicität nur 2—3 Stunden benötigt.

B. Matching

1. Gemischte Leukocyten-Kultur

Es gibt außer der Typisierung eine Anzahl weiterer Methoden, welche die Auswahl der geeignetsten Paarungen von Spender und Empfänger erlauben. Sie beruhen auf Immunreaktionen lymphoider Zellen bei Kontakt mit Antigen. Dieses „matching" läßt auf eine globale Weise erkennen, wie weit Antigenmuster bei homologen Kombinationen sich entsprechen und zuzusammenpassen. Spezifitäten, die wegen fehlender Antiseren nicht erkennbar sind, drücken sich hierbei aus. Zum Teil werden diese Tests *in vivo* ausgeführt, zum Teil *in vitro*.

Unter den letzteren hat die gemischte Lymphocyten-Kultur (mixed lymphocyte culture, MLC) eine besondere Bedeutung erlangt. Sie basiert auf der Beobachtung, daß Lymphocyten verschiedener Individuen, wenn sie gemeinsam kultiviert werden, sich gegenseitig stimulieren [9, 12]. Dabei transformieren sie sich vorerst in große, blastenähnliche basophile Zellen (s. Kap. II, Abschnitt G). Anhäufungen von Polyribosomen werden im Cytoplasma nachweisbar. Der Grad der Transformation kann durch Messung des aufgenommenen radioaktiven Thymidins bestimmt werden, das bei der DNS-Synthese benötigt wird. Die Reaktion wird spezifischer, wenn sie nur einseitig stattfinden kann. Dazu werden die Zellen der prospektiven Spender z. B. mit Mitomycin C vorbehandelt, was ihre Transformierbarkeit durch Hemmung der DNS-Synthese aufhebt, nicht aber ihre Antigenität. Sie stimulieren dann nur die unbehandelten Zellen des Empfängers zur DNS-Synthese und Transformation. Aus dem Grad der Thymidinaufnahme auf die Antigendisparität zwischen dem Genotyp der zwei Zellpopulationen geschlossen werden.

Gemische von Zellen nicht verwandter Spender reagieren stets. Zellen eineiiger Zwillinge stimulieren sich hingegen nicht und Zellen von Geschwistern nur in 30%. Daß diesem System eine Immunreaktion der lymphoiden Zellen gegen Transplantationsantigene zugrundeliegt, wird auch dadurch bestätigt, daß Lymphocyten toleranter Tiere nicht gegen das Antigen reagieren, das zur Toleranzerzeugung diente. Umgekehrt transformieren sich Zellen spezifisch sensibilisierter Tiere stärker. Thymektomie schwächt die Reaktivität oder hebt sie ganz auf [341]. Bei Kokultivierung parentaler und von F_1-Hybriden stammenden Zellen verläuft die Reaktion eindirektionel, nur die parentalen Zellen werden zur Proliferation stimuliert.

In Kombination mit der serologischen Typisierungsmethode dürfte die gemischte Leukocyten-Kultur erlauben, die mit der ersteren bestimmten „scheinbaren" Compatibilitäten weiter zu differenzieren. Derjenige Spender, dessen inaktivierte Leukocyten die Empfängerzellen am wenigsten stimulieren, ist der geeignetste. Der Nachteil dieses Tests besteht darin, daß seine Ausführung mehrere Tage benötigt. Wahrscheinlich entstehen die transformierten Zellen nur durch die Vermehrung eines kleinen Prozentsatzes der ursprünglichen Zellen. Die Korrelation zwischen den Ergebnissen dieses Tests und der Transplantatfunktion ist befriedigend. Steht die Zeit zur Ausführung des MLC-Tests zur Verfügung, wie z. B. bei Knochenmarktransplantationen, so wird er heute in der Regel angewendet. Stimulieren die Spenderzellen nicht oder nur schwach, so ist die Transplantatfunktion regelmäßig gut.

2. In vivo-Methoden

Von den *in vivo*-Methoden zur Histocompatibilitätstestung seien folgende Möglichkeiten erwähnt. Der „normal lymphocyte transfer test" wurde 1963 von Brent und Medawar vorgeschlagen [46]. Dabei werden lymphoide Zellen eines Empfängers einer Auswahl von Spendern intracutan injiziert. Es kommt dabei lokal zu verzögert auftretenden erythematösen Papeln, deren Größe als Ausdruck der Antigen-Disparität aufgefaßt wird. Die Ähnlichkeit mit der Tuberkulin-Reaktion ist unverkennbar. In diesem Test, so argumentierten die Autoren, äußere sich die Transplantatabstoßung durch die Empfänger-Lymphocyten in Form eines Away-Spieles. In der Tat überlebten bei Meerschweinchen die Transplantate derjenigen Spender, die eine relativ geringe Hautreaktion aufwiesen, durchwegs länger als solche, die von Spendern mit starker Reaktivität stammten. Bei Menschen erwies sich die Korrelation jedoch als ungenügend. Ein Nachteil dieser Reaktion, bei der lokal graft-versus-host-Aktivität überwiegt, besteht neben ihrer Inkonstanz auch darin, daß Lymphocyten urämischer Patienten verminderte

Reaktivität aufweisen. Zudem ist die Hautreaktion (ihr Durchmesser beträgt 8—15 mm) schwer quantifizierbar. Der Lymphocyten-Transfer-Test wird klinisch nicht angewendet. Mit ihm dürften aber besonders geeignete Spender erkannt oder besonders ungeeignete ausgeschlossen werden.

Eine weitere klug angelegte Methode, die sich aber praktisch auch nicht durchgesetzt hat, wird als „third man test" bezeichnet [214, 342]. Eine Drittperson erhält dabei ein Hauttransplantat des Empfängers. Zwei Wochen später wird derselben Person Haut der prospektiven Spender transplantiert. Vom Spender, dessen Transplantat nun am raschesten abgestoßen wird, kann angenommen werden, daß er mit dem Empfänger die meisten Antigene teilt. Dieser Test hat neben seiner Aufwendigkeit den Nachteil, daß er nur übereinstimmende Antigene charakterisiert, aber keine Antigendifferenzen zwischen Spender und Empfänger.

Als letzte Möglichkeit soll noch der „irradiated hamster test" erwähnt werden [272]. Dabei werden in die Haut letal bestrahlter Hamster Lymphocytensuspensionen injiziert, die Gemische von Zellen des Empfängers mit solchen der potentiellen Spender enthalten. Die Haut erweist sich als geeignetes Milieu, in welchem sich nicht nur homologe, sondern auch heterologe Transplantatreaktionen manifestieren. Die lokale Entzündung erreicht dabei nach 2—3 Tagen ihr Maximum. Als bester Spender gilt jener, dessen Lymphocyten zur geringsten Reaktion führen.

Alle diese matching tests charakterisieren den Grad der Übereinstimmung zwischen Spender und Empfängerantigenen. Bevor die beschriebenen Histocompatibilitätsprüfungen angewendet wurden, mußte die Organtransplantation selbst als eine solche angesehen werden. Viele Empfänger incompatibler Nieren wurden das Opfer unbeeinflußbarer Abstoßung oder der zu ihrer Behebung in unverträglichen Dosen angewendeten Immunsuppression. Aus allem bisher Gesagtem wird klar, daß es ein Fortschritt wäre, wenn Organtransplantationen nur mehr zwischen weitgehend compatiblen Spendern und Empfängern durchgeführt würden. Bei einer reduzierten und damit besser tolerierten immunsuppressiven Therapie könnte mit längeren und komplikationsloseren Transplantatüberlebenszeiten gerechnet werden. Zudem ist auch die Induktion immunologischer Toleranz in dem Maß leichter, als die Histocompatibilitätsdifferenzen abnehmen.

Je geringer die Unterschiede der Transplantationsantigene von Spender und Empfänger sind, um so milder verläuft die Homotransplantatreaktion. Zur Abklärung der Histocompatibilität zwischen den Paarungen stehen vor allem die HL-A-Typisierung und die gemischte Lymphocytenkultur (MLC) zur Verfügung. Bei ersterer können Transplantationsantigene durch ihre Reaktion mit cytotoxischen Antikörpern erkannt werden. Zweitens kann die Zuordnung geeigneter Partner auch anhand der Stimulierung von Empfängerlymphocyten durch Spenderantigene bestimmt werden. Diese letztere Methode ist zeitraubend, ergibt aber gute Korrelationen zwischen der Stimulierbarkeit und dem Transplantatschicksal. Der serologische Test bewährt sich vor allem ausgezeichnet zur Auswahl des geeignetsten Verwandtenspenders, während Leichennieren trotz fehlender Antigenübereinstimmung gut funktionieren können.

VIII. Organtransplantation — experimentell und klinisch

A. Niere

Die Niere ist das innere Organ, dessen Transplantation am frühesten versucht wurde. Pionierleistungen datieren aus dem ersten Jahrzehnt unseres Jahrhunderts. Anreiz dazu bot wohl einmal die große Zahl von Patienten, die jährlich an terminaler Urämie starben. Für England beträgt diese Zahl ungefähr 7000 Patienten. Bei 2000—3000 davon handelt es sich um junge Menschen. Die zur Hauptsache verantwortlichen Erkrankungen sind chronische Glomerulo- und Pyelonephritiden. Aber auch Cystennieren und Intoxikationen können einen Ersatz des Organs fordern.

Zwar steht heute auch die Hämodialyse zur Verfügung. Sie ermöglicht selbst anephrischen Patienten ein normales Leben. Aber ihre chronische Durchführung bei allen potentiellen Kandidaten stellt ein vorderhand unlösbar scheinendes Problem dar. Auch gibt es absolute Indikationen zur Transplantation, wie Progredienz der urämischen Komplikationen, Hochdruck, sowie Nebenwirkungen wie Osteopathie und Polyneuritis.

Die chirurgische Technik der Nierentransplantation ist relativ einfach und seit der Einführung der Gefäßnaht gelöst. Die Anforderungen bestehen darin, daß die transplantierte Niere keiner Ischämiezeit unterworfen wird, die ihre spätere Funktion gefährdet, daß befriedigende vasculäre Anastomosen zwischen Spender und Empfänger geschaffen werden und daß die Niere auf eine Weise implantiert wird, die ihren Schutz und einen freien Harnabfluß gewährleistet. Die heute angewendete Technik besteht darin, daß man die Spenderniere nach bilateraler Nephrektomie des Empfängers heterotop in die Fossa iliaca einpflanzt. Zwischen Nierenarterie und Arteria hypogastrica wird eine End-zu-End- und zwischen Nierenvene und Vena iliaca communis eine End-zu-Seit-Anastomose ausgeführt. Der Ureter wird in die Harnblase implantiert. Unmittelbar nach Öffnung der Gefäßklammern färbt sich die transplantierte Niere wieder rosa und erlangt ihren normalen Turgor. Bei ungeschädigten Nieren setzt die Harnproduktion sofort ein.

Die Niere weist gegenüber anderen Spenderorganen Vorteile auf. Wird sie von Leichen erhalten, so fällt ins Gewicht, daß sie relativ resistent gegen Ischämie ist und dem Operateur eine komfortable Zeitspanne gewährt. Eine gewisse Anzahl „freier" Nieren steht zur Verfügung und ein gesunder Mensch kann ohne Schaden eine seiner Nieren entbehren. Selbstverständlich darf die Funktion der transplantierten Niere nicht durch Krankheiten des Spenders gefährdet sein. Als geeignet gelten Unfalltote sowie Opfer von Subarachnoidalblutungen oder von Herzinfarkten. Eine absolute Kontraindikation ist Krebs des Spenders, und zwar auch dann, wenn keine Nierenbeteiligung vorzuliegen scheint. Eine Ausnahme sind nicht metastasierende Hirntumoren. Fortgeschrittenes Alter eines Transplantatspenders ist hingegen nicht unbedingt ein Grund, seine Organe nicht zu verwenden; Nieren von über 70-jährigen Spendern arbeiteten noch gut in jüngeren Empfängern. Insgesamt betrachtet sind aber die Langzeitergebnisse mit Nieren von über 55-jährigen Spendern schlechter. Nierentransplantate von Kindern in Erwachsene haben sich nicht bewährt. Leichennieren funktionieren manchmal erst nach einer Latenzzeit von bis zu zwei Wochen, wobei die Funktion nachher durchaus normal sein kann. Durch Hämodialyse läßt sich die erste anurische Phase überbrücken.

Die ersten erfolgreichen klinischen Nierenhomotransplantationen wurden vor 1960 in Boston und darauf in Paris ausgeführt [137, 183, 224]. Dabei stammten die Spendernieren zum Teil von zweieiigen Zwillingen. Die Empfänger wurden mit subletaler Röntgenbestrahlung und auch mit Injektion von Spenderknochenmarkzellen vorbereitet. Vor allem zeigten aber die Ergebnisse bei Verwendung eineiiger Zwillinge als Spender, daß Nierentransplantate tadellos funktionieren konnten. Dadurch wurde die Suche nach Mitteln zur Durchführung homologer Transplantationen entscheidend angeregt. Beeinträchtigt wurden allerdings die Resultate der klinischen Isotransplantation dadurch, daß im Verlauf von Jahren in den transplantierten Nieren häufig dieselbe chronische Glomerulonephritis auftrat, welche seinerzeit die Transplantation erforderte [246] (Abb. 13 a). Daraus kann auch der Schluß gezogen werden, daß Patienten mit gegen glomeruläre Basalmembranen gerichteten Antikörpern keine guten Kandidaten für Nierentransplantationen sind. Die Antikörper führen in den transplantierten Nieren zu denselben Schäden wie in den ersetzten. In solchen Fällen sollte vorerst bilateral nephrektomiert und die Transplantation erst dann ausgeführt werden, wenn keine gegen Nierengewebe gerichtete Antikörper mehr nachweisbar sind. Die Seltenheit von Rezidiv-Glomerulonephritiden bei Nierenhomotransplantaten ist vielleicht eine Folge der immunosuppressiven Behandlung.

Wie wichtig die stetige Zunahme an Erfahrung im Umgang mit Immunosuppressiva und Histocompatibilitätstestung sind, zeigt die Betrachtung der Überlebensstatistiken seit der Einführung der klinischen Nierentransplantation. Eine 1963 publizierte Zusammenstellung ergab, daß bis zu diesem Zeitpunkt nur 10% aller Patienten die Transplantation länger als drei Monate überlebt hatten und nur 6 von 176 über ein Jahr. Die Gesamtüberlebensrate nahm in den folgenden Jahren stetig zu; bis März 1964 betrug sie für ein Jahr 31% und bis März 1965 40%. Die hauptsächlichsten Todesursachen waren Abstoßung, Infektionen und Toxicität der Immunosuppressiva.

Inzwischen hat sich die Überlebensrate weiter verbessert (s. Abb. 13 b, c). Sie lag für die 1967 und 1968 ausgeführten Transplantationen bei 80—90%, sofern Nieren von Verwandten verwendet wurden. Mit Nieren von Geschwistern sind die Ergebnisse um einige Prozent besser als mit solchen von Eltern. Deutlich geringer (42%) war die Ein-Jahr-Überlebensrate mit Nieren von Frischverstorbenen. Auch sie hat sich inzwischen (für die 1968/69

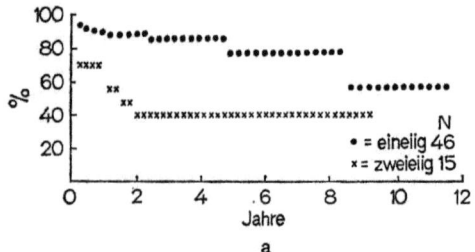

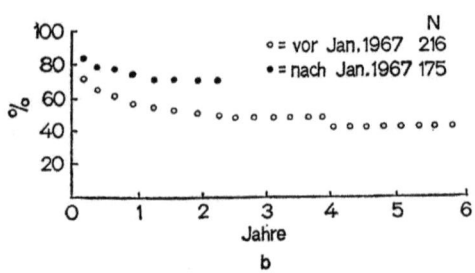

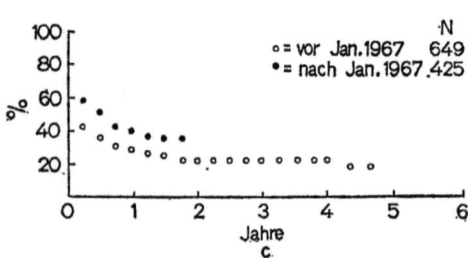

Abb. 13. Überlebenskurven für menschliche Nierentransplantate bis Ende 1968 auf Grund der 2347 Fälle des 7. Berichtes des internationalen Nierentransplantationsregisters
a) Bei Isotransplantaten (d. h. Spender und Empfänger sind eineiige Zwillinge) besteht eine relativ hohe Spätmortalität, so daß sich die Langzeitüberlebensraten nicht wesentlich von denen unterscheiden, die bei Verwendung von Nieren zweieiiger Zwillinge erhalten wurden
b) Bei den 1967—1968 durchgeführten Nierentransplantationen mit Geschwistern als Spendern betrug die Überlebensrate nach einem Jahr 91% und nach zwei Jahren 81%. Die Ergebnisse mit elterlichen Nieren waren um je 8% schlechter. Für die besseren Ergebnisse gegenüber der Periode vor 1967 sind die Fortschritte in der Spenderauswahl, der Vorbereitung der Empfänger, der Erhaltung der transplantierten Nieren und in der Anwendung der immunosuppressiven Therapie verantwortlich c) Überlebensraten nach Transplantation von Leichennieren. Nach einem bzw. zwei Jahren überlebten noch 42 bzw. 40% der Nieren. Beachte die hohe Mortalität innerhalb der ersten drei Monate und die relativ geringfügige Zunahme nach dem ersten Jahr

ausgeführten Transplantationen) auf 52% erhöht; nach zwei Jahren blieb sie jedoch bei 40%. Obwohl die meisten Todesfälle in den ersten drei Monaten auftreten und sich der Verlauf im folgenden stabilisiert, nimmt die Überlebensrate pro Jahr noch ab.

Es besteht eine deutliche Tendenz, zunehmend Nieren von Verstorbenen als Spenderorgane zu verwenden statt solche von lebenden Blutsverwandten. Da heute in der klinischen Nierentransplantation die Nebenwirkungen der Immunosuppression für zwei Drittel der Mortalität verantwortlich sind, ist es möglich, durch Aufgabe der im Abstoßungsprozeß begriffenen Niere und Weiterbehandlung des Patienten mit Hämodialyse oder Zweittransplantation die Überlebensrate der Patienten (im Gegensatz zu jener der Nieren) zu verbessern. Abstoßung der Niere muß also nicht mehr den Tod des Patienten zur Folge haben.

Die Resultate bei blutsverwandten Spendern ließen sich in den letzten Jahren nur mehr geringfügig weiter verbessern. Hier stand eine kleine Auswahl von Spendern zur Verfügung. Je größer das Kollektiv nicht-verwandter Spender wird, um so größer wird auch die Chance sein, Spender zu finden, die an Histocompatibilität die wenigen disponiblen blutsverwandten Spender übertreffen.

Daß die Spätmortalität bei Verwandtennieren bedeutend geringer ist als bei Transplantaten von Leichen, mag damit zusammenhängen, daß bei letzteren eine höhere Dosierung von Immunosuppressiva erforderlich ist, weil subchronische Abstoßungsvorgänge auftreten. Dazu kommt, daß bei Leichennieren durch therapieresistente Viren, Bakterien oder mykotische Mikroorganismen bedingte Sepsis sowie Hepatitiden viraler Ursache häufiger auftreten. Dann stirbt der Patient trotz funktionierender Niere.

Frühzeitige gute Funktion ist ein gutes Omen für den Ausgang. Spätschäden als Ausdruck chronischer Abstoßung trotz Immunosuppression können histologisch nachweisbar sein, bevor sich klinisch eine Funktionsabnahme der Niere einstellt. Auch dabei zeigt es sich wieder, daß der Grad der Schäden, insbesondere jener der glomerulären Basalmembranen, mit der Histocompatibilitätsdiskrepanz zunimmt. Zu den ersten klinischen Manifestationen gehört die Proteinurie. Als Folge der progressiven Obliteration der Gefäßlumina im Verlaufe einer chronischen Abstoßung vermindert sich die renale Perfusion. Schließlich kommt es zur Fibrose des Nierenparenchyms und Atrophie der Tubuli. Als Folge der Nierenfunktionsstörung kann ferner tertiärer Hyperparathyreoidismus mit Knochendystrophie auftreten. Wie weit solche Spätschäden die Langzeitergebnisse der Nierenhomotransplantation in Frage stellen, bleibt abzuwarten.

Als Äußerung des akuteren Abstoßungsvorganges lagern sich Plasmazellen an Endothelien der intertubulären Nierencapillaren an. Cytoplasmatische Kontinuität tritt auf. Die Endothelzellen werden voneinander getrennt und es erfolgen Extravasate von Erythrocyten, Plasmazellen und Lymphocyten in das Nierenparenchym. Der Funktionsabfall wird durch inadäquate Behandlung von Abstoßungskrisen und suboptimale Dosierung mit Azathioprin begünstigt. Abstoßung geht mit Schwellung der Niere und Schmerzhaftigkeit, Fieber, Tachykardie, Malaise, Leukocytose, Blutdrucksteigerung, Lymphocyturie, Thrombopenie und abrupt abnehmender Nierenfunktion einher. Sofortige Verstärkung der Immunosuppression, meist durch Erhöhung der Prednisolondosis, ist angezeigt.

Selten wird bei der Nierentransplantation eine *hyperakute Abstoßung* beobachtet [177]. Es kommt dabei *in tabula* unmittelbar nach der Öffnung der Zirkulation zu irreversibler Schädigung der Niere durch intravasculäre Thrombosen. Man nimmt an, daß in diesen Fällen bereits vor der Transplantation zirkulierende Antikörper vorhanden sind. Sie können durch Schwangerschaft, Bluttransfusion oder eine vorherige Transplantation hervorgerufen sein. Diese Antikörper binden sich an Antigene in den Gefäßendothelien. Dadurch kommt es zur Anlagerung von Thrombocyten, welche mit Adenosin-Diphosphat-Freisetzung einhergeht. Mehr Blutplättchen aggregieren; Blutgerinnung und Fibrinablagerung in den thrombosierenden kleinen Arterien, Arteriolen und Glomerula sind die Folgen. Ein Beweis für diese Theorie kann im Abfall der Thrombocyten im venösen Blut solcher Nieren gesehen werden. Er manifestiert sich innerhalb Minuten nach der Revascularisierung. Auf Grund der Ähnlichkeit dieser Erscheinungen mit der generalisierten Shwartzman-Reaktion hat man auch bakterielle Endotoxine als auslösende Faktoren angesehen. Heparin kann möglicherweise die hyperakute Abstoßung von Nierenhomotransplantaten bei Patienten mit präformierten Antikörpern verhindern, sofern es gleichzeitig mit der Wiederherstellung der arteriellen Zirkulation verabreicht wird. Es hemmt die intravasculäre Thrombocytenaggregation, welche die Organschädigung auslöst. Hyperakute Abstoßungsreaktionen sollten auch zu verhüten sein, wenn vor der Transplantation geprüft wird, ob das Serum des Empfängers cytotoxische Antikörper gegen Lymphocyten des prospektiven Spenders enthält.

Ein interessantes Problem, das sich im Zusammenhang mit lange überlebenden Nierenhomotransplantaten stellt, ist jenes der *Adaptation*. Der Begriff stammt von Woodruff und bezieht sich auf die Anpassung, die in manchen dieser Fälle zwischen Transplantat und Wirt zustande zu kommen scheint. Dabei kann die Behandlung mit Immunosuppressiva verringert und — bei Hunden des öfteren — ganz abgesetzt werden. Ferner wurde beobachtet, daß trotz langem Funktionieren einer Niere die später transplantierte zweite Niere des gleichen Spenders abgestoßen wurde [300]. Auch werden — unter Erhaltung der Nierentransplantate — Hauttransplantate des Spenders solcher Nieren oft nahezu normal verworfen. Die Empfänger sind also gegen dessen Transplantationsantigene nicht tolerant. Die leichte Verzögerung dieser Abstoßung stand mit der immunosuppressiven Behandlung in Zusammenhang. Nach deren Abbruch wurden Hauttransplantate von Nierenspendern beschleunigt (als Zweittransplantate) und von Drittspendern normal abgestoßen. In Hypothesen über den Mechanismus der Adaptation wird erwogen, daß die Gefäßendothelien der transplantierten Niere durch vom Wirt stammende Elemente ersetzt werden, daß Empfängerantikörper Spenderendothelien überziehen und so deren antigene Wirksamkeit aufheben, oder daß celluläre Immunogene verloren gehen. Schwer zu erklären ist, wieso heterotope Retransplantation solcher Nieren ebenfalls eine Abstoßung nach sich zieht. Auch verlieren diese Nieren ihre Transplantationsantigenität nicht und erwerben ebensowenig jene des Empfängers. Sie funktionieren normal, wenn sie nach langem Aufenthalt im Wirt wieder in den Spender implantiert werden.

Wenn wir im vorangehenden die mannigfaltigen Probleme der Nierentransplantation geschildert haben, so darf nicht vergessen werden, daß dieser Eingriff heute weitgehend als Routineprozedur angesehen werden darf, welche einem guten Teil der Patienten ein normales Leben über viele Jahre ermöglicht.

Mit *Heterotransplantaten* sind die Erfahrungen bedeutend geringer. Im allgemeinen ist dabei die Abstoßung akut, schwer zu beeinflussen und um so heftiger, je größer die genetische Disparität ist. Aber auch hier liegen klinische Ergebnisse vor, die als erstaunlich gut bezeichnet werden müssen. Schimpansen-, Rhesus- oder Paviannieren ermöglichten während Monaten das Leben der Empfänger. Die neben den immunologischen Problemen auftretenden anderen Elektrolyt-Ausscheidungsverhältnisse führten beispielsweise dazu, daß ein Patient, der zwei Affennieren erhalten hatte, am Tag danach 54 l Urin ausschied. Eine geringere Posttransplantationsdiurese wird auch nach Homotransplantaten beobachtet. Sie ist vorübergehend und mit verminderter tubulärer Rückresorption von Na^+ und Glucose verbunden. Als Markstein, aber auch als nicht wiederholbare Ausnahme gilt ein Patient von Reemtsma, der neun Monate dank einem Schimpansen-Heterotransplantat überlebte [274a].

Je größer bei Heterotransplantaten die Speciesunterschiede sind, mit um so weniger gemeinsamen Antigendeterminanten kann gerechnet werden. Präformierte Antikörper (z. B. auf kreuzreagierenden Antigenen beruhend) sind für hyperakute Abstoßungen verantwortlich. Überhaupt ist bei Heterotransplantaten das Verhältnis von cellulärer zu humoraler Immunität zunehmend zu Gunsten der Letzteren verschoben. Eine Ausnahme machen hier vielleicht Hautheterotransplantate, denn bei Mäusen ermöglichen hohe Dosen von ALS das Überleben von Ratten- und selbst menschlicher Haut [186].

Die Überwindung der Immunreaktion gegen Heterotransplantate wird Schwierigkeiten wie Organmangel, Organerhaltung und die ethische Problematik der Organentnahme von Menschen aus dem Weg räumen. Der Weg zur Durchführung von Transplantationen als Routinebehandlung wäre frei.

Die Nierentransplantation hat sich von einer als ultima ratio *ausgeführten Notoperation zu einer klinischen Routineprozedur entwickelt. Die Standard-Behandlung mit der Kombination von Azothioprin und Prednisolon trug wesentlich dazu bei. Die Einjahresüberlebenszeiten von Verwandten-Nieren betragen derzeit ca. 90%, von Leichennieren ca. 50%. Todesfälle treten vorwiegend in der Frühphase auf und sind meistens durch Sepsis bedingt. Nierenheterotransplantate sind (trotz eines Erfolges) noch nicht durchführbar.*

B. Herz

Selten hat eine medizinische Errungenschaft die Weltöffentlichkeit so beschäftigt, wie die erste klinische Herztransplantation. Ließ sich das Herz, der mythische Sitz des Lebens, ersetzen und erneuern, so war mit einem Mal die Möglichkeit greifbar, den Tod nahezu beliebig hinauszuzögern. Aber der Bewunderung für diesen Fortschritt war auch etwas Scheu und Schrecken beigemischt, daß wir vielleicht mehr können, als wir verantworten können. Zu den beängstigenden Aspekten unbeschränkter Lebensverlängerung gehört zum Beispiel, daß mit der Verjüngerung des Kreislaufs keine solche des Gehirns einhergehen wird, dessen stetig fortschreitender Alterungsprozeß kein Tod mehr aufhält.

Vom praktischen Standpunkt und von den Mortalitätsstatistiken her betrachtet kommt aber der klinischen Herztransplantation auch deshalb eine besondere Bedeutung zu, weil die durch Coronarsklerose bedingten Herzerkrankungen heute eine der häufigsten Todesursachen sind.

Schon die frühesten Versuche zur Herztransplantation, in denen das homologe Organ heterotop in den Halsbereich von Hunden übertragen wurde, zeigten, daß auch trotz fehlender Innervation die Kontraktionsfähigkeit für kurze Zeit erhalten bleiben konnte. Mit der Einführung von Herz-Lungenmaschinen, die Kreislauf und Atmungsfunktion gewährleisteten, wurde auch die orthotope Herztransplantation möglich. Einen wesentlichen Fortschritt bedeutete die von Lower und Shumway eingeführte Vereinfachung der Operationstechnik [199]. Sie besteht darin, daß die Basis des Empfängerherzens, bestehend aus den Hinterwänden der Vorhöfe samt Septum, *in situ* belassen wird. Dadurch reduziert sich die Zahl der notwendigen Anastomosen; außer den Vorhöfen müssen nur Aorta und die Pulmonalarterie von Spender und Empfänger verbunden werden. Unter Verwendung dieser Technik wurde die Funktion transplantierter Hundeherzen untersucht. Wesentliche Teile der afferenten Innervation samt den in der Atriumhinterwand gelegenen Barorezeptoren blieben erhalten. Die Nahtlinie verläuft unter Schonung des Sinusknoten im Spenderherzen. Die Funktion der auf diese Weise transplantierten Herzen war gut. Sie vermochten sich unterschiedlicher physiologischer Belastung weitgehend anzupassen. Überdies wurde festgestellt, daß es im Verlaufe von Monaten auch zur autonomen Reinnervation kam mit entsprechenden Reaktionen auf nervöse Reize. Autotransplantate funktionierten dauernd und ermöglichten ihren Wirten ein normales Leben. Dadurch war erwiesen, daß der Eingriff technisch durchführbar war und zu Langzeiterfolgen führen konnte.

Natürlich war die Situation bei Homotransplantaten verschieden. Hier überlebten die Empfänger ohne immunosuppressive Behandlung zwischen 3 und 21 Tagen, im Mittel ungefähr sieben Tage. Der Tod erfolgte merkwürdig abrupt, die Verschlechterung des Zustands setzte aus vollem Wohlbefinden akut ein und führte oft innerhalb von 24 Stunden zum Tode. Neben Allgemeinsymptomen und Arrhythmien lieferte auch das Elektrokardiogramm (low voltage mit Verkleinerung der R-Zacke) Anhaltspunkte für den Abstoßungsvorgang.

Die Verwerfung ließ sich bei einem beträchtlichen Teil der Hunde durch Immunosuppressiva verzögern, wobei wie üblich Azathioprin und Prednisolon eingesetzt wurden. Abstoßungsepisoden sprachen auf immunosuppressive Therapie an und die Elektrokardiogramme zeigten, daß pathologische Veränderungen zurückgehen konnten.

Allerdings traten auch bei den dank der Immunosuppression überlebenden Herzen im Verlaufe der Monate schwerwiegende pathologischanatomische Veränderungen auf, die durch Medianekrosen und vor allem durch Intimaverdickungen zur weitgehenden oder völligen Okklusion der großen und mittleren Coronararterien führten. Auch Myokardnekrosen setzten dann ein; interessant ist, daß das Herzklappengewebe nur gering oder gar nicht betroffen wurde.

Diese experimentellen Befunde wiesen somit bereits auf den Verlauf der klinischen Transplantationen hin. Es konnte bei einer geringen Operationsmortalität mit einer relativ hohen Rate von primär gut funktionierenden Herztransplantaten gerechnet werden. Die Prognose bezüglich der Spätergebnisse mußte hingegen schlechter gestellt werden, sofern nicht besonders günstige Histocompatibilitätsverhältnisse die chronische Abstoßungsreaktion anhielten. Es ist auch in Betracht zu ziehen, daß die gleiche immunosuppressive Therapie die Homotransplantatreaktion gegen Herzen schlechter zu unterdrücken scheint als gegen Nieren [24]. Andererseits ist die Transplantationsimmunität gegen Herzen nicht so stark wie jene gegen Haut [14].

Das Hauptproblem, das sich den meisten Chirurgen stellte, wenn sie einen Herzersatz bei hoffnungslosen Fällen von therapierefraktärer Myokardinsuffizienz erwogen, betraf die Beschaffung des Spenderherzens. Ein binnen dreißig Minuten nach Eintritt des Todes entnommenes Herz ließ sich zwar wieder zum Schlagen bringen, aber es stellte sich die Frage, ob der Spender eines solchen wiedererweckbaren Herzens als Leiche angesehen werden durfte, und ferner, ob die zur Verfügung stehende Zeitspanne für die Operation ausreichte. Auf die damit verbundenen Probleme der Definition des Todeszeitpunktes werden wir später noch eingehen, ebenso auf jene der Erhaltung von zu transplantierenden Organen in funktionsfähigem Zustand.

Die erste klinische Herzhomotransplantation wurde 1967 von Barnard ausgeführt [15]. Bei einer früheren Heterotransplantation in einen allerdings moribunden Empfänger hatte ein Schimpansenherz während zwei Stunden gearbeitet [138]. Das menschliche Herzhomotransplantat funktionierte hingegen vorerst gut und die hämodynamischen Verhältnisse des Patienten verbesserten sich. Als er nach 18 Tagen an einer unter der immunosuppressiven Behandlung fulminant verlaufenden, durch *Klebsiella* und *Pseudomonas* verursachten Lungenentzündung und Sepsis starb, wies sein Herz keine Zeichen der Abstoßung auf. Bei einem weiteren Patienten konnten mehrere Abstoßungskrisen erfolgreich kontrolliert werden, zum Teil unter Anwendung von ALG. Dieser Patient überlebte über anderthalb Jahre und erlag schließlich der Abstoßung des transplantierten Herzens. Er — wie auch andere Paradepatienten der klinischen Herztransplantation — vermochte während dieser Zeit über längere Perioden ein lebenswertes Leben mit weitgehend kompensierter Herzfunktion zu führen.

Die Autopsie des transplantierten Herzens, das von einem 24jährigen Mann ohne jeden Anhaltspunkt für Atherosklerose stammte, ergab, daß sich in den $19^1/_2$ Monaten, während denen es im neuen Wirt arbeitete, schwerste atheromatöse Gefäßveränderungen ausgebildet hatten [326]. Sie betrafen auch den übertragenen Stumpf der Aorta. Der Hauptbefund bestand in einer massiven Cholesterol-Ablagerung in der Intima sämtlicher — auch kleinsten — extramuralen Coronararterien. Plasmazellen wiesen auf eine immunologische Genese der Veränderung. Möglicherweise war eine erhöhte Durchlässigkeit für Cholesterol dafür verantwortlich. Das transplantierte Herz mußte an einer massiven Einschränkung der Durchblutung zugrunde gehen.

Zwei Jahre nach diesen ersten Herztransplantationen ist trotz einzelner Erfolge eine Ernüchterung eingetreten. Es hat sich gezeigt, wie gefährlich es sein kann, klinisch in Neuland vorzustoßen, bevor die experimentellen Grundlagen gesichert sind. Das Bild der Gesamtstatistik der bisherigen Herztransplantationen ist dadurch getrübt, daß Kliniken ohne genügende Erfahrung in der operativen Technik und der Durchführung einer wirksamen aber verträglichen Immunosuppression *à tout prix* dabei sein mußten. Frühtodesfälle dürften teilweise dadurch bedingt sein, daß *in extremis* operierte und chronisch kranke Patienten nicht mehr über die Reserven verfügten, den Eingriff zu überstehen. Ernüchternd wirkt aber auch die Statistik einer Klinik mit beträchtlicher Erfahrung und relativ großem Krankengut. Die mittlere Überlebenszeit einer Gruppe von 15 Herzempfängern in Houston betrug 89 Tage [227]. Zwei der 15 Herzempfänger hatten zu einem gegebenen Zeitpunkt überlebt gegenüber 15 von 42 Kandidaten. Demgegenüber waren in einer anderen Klinik (Stanford University) nach drei Monaten alle der auf ein Herz wartenden Transplantationskandidaten verstorben, währenddem 40% der transplantierten Patienten lebten (35% davon noch nach einem Jahr).

Insgesamt wurden bis Sommer 1970 Herztransplantationen bei 165 Menschen ausgeführt mit 22 Überlebenden. 26 Patienten hatten länger als ein Jahr überlebt. Der am längsten Überlebende befand sich zu diesem Zeitpunkt nach zwei Jahren in gutem Zustand. Frühtodesfälle beruhten vorwiegend auf Infektionen, Spätmißerfolge auf Abstoßung, wobei obliterative Gefäßläsionen häufig, aber nicht obligatorisch auftraten. Es ist anzunehmen, daß die Mortalität gesenkt werden kann, und es darf daran erinnert werden, daß die Ergebnisse der Nierentransplantation in den ersten Jahren nicht weniger bescheiden aussahen. Im Augenblick spricht allerdings manches dafür, daß Herztransplantate empfindlicher gegenüber der Abstoßungsreaktion sind als Nieren.

Sicher ist heute die Herztransplantation noch eine Notfalloperation mit schlechter Prognose. Und trotzdem ist für einige Patienten das Ziel der klinischen Herztransplantation erreicht, die Verlängerung eines lebenswerten Lebens. Es ist begreiflich und berechtigt, daß diese Möglichkeit den Entscheid des Chirurgen beeinflußt, auch wenn er sich darüber im klaren ist, daß es sich um ein Experiment mit unsicherem und derzeit letzlich ungünstigem Ausgang handelt. Solange die Aussicht besteht, daß er mit seinem Eingriff wenigstens einen Teilerfolg erzielt, kann er nicht darauf warten, bis einmal die perfekte Histocompatibilitätsübereinstimmung oder die Toleranz-Induktion erreicht ist. Natürlich darf sein Entscheid nie von Publizitätserwägungen beeinflußt sein. Er trägt aber die Verantwortung für einen oft gar nicht alten Patienten, der im Terminalstadium einer irreversiblen Herzkrankheit ist und dessen meist unmittelbar bevorstehender Tod sonst nicht zu verhindern ist.

Auch beim Menschen hat sich die experimentelle Beobachtung bestätigt, daß die Spätabstoßung relativ abrupt einsetzen kann. Sie geht mit endothelialer Proliferation und Verfettung einher. Myokarditische Befunde überwiegen bei akuter postoperativer Abstoßung. Funktionsausfall unter ein bestimmtes Niveau bedeutet hier Tod, im Gegensatz etwa zu einem Organ wie der Niere, deren vollständiger Ausfall durch Hilfsmaßnahmen wie Dialyse kompensierbar ist. Handhaben zur Früherkennung der Abstoßung, bevor sie sich klinisch als Malaise und in Insuffizienzerscheinungen äußert, wären von Nutzen. Elektrokardiographische Veränderungen (abnehmende QRS-Voltage) und Enzym-Anstieg liefern Hinweise. Eine signifikante Verbesserung der Ergebnisse wäre auch hier an die Verfügbarkeit von spezifischeren und verträglicheren Methoden der Immunsuppression bzw. an die Verwendung von Spenderorganen mit einem hohen Grad von Histocompatibilität gebunden. Um die zweite Forderung zu verwirklichen, werden verbesserte Methoden zur Organkonservierung unumgänglich sein. Beim Herzen könnte zur Lösung des Problems Organbank auch an die Erhaltung arbeitender Herzen durch Implantation in Zwischenwirte gedacht werden. Wird die Toleranzinduktion gegenüber Heterotransplantaten möglich, so brächte wohl die Verwendung tierischer Herzen die Lösung, auch jene der sonst unüberwindlichen Diskrepanz zwischen vorhandenen und benötigten Herzen. Welche Spenderspecies dafür am ehesten geeignet wäre, läßt sich noch nicht sagen. Zu den in Frage kommenden gehören Affen, Schweine und Kälber.

Interessant ist der Vorschlag, nur Ventrikel zu transplantieren [36]. Sie wären dem *in situ* belassenen Empfängerherzen parallel geschaltet und würden die Funktion von dessen linken Ventrikeln mit übernehmen. Dazu müßten die linken Vorhöfe vereinigt werden. Abstoßung des Ventrikeltransplantats hätte nicht den Tod des Empfängers zur Folge.

Vielleicht gelingt es auch, mechanische Vorrichtungen zu entwickeln, welche kranke und funktionsuntüchtige menschliche Herzen zu ersetzen vermögen. Vorläufig stehen der Entwicklung solcher künstlicher Herzen zwei Hauptprobleme im Wege: einmal jenes der Anpassung an die verschiedenen Anforderungen von Lungen- und Körperkreislauf und zweitens jenes der unerschöpflichen Energiequelle. Das Rennen zwischen „mechanischem Mensch" und „Herzchimäre" ist aber offen.

Die Alternative mechanischer Ersatz oder Heterotransplantat stellt sich auch bei Erkrankungen der Herzklappen. Es ist noch nicht ermittelt, ob besonders sterilisierte und präparierte Klappen von Leichen zu besseren Langzeitergebnissen führen als unbehandelte Klappen oder künstliche Ventile. Das zellarme Klappengewebe ist weniger durch Abstoßung als durch Verkalkung und Infektion gefährdet. Demgegenüber stehen bei künstlichen Ventilen thromboembolische Komplikationen als die Ursache von Mißerfolgen im Vordergrund. Auch die Rekonstruktion der Klappen aus autologer Fascia lata hat sich bewährt. Während zum Ersatz von Teilen großer Gefäße wie der Aorta Dacronprothesen vorgezogen werden, lassen sich mittelgroße Arterien besser (sofern keine geeigneten autologen Venen zur Verfügung stehen) durch besonders präparierte Halsarterien von Kälbern ersetzen. Auch gegenüber Arterien kommt es somit nicht unbedingt zu einer ausgesprochenen Abstoßungsreaktion. Als noch widerstandsfähiger erweisen sich unter bestimmten Versuchsbedingungen Venenhomotransplantate.

Die klinische Herztransplantation muß noch als experimenteller Eingriff betrachtet werden. Die Einjahresüberlebensrate liegt lediglich bei ca. 15%. Größere Empfindlichkeit gegenüber der Abstoßungsreaktion, Wiederauftreten der Grundkrankheit (Atheromatose der Coronararterien) im transplantierten Herz und die Tatsache, daß ein partieller Funktionsausfall früher zum Tode führt, als z. B. bei Nieren, mögen dafür verantwortlich sein. Einzelne Erfolge dürfen aber als ermutigend betrachtet werden. Neben chirurgischen und immunologischen Problemen bestehen auch ethische und legale im Zusammenhang mit der Entnahme der Spenderherzen.

C. Leber

Vorerst wurde die experimentelle Leberhomotransplantation, wie jene der Nieren, an Hunden durchgeführt. Die technischen Schwierigkeiten waren dabei größer. Die Leber hatte auch eine geringe Widerstandsfähigkeit gegenüber Aufbewahrung außerhalb des lebenden Körpers. Bald zeigte sich, daß ein großer Teil der frühzeitigen, meist mit Gerinnungsdefekten einhergehenden Mißerfolge auf Verwendung von bereits geschädigten Lebern zurückging. Erst als Methoden erarbeitet waren, die eine Erhaltung der Leberfunktion über mehrere Stunden nach der Entnahme des Organs erlaubten, stand genügend Zeit für den schwierigen Eingriff zur Verfügung und vermochte das Organ seine Aufgabe zu erfüllen.

Die Verwendung einer anderen Versuchstierart führte zu einer interessanten Beobachtung. Schweine wurden gewählt, weil bei ihnen der hepatische Ausfluß im Gegensatz zu Hunden nicht durch Sphincteren in der Vena hepatica behindert werden konnte. Obwohl die postoperative Mortalität der Schweine vorerst hoch war, zeigte sich, daß hin und wieder Empfängertiere von Leberhomotransplantaten ohne jegliche Immunsuppression langfristig, d. h. Monate oder Jahre überlebten [276].

In der Annahme, daß dieses Vorkommnis Hinweise oder gar einen Schlüssel zur Erzielung immunologischer Toleranz liefern könnte, wurde die Leberhomotransplantation bei Schweinen experimentell weiterbearbeitet. Technische Probleme, wie Tod an Blutungen aus kardianahen Magengeschwüren, konnten bald durch Vagotomie und gastroduodenale Anastomose verhindert werden.

Es zeigte sich in der Folge, daß nicht nur die Lebertransplantate selbst überlebten, sondern daß sie auch gleichzeitig oder danach übertragene Organe des gleichen Spendertieres vor einer normalen Abstoßung bewahrten [54]. Schweine stoßen sonst Haut-, Nieren- und Herzhomotransplantate normal ab. Der Schutz durch ein Leberhomotransplantat war besonders ausgeprägt für Nieren, die ebenfalls dauernd erhalten bleiben konnten. Etwas geringer war der Schutz für auxiliäre Herzhomotransplantate und relativ am schwächsten für Haut. Die Spezifität dieser Toleranz wurde mittels Haut- und Nierentransplantaten von Drittspendern geprüft. Diese Transplantate wurden zum Teil normal abgestoßen. Auch auxiliär transplantierte homologe Lebern vermittelten spenderspezifische Toleranz, sofern sie 24 Stunden im Empfänger belassen wurden, aber nicht nach Entfernung innerhalb zweier Stunden.

Der Mechanismus dieses Schutzeffektes ist noch nicht geklärt. Eine anhaltende Wirkung von Leberzellen oder Elementen des hepatischen reticuloendothelialen Systems ist unwahrscheinlich, nachdem die Toleranz auch nach Entfernung einer akzessorischen Leber besteht, und ebenso durch intraperitoneale oder intraportale Injektion von Leberextrakten erhalten wird. Damit verlieren auch Zusammenhänge mit Beobachtungen, wonach direkt in den Portalkreislauf gelangende Antigene Toleranz statt Immunität erzeugen können, an Bedeutung zur Erklärung des Phänomens.

Es ist aber denkbar, daß die Leber Antigene in einer Toleranz induzierenden Form abgibt. Die relative geringe immunisierende Fähigkeit von Leberextrakten und ihre Eigenschaft, die Antigenität beispielsweise von Milzextrakten zu blockieren, könnte in dieselbe Richtung weisen. Eine gewisse Analogie läßt sich auch zu Ovartransplantaten sehen. Auch besteht die Möglichkeit, daß die Überschwemmung des Wirtes mit spenderspezifischen von der Leber gebildeten Proteinen zur Toleranz führt.

Es ist noch nicht endgültig entschieden, ob nur die *Schweineleber* oder die Leber überhaupt ein privilegiertes Organ ist. Auch bei einem Rhesusaffen überlebte ein Leberhomotransplantat ohne Immunosuppression. Beim weniger widerstandsfähigen Hund sind Homotransplantate von Lebern wegen der hohen Rate an postoperativen Komplikationen schwer zu beurteilen. Immerhin scheint die Rate von Langzeitüberlebenden bei Hunden mit Leberhomotransplantaten höher zu sein als nach Nierenhomotransplantation unter vergleichbarer immunosuppressiver Behandlung. Vier Jahre nach dem Empfang einer homologen Leber und dreieinhalb Jahre nach Beendigung der immunosuppressiven Behandlung waren Hunde völlig wohlauf [311].

Die Erfahrungen mit klinischer Leberhomotransplantation sind noch zu gering, um eine definitive Stellungnahme zu erlauben. In einer Serie von 33 Patienten Starzl's in Denver hatten bis Sommer 1970 neun länger als ein Jahr überlebt. Dabei handelte es sich z. T. um Kinder mit kongenitaler Gallengangatresie. Fünf andere dieser Patienten mit Leberkrebs starben nicht an Transplantatabstoßung, sondern an Rezidiven mit generalisierter Carcinomatose. Ein Patient von Calne lebt jedoch 18 Monate nach Lebertransplantation wegen Hepatom ohne Rezidiv. Ein Patient Starzl's mit Gallengangatresie überlebt nach $2^{1}/_{4}$ Jahren. Dennoch können Spätabstoßungen auftreten, besonders nach Absetzung der Behandlung mit ALG. Die Kombination von Azathioprin und Prednisolon wird von Patienten mit Lebertransplantaten schlechter ertragen als von Nierenempfängern.

Der Aufwand für Lebertransplantationen ist groß und der Eingriff ist im Gegensatz zur Nierentransplantation noch im Pionierstadium. Die Aussicht besteht aber, daß auch hier der Übergang zur Routineprozedur in nicht zu ferner Zukunft liegt.

Erfreuliche Perspektiven würde die Lebertransplantation auch der Behandlung kongenitaler Stoffwechselstörungen eröffnen. Die transplantierte Leber behält auch im Milieu des Empfängers ihr eigenes Stoffwechselmuster. So konnte klinisch ein therapieresistenter Fall der Wilsonschen Krankheit (Störung des hepatischen Kupferstoffwechsels) durch orthotope Lebertransplantation geheilt werden [88a]. Erfolgreich verliefen auch Versuche, bei denen Lebern zwischen zwei Hunderassen ausgetauscht wurden, wovon die eine — es handelte sich um Dalmatinerhunde — an einer durch abnormen Leberstoffwechsel bedingten Gicht litt. Nach der kreuzweisen Transplantation erkrankten die normalen Hunde an Gicht, während die Dalmatiner davon geheilt waren [301].

Zur Überbrückung von schweren akuten aber zeitlich begrenzten Ausfällen der Leberfunktion würde sich auch die auxiliäre heterotope Lebertransplantation anbieten. Versuche dieser Art sind noch im experimentellen Stadium. Wurde dabei die eigene Leber *in situ* belassen, so wurde eine Art Konkurrenz gesehen, die sich für die transplantierte Leber deletär auswirkte.

Perfusion heterologer Lebern mit dem Blut von im Leberkoma befindlichen Patienten hat ebenfalls Aussicht, einmal erfolgreich angewendet zu werden. Es bleibt allerdings abzuwarten, wie lange ein Mensch durch das für eine heterologe Species charakteristische Stoffwechselmuster am Leben erhalten werden kann.

Vereinzelt werden auch bei klinischer Lebertransplantation gute Erfolge gesehen. Bei Schweinen scheint die Leber ein immunologisch privilegiertes Organ zu sein, denn Homotransplantate können ohne Immunsuppression überleben und für andere Organe des gleichen Spenders Toleranz erwirken.

D. Lunge

Im Gegensatz zu dem durch Arteriosklerose verursachtem Herzversagen ist die respiratorische Insuffizienz eine häufige Todesursache bei sonst gesunden Patienten. In den USA sterben beispielsweise allein an Lungenemphysem rund 50 000 Menschen pro Jahr, gegenüber ungefähr 15 000 Todesfällen durch Lebererkrankungen. Die revolutionierenden Auswirkungen der Lungentransplantation sind unschwer einzusehen. Die Lunge ist zudem gegenüber Ischämie etwas widerstandsfähiger als Leber und Herz, so daß Leichenlungen ohne die besonderen beim Herzen vorhandenen Probleme verwendet werden könnten. Bisher stehen aber der breiteren klinischen Einführung der Lungentransplantation noch Schwierigkeiten im Weg. Immerhin ist seit den frühen Fünfzigerjahren ein guter Teil der Pionierarbeit geleistet worden. Sie bestand einmal in der Ausarbeitung der operativen Technik, sowie der Erprobung der Funktion von reimplantierten Lungen. Operativ stellte die direkte Anastomose zwischen Pulmonalvene der Spenderlunge mit dem linken Vorhof des Empfängerherzens einen wichtigen Fortschritt dar. Dadurch ließen sich die sonst häufig fatalen Thrombosen der Pulmonalvenen verhindern.

Weitere wichtige Fragen, die mittels Autotransplantaten bei Hunden experimentell abgeklärt wurden, betrafen die Rolle der lymphatischen und nervösen Verbindungen und des Bronchialkreislaufs für die Funktion der transplantierten Lunge. Die Kontinuität der Lymphgefäße beginnt sich schon nach einer Woche wiederherzustellen. Anders verhält es sich mit der Innervation der transplantierten Lunge. 6—18 Monate und in einem Fall 35 Monate nach der Reimplantation waren in der transplantierten Lunge — trotz Nachweis von histologisch normalem Nervengewebe — keine Husten- und Lungendehnungsreflexe (Hering-Breuer) nachweisbar. Anzeichen für eine Regeneration des afferenten Lungenvagus nach mehr als vier Jahren liegen aber vor. Nach dieser Periode kehrten die Lungendehnungsreflexe zurück.

Überleben nach Autotransplantation beider Lungenflügel wie auch nach gleichzeitiger Herausnahme des zweiten Flügels oder Ligatur von dessen Pulmonalarterie war bisher nicht möglich. Immerhin konnte ein reimplantierter Lungenflügel das Leben gewährleisten, wenn die Exstirpation des kontralateralen Flügels um einige Wochen bis Monate aufgeschoben wurde. Neuere Versuche bei Hunden erbrachten aber den Beweis, daß die Mißerfolge nicht auf dem durch die Denervierung verursachten erhöhten Strömungswiderstand in der transplantierten Lunge beruhten, sondern daß die Anastomose die physiologische Anpassung an die veränderten Strömungsverhältnisse verunmöglichte. Dehnbare Anastomosen paßten sich dem erhöhten Druck an und führten zum Überleben auch bei Ligatur der kontralateralen Pulmonalarterie [333]. Die nervöse Versorgung ist für das Überleben somit nicht unerläßlich. Sie ist hingegen für die feinere Steuerung, Koordination und Anpassung der Atmung an Beanspruchungen wichtig. Nach Reimplantation nimmt die funktionelle Kapazität vorerst um ungefähr 50% ab. Nach 10 Tagen setzt dann aber eine Erholung ein und schließlich erreicht die Funktion wieder nahezu normale Werte. Wahrscheinlich sind auch sekundäre Folgeerscheinungen der Denervierung wie Veränderungen von Surfactant und Ciliaraktivität für die initiale Funktionsabnahme verantwortlich. Die bei Autotransplantaten vorerst auftretenden anatomischen Veränderungen, wie Verdickung der Alveolarwände und peribronchiale Fibrose, sowie die vaskuläre Stase fallen zeitlich mit der Funktionsabnahme zusammen. Schließlich mag auch die sogenannte „Vaguspneumonie" eine Rolle spielen. Es handelt sich dabei um einen Zustand von Atelektase, Lungenödem und Hepatisation, der bei Kaninchen, Meerschweinchen und anderen Tieren nach einer Vagotomie auftreten kann.

Die Unterbrechung des Bronchialkreislaufs scheint vertragen zu werden. Seine Funktion wird offenbar durch Anastomosen mit dem Pulmonalkreislauf gewährleistet.

Die Ventilation der transplantierten Lunge ist nur geringfügig vermindert. Die Funktionsabnahme betrifft hingegen die für den Gasaustausch verantwortlichen Mechanismen. Sauerstoffaufnahme und -sättigung sind verringert und die venöse Beimischung nimmt — wohl wegen Perfusion atelektatischer Lungenabschnitte — zu.

Die Lungenhomotransplantation wurde experimentell ebenfalls am Hund untersucht. Auch hier führte die kontralaterale Pneumonektomie unweigerlich zum Tod. Aber viele Tiere starben, trotzdem eine ihrer Lungen *in situ* belassen wurde, an den Folgen der Abstoßung. Diese Beobachtung zeigt die Gefährdung des Organismus durch systemische Effekte eines in Abstoßung begriffenen Organs. Allgemein kann daraus die Lehre gezogen werden, daß nach massivem Einsetzen eines Abstoßungsprozesses eine neue Transplantation versucht, bzw. — wie es bei der Nierentransplantation möglich ist — der organoprive Zustand durch Hilfsmaßnahmen wie Dialyse überbrückt werden soll.

Mit Immunosuppression — die besten Erfolge ergaben sich bisher bei einer Serie unter Verwendung von Methotrexat [37] — gelang es immerhin, einen Teil der Empfänger über längere Zeit am Leben zu erhalten. Aber die Funktion der transplantierten Lungen nahm dabei zusehends ab. Nach 1—2 Jahren war sie gänzlich verloren; die Lungen waren konsolidiert und in derbes Bindegewebe eingekapselt. Die frühen histologischen Anzeichen der Abstoßung bestanden in Ödem und perivasculären Infiltraten. Sie endeten in totaler Nekrose des Organs.

Die ersten klinischen Lungentransplantationen wurden 1963 bei zwei Patienten mit Lungencarcinom bzw. fortgeschrittenem Emphysem ausgeführt [139, 201]. Die Überlebenszeiten nach der Transplantation betrugen 18 und 7 Tage. Im ersten Fall wies die Lunge kaum Anzeichen von Abstoßung auf und der Tod erfolgte an Nierenversagen. Im zweiten und weiteren Fällen war aber eine Abstoßung offensichtlich. Immerhin wurde wenigstens vorübergehend eine Verbesserung der Atmungsfunktion erzielt.

Ein besonderes Problem bei der Lungentransplantation stellt die Einschleppung von Pathogenen mit dem transplantierten Organ dar, sowie die kaum zu verhindernde weitere Aufnahme mit der Atemluft. Unter immunosuppressiver Behandlung ist die Gefahr besonders groß, daß die Kontamination zu Pneumonien führt. Eine zusätzliche Infektionsgefährdung stellt der fehlende Hustenreflex und die damit verbundene Sekretstauung dar. Auch ein emphysematöser *in situ* belassener Lungenflügel kann die transplantierte Lunge in ihrer Funktion behindern und zum Kollaps bringen. Möglicherweise bewirken bereits relativ geringfügige Abstoßungsreaktionen Störungen der alveolären Diffusion, die funktionell zu einer Katastrophe führen.

Bisher (Sommer 1970) wurden 23 klinische Lungentransplantationen durchgeführt. Nur ein Patient starb nicht frühzeitig. Es handelte sich um einen an Silikose erkrankten 23jährigen Grubenarbeiter, der an terminaler Atmungsinsuffizienz litt und dank einer transplantierten Lunge über acht Monate mit deutlich verbesserter Atmungsfunktion überlebte [84].

Interessant sind auch Versuche, durch Lungenautotransplantation medikamentös unbeeinflußbare Fälle von Bronchialasthma zu bessern [226].

Bei der Lungentransplantation überwiegen noch deutlich die ungelösten Probleme.

E. Endokrine Organe und Pankreas

1. Endokrine Organe

Werden nur Drüsenfragmente transplantiert, so können die darin enthaltenen Hormonmengen wohl eine vorübergehende pharmakologische Wirkung ausüben. Es muß aber mit Entdifferenzierung und Funktionsabnahme gerechnet werden. Histologisch als „Erfolge" imponierende Transplantate brauchen funktionell nicht zu genügen.

Für die Richtigkeit von Halsted's Konzept, daß hormonale Insuffizienz einen fördernden Einfluß auf das Überleben eines endokrinen Transplantats habe, liegen keine Anhaltspunkte vor. Ohne immunosuppressive Maßnahmen wird transplantiertes endokrines Gewebe, wie andere Homo- oder Heterotransplantate, verworfen. Das gilt auch für tierische „Frischzellen".

Der Anreiz zur Transplantation mancher Drüsen wurde durch die Möglichkeit vermindert, erfolgreiche hormonale Substitutionstherapie zu treiben, wie beispielsweise für Nebennieren, Schilddrüse und Parathyreoidea. Die Transplantation von Ovarialgewebe in Diffusionskammern wurde unter anderem beim Turner-Syndrom angewendet und führte zu monatelanger hormonaler Funktion. Eine Restitution der reproduktiven Fähigkeiten nach Homotransplantation von Ovarien wurde bisher nicht beschrieben, liegt aber bei ausreichender Immunosuppression im Bereich des Möglichen. Das trifft auch für die homologe Übertragung adäquat vascularisierter Hoden zu.

2. Pankreas

Bei juvenilem Diabetes, dessen vasculäre und nephrologische Komplikationen nicht auf Insulin ansprechen, wären Pankreashomotransplantate die Behandlung der Wahl. Entsprechende Versuche liegen teilweise weit zurück, scheiterten aber bis vor kurzem regelmäßig. Die Selbstverdauung von nicht vascularisierten Pankreasfragmenten war eines der vielen technischen Probleme. Inselzellen oder von Insulinomen gewonnenes Gewebe vermochten ebenfalls nur kurzfristig den Blutzucker von beispielsweise durch Alloxan diabetisch gemachten Tieren zu senken.

Bei Hunden wurde in den letzten Jahren eine brauchbare Technik ausgearbeitet. Pankreas samt Duodenum werden dem Spender entnommen. Das Duodenum wird End-zu-Seit in eine Jejunumschlinge eingepflanzt unter Herstellung vasculärer Anastomosen. Die exokrine Funktion des Organs geht dabei nicht verloren. Voraussetzung für diese Technik war, den Pankreas über mindestens 2—3 Stunden funktionsfähig zu erhalten.

Erste klinische Anwendungen der pankreaticoduodenalen Transplantation führten mit monatelangen Überlebenszeiten zu ermutigenden Ergebnissen [194]. Der transplantierte Pankreas kontrollierte den Blutzucker, so daß auf weitere Insulingaben verzichtet werden konnte. Bei terminalen Nierenschäden wird gleichzeitig eine Niere übertragen. Pankreastransplantation erscheint somit für die Zukunft als durchaus durchführbar. Zu Optimismus berechtigt auch die Beobachtung, daß klinisch bisher nie eine Abstoßung des Organs für Mißerfolge verantwortlich war. Ob Pankreastransplantation zu Dauerheilungen bei kompliziertem Diabetes führen wird, dürfte von dessen Ätiologie abhängen. Sollten gegen Insulin gerichtete Antikörper eine pathogenetische Bedeutung haben und für die Gefäßläsionen verantwortlich sein, dann würden diese — wie bei den langfristigen Überlebenden mit isologen Nierentransplantaten, wo in manchen Fällen die Grundkrankheit im Transplantat wieder auftritt — auch durch die Pankreastransplantation nicht verhindert.

F. Thymus und Milz

1. Thymus

Experimentell lassen sich die Effekte der neonatalen Thymektomie durch Thymusimplantation beheben. Es war daher naheliegend, Thymustransplantationen bei Patienten mit immunologischen Insuffizienzsyndromen zu versuchen. Verschiedene Formen solcher Syndrome sind bekannt. Insuffizienz der humoralen Immunität (Agammaglobulinämie) oder der cellulären (Di George-Syndrom) oder kombinierte Formen können vorliegen (z. B. Swiss-Type-Agammaglobulinämie: lymphopenische Hypogammaglobulinämie). Patienten mit diesen Syndromen werden im allgemeinen im Kindesalter Opfer multipler Infekte. Erfolge sind vor allem beim Di George-Syndrom beschrieben. Es beruht auf einer Entwicklungsstörung von Strukturen, die von der dritten und vierten Kiemenbogentasche stammen und manifestiert sich in einer kongenitalen Aplasie von Thymus, Parathyreoidea, sowie in Anomalien der großen Gefäße. Einige Fälle dieser Krankheit wurden durch intramuskuläre Implantation von Fragmenten fetaler Thymi behandelt [6, 65], wonach es zu einer Verbesserung des klinischen Zustands und der immunologischen Reaktivität kam. Hauttransplantate wurden nun abgestoßen, die zu Kontaktekzem führende Hautsensibilisierung auslösbar und die Lymphocyten durch Phytohämagglutinin oder Antigene zur Blasten-Transformation stimulierbar. Es erwies sich ferner, daß die „Reaktor"-Zellen dabei vom Empfänger stammten, was im Gegensatz zur experimentellen Situation bei Mäusen steht, wo nach Thymektomie und Rekonstitution mit Thymus- und Knochenmarkzellen Zellen vom Spendertyp vorherrschten [78]. Offenbar tritt in den klinischen Fällen eine Beeinflussung von Wirtslymphocyten durch Thymusfaktoren ein.

Möglichst sorgfältige Spenderauswahl mit weitgehender Übereinstimmung der Histocompatibilitätsantigene im HL-A-System ist Voraussetzung dafür, daß keine schweren graft-versus-host-Reaktionen auftreten.

Auch ein Fall von Swiss-Type-Insuffizienz konnte durch kombinierte Implantation eines fetalen Thymus und von Knochenmarkzellen günstig beeinflußt werden [181].

Sowohl Knochenmarkzellen als auch Blutleukocyten von einer genetisch weitgehend compatiblen Schwester führten bei einem Kind mit kongenitalem lymphopenischen Immuninsuffizienzsyndrom (Stammzellendefekt?) zu einer Wiederherstellung von sowohl cellulär als auch humoral vermittelter immunologischer Reaktivität [120].

2. Milz

Eine der möglichen Indikationen für die Milztransplantation ist die Hämophilie. Die Milz vermag offenbar den antihämophilen Faktor (Faktor VIII) zu bilden, dessen Fehlen die Krankheit bewirkt. Bei Hunden mit kongenitalem Mangel an diesem Faktor waren dessen Werte im Blut nach Milzhomotransplantation über anderthalb Monate deutlich erhöht [254]. Graft-versus-host-Reaktionen stellten interessanterweise kein Problem dar. Die klinischen Erfahrungen sind erst gering, weisen aber ebenfalls auf die Möglichkeit, erhöhte Konzentrationen an Faktor VIII durch Milztransplantation zu erzielen [145]. Es muß aber noch abgeklärt werden, ob die Milz nur gespeicherten Faktor VIII abgibt, oder ob sie ihn tatsächlich bildet. Nach Berichten anderer Autoren wurde bei hämophilen Hunden nicht nach Übertragung normaler Milzen, sondern von Lebern die Blutungsbereitschaft vermindert [206].

Patienten mit Defektimmunopathien und fehlender Transplantationsimmunität lassen sich durch histocompatible Thymusimplantate klinisch bessern.

IX. Die Transplantation hämatopoetischer Zellen

A. Anwendungsbereich und Voraussetzungen

Außer zur Behebung hämatopoetischer Erkrankungen hätte die Transplantation blutbildender Gewebe noch zwei weitere wichtige Anwendungsgebiete. Das eine wäre die Behandlung von Strahlenschäden. Solche können unfallbedingt sein wie beispielsweise bei der kritischen Exkursion von Atomreaktoren. Bei Anwendung nuclearer Waffen wären sie in großem Ausmaß zu befürchten. Weiterhin ist die Transplantation blutbildender Zellen eine Bedingung zur Ermöglichung der „Superdosis"-Therapie mit Strahlen oder Chemotherapeutica bei malignen Tumoren. Die transplantierten hämatopoetischen Zellen würden die durch die Bestrahlung oder Cytotoxicität aufgehobene Knochenmarkfunktion wiederherstellen.

Die Wirkung blutbildender Zellen auf das Strahlensyndrom ist von der applizierten Strahlendosis abhängig. Bekanntlich wirkt sich ionisierende Bestrahlung je nach Dosis verschieden auf den Säugetierorganismus aus. Strahlendosen, die ca. 15 000 r übertreffen, führen zu akutem Tod durch irreversible Schädigung des Zentralnervensystems. Bestrahlung im Bereich von ungefähr 1500—15 000 r bewirkt den „gastrointestinalen Tod" durch Zerstörung des Epithels des Verdauungstraktes. Dadurch kommt es zu einer Reihe von Schäden, die sich als Ursachen des nach einigen Tagen eintretenden Todes ergänzen. Resorptionsstörungen, Verlust von Flüssigkeit, Elektrolyten und Eiweiß, Diarrhöen und Infektionen durch Darmbakterien gehören dazu. Strahlendosen im Bereich von rund 500—1500 r führen zum „Knochenmarktod". Er tritt subakut, d. h. nach einer Latenzzeit von ein bis zwei Wochen auf und ist durch die Zerstörung der blutbildenden Elemente im Knochenmark verursacht. Morphologisch äußert sich die Schädigung in chromosomalen Abnormitäten (Brüche, Ringformen, Translokationen etc.) und Polyploidisierung der Zellen. Reife Granulocyten, Blutplättchen und Erythrocyten gelten nicht als strahlenempfindlich, hingegen die peripheren Lymphocyten. Aber Thrombocyten und Granulocyten mit ihren kurzen Lebensspannen von einigen Tagen müssen ständig vom Knochenmark ersetzt werden. Dazu wird es unfähig. Das Fehlen der Granulocyten führt zu einer allgemeinen bakteriellen Invasion. Die niedrige Thrombocytenzahl bewirkt eine hämorrhagische Diathese. Infektion und Hämorrhagien sind demnach unmittelbare Todesursachen. Die Erythrocytopenie manifestiert sich dank der längeren Überlebenszeit der zirkulierenden Erythrocyten erst nach einer Latenzzeit. Die Knochenmarkräume sind leer und enthalten nurmehr stromale Elemente. Die Schwellendosen für Knochenmark- bzw. gastrointestinalen Tod variieren von Species zu Species. Das Dargelegte trifft vor allem für die Maus zu. Bei Ratten, Kaninchen und Meerschweinchen tritt der gastrointestinale Tod schon bei niedrigeren Dosen ein. Es ist daher schwerer, sie mit Knochenmark am Leben zu erhalten. Beim Menschen gleichen die Verhältnisse eher jenen bei der Maus, wobei er etwas empfindlicher zu sein scheint und dem Knochenmarktod im Bereich von 400—1000 r erliegt.

Daß die Schädigung der Hämatopoese die vorwiegende Todesursache nach bestimmten Strahlendosen ist, wurde schon 1903, also nur acht Jahre nach Entdeckung der Röntgenstrahlen von Heineke festgestellt [146]. Er beobachtete auch die Atrophie des lymphatischen Systems. Die Erkenntnis einer anderen wichtigen Strahlenwirkung datiert ebenfalls aus jener Zeit: 1908 zeigten Benjamin und Sluka [26], daß durch Bestrahlung die immunologische Reaktivität in Abhängigkeit von der Strahlendosis herabgesetzt wird.

Bestrahlung (oder Behandlung mit cytotoxischen Pharmaka) ist nicht nur eine Indikation, sondern im allgemeinen auch eine Voraussetzung für die Transplantation hämatopoetischer Zellen. Bei normalen, unbehandelten Empfängern führt nämlich die Injektion von blutbildenden Zellen nicht zu deren Angehen, auch dann nicht, wenn keine Histocompatibilitätsdifferenz zwischen Spender und Empfänger vorhanden ist. Man nimmt an, daß der im Knochenmark verfügbare Raum eine Rolle spielt. Ist er normal bevölkert, so kann offenbar keine Ansiedlung der neu zugeführten Zellen stattfinden. Erst die Entleerung der Räume durch Zerstörung der autochtonen Zellelemente erlaubt die Kolonisation durch fremde Zellen. Dasselbe Phänomen ist auch für antikörperbildende Milzzellen bei Mäusen beschrieben [57]. Die Funktion solcher isolog transplantierten Zellen war der Strahlendosis proportional, welcher die Empfänger vorher unterworfen worden waren. Je höher die im Dosisbereich von 0—500 r ausgeführte Bestrahlung war, um so ausgeprägter wurde die Besiedlung durch die transplantierten Milzzellen. Auch hier kann auf einen „Wettbewerb" zwischen den ansässigen und zugeführten Zellen um den verfügbaren Raum geschlossen werden. Zellen haben offenbar einen „Heimfindungsinstinkt". Sein Mechanismus ist im einzelnen nicht geklärt. Er ermöglicht aber transplantierten Zellen im Empfängermechanismus, das ihnen entsprechende Organ aufzufinden. Außerhalb dieser ihnen notwendigen Umgebung gelangen sie nicht zu einer adäquaten Funktion. Neben dieser vorherigen Ausräumung der für die transplantierten Zellen zur Verfügung stehenden Heimstätten im Empfänger durch Bestrahlung wurde auch eine vom Alter der Empfänger abhängige Transplantationsbarriere bei isologen Empfängern beschrieben. Mit zunehmendem Alter war die Ansiedlung antikörperbildender Zellen erschwert. Im Alter von zwei Monaten, also bei erwachsenen Tieren, erreichte dieser Widerstand bei Mäusen sein Maximum [57].

Störungen der Hämatopoese stellen eine Indikation für Knochenmarktransplantation dar. Durch Bestrahlung oder cytotoxische Pharmaka kann eine akzidentelle Panmyelophthise hervorgerufen werden. Todesursache sind dann Pancytopenie mit thrombopenischen Hämorrhagien sowie generalisierte Infektionen.

B. Ersatz des zerstörten hämatopoetischen Gewebes

1. Mechanismus der Wiederherstellung

Der Möglichkeit, Strahlenschäden und Strahlentod bei Versuchstieren durch Transplantation hämatopoetischer Zellen zu beeinflussen, galten schon frühzeitig sporadische Versuche. Chiari brachte 1912 autologes Knochenmark in die Milz eines Kaninchens, bestrahlte dieses nach einem Intervall und stellte fünf Monate später fest, daß das Knochenmarkdepot in der Milz des bestrahlten Kaninchens größer war, als jenes bei unbestrahlten Kontrollen [62]. 1922 beobachtete Fabricius-Möller nach Bestrahlung von Meerschweinchen einen Abfall der Megakaryocyten im Knochenmark. Er vermochte die sich daran anschließende periphere Thrombopenie durch Abschirmung von Skeletknochen zu verhindern [96]. Rekers versuchte 1950 die histopathologischen und hämatologischen Veränderungen sowie das Überleben von mit 350 r bestrahlten Hunden durch Knochenmarkinjektion zu beeinflussen [275]. Auch wenn sich keine eindeutige Wirkung feststellen ließ, war doch das Prinzip der Knochenmarkübertragung in bestrahlte Tiere formuliert.

Grundsätzlich können zwei Wege zur Behebung von Strahlenschäden auf lebendes Gewebe gesehen werden. Bei einem ersetzen neue Zellen die Geschädigten, durch den anderen würde ihre Funktion wiederhergestellt, wobei biochemische Methoden eingesetzt werden müßten. Auf die Frage des chemischen Strahlenschutzes können wir hier nicht eingehen. Auch ließen sich durch die erstere Ersatz-Methode viel deutlichere Effekte erzielen.

Die erste klare Demonstration hämatopoetischer Schutzwirkungen gegen letale Bestrahlung erbrachten 1949—1951 Jacobson u. Mitarb. [167, 168]. Sie zeigten, daß durch Abschirmung der Milz bei Mäusen während letaler Bestrahlung eine beträchtliche Schutzwirkung erzielt wurde, hingegen nicht durch Abschirmung anderer Organe wie Leber oder Darm. Der Schutzeffekt blieb auch erhalten, wenn die Milz eine Stunde nach Bestrahlung entfernt wurde. Jacobson ergänzte diese Beobachtung durch den Nachweis, daß auch die Implantation von Milzgewebe nach Letalbestrahlung die Überlebensrate erhöhte. In der Folge fand Lorenz [197], daß auch die intravenöse Injektion von Knochenmarkzellen Mäuse am Leben erhielt, die sonst einer tödlichen Ganzkörperbestrahlung erlegen wären. Dazu paßte der Befund, daß vor oder kurz nach der Letalbestrahlung hergestellte Parabiose bestrahlte Ratten vor dem Tod zu schützen vermochte [43].

Die auf breiter Basis unternommene Suche nach Mitteln zur Prophylaxe und Therapie der Strahlenschäden hatte damit zu Ergebnissen geführt, die innerhalb weniger Jahre eine Vielzahl weiterer Arbeiten anregte. Eine erste wichtige Frage betraf den Mechanismus der Schutzwirkung durch hämatopoetische Zellen. Zwei Hypothesen wurden während mehrerer Jahre in Erwägung gezogen. Einmal wurde angenommen, daß von dem implantierten Material eine *humorale* Wirkung ausginge, welche die darniederliegende Hämatopoese des Empfängers (beispielsweise im Sinne einer Erythropoetinwirkung) zur beschleunigten Regeneration anregen würde. Andererseits wurde die Vermutung ausgesprochen, daß das implantierte Gewebe zur Vermehrung gelangen könne und daß dementsprechend dessen Schutzwirkung auf *Proliferation* im Empfänger beruhe. Fast gleichzeitig wurde die Frage von verschiedenen Arbeitsgruppen zu Gunsten der cellulären Theorie beantwortet.

Lindsley u. Mitarb. [196] zeigten, daß der Antigentyp der Erythrocyten eines letal bestrahlten und mit fremdem Knochenmark behandelten Tieres mit jenem der Spender übereinstimmte. Einen eleganten Beweis für die celluläre Hypothese lieferten Ford u. Mitarb. [114]. Sie verwendeten als Spender Mäuse eines Stammes (T_6), deren Chromosomensatz ein markiertes Chromosom enthält. Bei als Empfänger dienenden letal bestrahlten CBA-Mäusen konnte nach der Transplantation das Weiterleben der T_6-Zellen im Knochenmark gezeigt werden.

Mit einer anderen Technik wurde von Nowell und Mitarb. [257] sowie Vos und Mitarb. [334] die celluläre Theorie erhärtet. Sie erzeugten heterologe Chimären, indem sie letal bestrahlte Mäuse durch Injektion des Knochenmarks von Ratten am Leben erhielten. Darauf demonstrierten sie in Knochenmark und peripherem Blut der Mäuse histochemisch die von Ratten stammenden Zellen, bei denen, im Gegensatz zu jenen von Mäusen, alkalische Phosphatase nachweisbar ist. Auch Hämoglobin-Elektrophorese kann unter Ausnützung der Verschiedenheiten der Hämoglobintypen verschiedener Mäusestämme oder Tierspecies zur Identifikation von transplantierten erythropoetischen Knochenmarkzellen dienen.

Für solche Tiere, die nach letaler Bestrahlung neben ihrem eigenen zusätzlich Gewebe fremder Individuen enthalten, prägte Ford den Ausdruck „radiation chimeras", d. h. Bestrahlungschimären. Entsprechend der genetischen Beziehung zwischen Empfänger und Spender gibt es isologe, homologe oder heterologe Chimären.

Der Chimärismus kann verschiedene Grade von Stabilität zeigen. Früher oder später mag der Anteil an fremden Zellen zurückgehen. Man spricht dann von partieller oder kompletter Reversion. Dabei ergeben sich eine Vielzahl von Möglichkeiten. Beispielsweise kann ein Zelltyp persistieren (Granulocyten), währenddem ein anderer (Erythrocyten) vollständig revertiert. Die Stabilität eines Chimärismus dürfte vom Ausmaß der Schädigung abhängen, welcher das Wirtsknochenmark unterworfen wurde. Nach sehr hohen Strahlendosen wird die Wahrscheinlichkeit, daß autochthone Elemente überleben und sich erholen, geringer sein. Ein Tier kann also auch dauernd Chimäre bleiben (Abb. 14).

2. Hämatopoetische Zellen

Außer durch Knochenmark läßt sich die zerstörte Hämatopoese auch durch andere Gewebe mit blutbildender Potenz wiederherstellen. Bei Nagetieren behält die Milz auch bei ausgewachsenen Individuen hämatopoetische Fähigkeiten. Ferner lassen sich mit peripheren Leukocyten (auch bei Leukämie) sowie mit fetalen Leberzellen Schutzwirkungen erzielen. Es ist noch nicht geklärt, ob undifferenzierte totipotentielle Stammzellen oder differenzierte Vorläufer der verschiedenen Blutzellen die Regeneration bewirken.

Die Potenz von aus dem Ductus thoracicus gewonnenen Lymphocyten zur Repopulation des Knochenmarks ist fraglich. Versuche, die bei letal bestrahlten Ratten eine partielle Schutzwirkung zeigten [80], konnten im allgemeinen nicht reproduziert werden. Auch konservierte Knochenmarkzellen behalten ihre restaurative Wirksamkeit über Wochen bzw. Monate [258, 316].

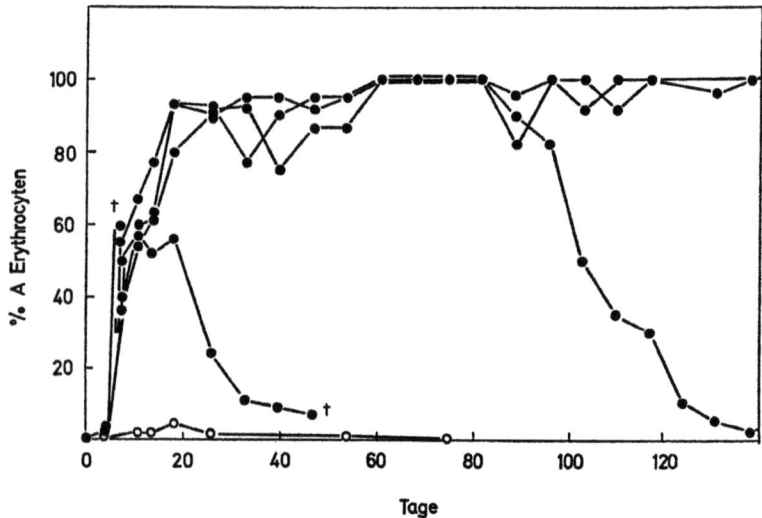

Abb. 14. Chimärismus nach Knochenmarktransplantation. CBA-Mäuse wurden mit ALS vorbehandelt und erhielten darauf eine letale Dosis Dimethylmyleran sowie 12×10^6 homologe hämatopoetische Zellen des A-Stammes. Nach 140 Tagen waren zwei von fünf Mäusen bezüglich der Erythrocyten zu 100% Chimären, während bei einer weiteren Maus eine totale Reversion eingetreten war. Eine Maus, die am 47. Tag an der Sekundärkrankheit starb, wies noch 7% Erythrocyten vom Spendertyp auf. Beachte die explosive initiale Repopulation mit A-Erythrocyten bei allen Tieren sowie das Ausbleiben von Chimärismus, falls nur mit ALS vorbehandelt und kein Dimethylmyleran verabfolgt wurde (O—O). Mittelwerte von fünf Mäusen.
Aus [112]

Die Zahl der für maximale Überlebensraten benötigten Zellen variiert je nach Species. Bei Mäusen können Dosen von $0,5-5 \cdot 10^6$-kernhaltigen Knochenmarkzellen genügen. Sogar $0,05 \cdot 10^6$-isologe Knochenmarkzellen ermöglichten noch Überleben. Dieser Schwellenwert der notwendigen Zellen ist von der Histocompatibilität zwischen Spender und Empfänger abhängig. Die Schutzwirkung ist um so besser, je enger die genetische Verwandtschaft zwischen Spender und Empfänger ist. Für optimale Protektion wird bei homologer gegenüber isologer Paarung die rund 15fache Zelldosis benötigt. Bei homologen Kombinationen ist die benötigte Zellzahl wiederum geringer als bei Transplantation heterologer Zellen [66].

Intravenöse Injektion ist die günstigste Applikationsart; intraperitoneal war die benötigte Zellzahl 75mal größer. Auch der Applikationszeitpunkt nach der Bestrahlung spielt für den Erfolg eine Rolle. Das Optimum stellen die ersten beiden Tage nach der Bestrahlung dar. Dann kann die Vermehrung der transplantierten Zellen noch zu einem Zeitpunkt erfolgen, der eine rechtzeitige Abgabe ins zirkulierende Blut zur Behebung der eingetretenen Pancytopenie erlaubt (Abb. 15). Es ist verständlich, daß später als fünf Tage nach der knochenmarkschädigenden Einwirkung applizierte Transplantate kein Überleben mehr ermöglichen. Dies braucht allerdings nicht für den Menschen zu gelten, bei dem antiinfektiöse Behandlung und Bluttransfusionen die aplastische Phase teilweise überbrücken können. Die injizierten Knochenmarkzellen benötigen auch eine gewisse Zeit, um in das Knochenmark zu gelangen. Anfänglich (noch nach 14 Std) finden sie sich vorwiegend in der Lunge, dann (nach 36 Std) in der Milz und erst danach gelangt die Mehrzahl ins Knochenmark, wo dann allerdings eine überstürzte Ausreifung stattfindet.

3. Transplantation hämatopoetischer Zellen nach cytotoxischen Pharmaka

Die Wirkung gewisser Cytostatica entspricht in mancher Beziehung jener von ionisierenden Strahlen [94]. Die Radiomimesis kann sich auch auf die Wiederherstellbarkeit der Hämatopoese durch Knochenmarktransplantation erstrecken. Dies tritt dann ein, wenn das in seiner Letaldosis applizierte Cytostaticum zu einer sich protrahiert manifestierenden, d. h. nach 8—15 Tagen letalen Knochenmarkaplasie führt. Eine solche Verbindung ist das in der Behandlung der chronisch-myeloischen Leukämie gebräuchliche Dimesyloxyalkan Myleran (Busulphan), sowie sein biologisch aktiveres Derivat Dimethylmyleran. Auch die letale Wirkung einer Einzeldosis des Antimetaboliten Thioguanin ließ sich durch Knochenmarktransplantation aufheben. Es darf angenommen werden, daß noch weitere cytotoxische Verbindungen in diese Kategorie fallen. Überwiegen bei cytostatischen Verbindungen die gastrointestinalen Wirkungen gegenüber denjenigen auf das Knochenmark, so lassen sie sich nicht mit hämatopoetischen Zellen kompensieren. Verbindungen des letzteren Typs sind die Stickstofflostderivate wie z. B. Chlorambucil. Auch Speciesunterschiede sind bezüglich des Schutzes nach Cytostatica zu beachten. Bei Ratten kann die Letalwirkung von Cyclophosphamid durch Knochenmarkzellen behoben werden [285], bei Mäusen nicht.

4. Abhängigkeit der Repopulation vom Grad der erzielten Immunosuppression

Zwischen Knochenmarktransplantation nach Röntgenbestrahlung im letalen Dosisbereich einerseits und andererseits nach Verabfolgung von letalen Dosen cytotoxischer Stoffe, wie z. B. Dimethylmyleran, läßt sich ein wichtiger Unterschied feststellen. Nach letaler Röntgenbestrahlung kann die Wiederherstellung der Hämatopoese und damit die Schutzwirkung mit Zellen genetisch beliebiger, d. h. autologer, isologer, homologer oder heterologer Herkunft erzielt werden. Es ist allerdings offen, wieweit die genetische Dis-

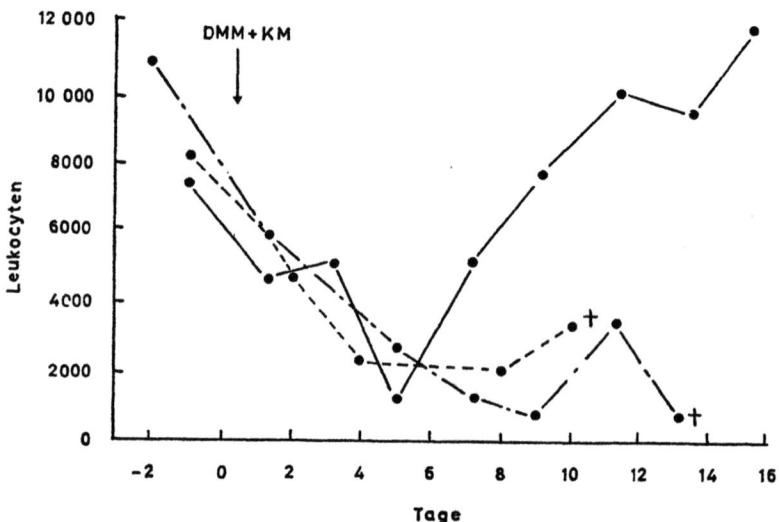

Abb. 15. Leukocytenwerte nach Knochenmarktransplantation bei CBA-Mäusen. Am Tag 0 wurden 16 mg/kg Dimethylmyleran und drei Stunden danach 30×10^6 Knochenmarkzellen intravenös injiziert. O—O: 100 mg/kg 6-Mercaptopurin (6-MP) und isologes Knochenmark, O---O: 6-MP und homologes Knochenmark, O-----O: nur 6-MP. Nur die Behandlung mit isologem Knochenmark bewirkte die Erholung des Blutbildes. 6-MP ermöglichte keine Repopulation mit homologen hämatopoetischen Zellen. Aus [111]

krepanz bei heterologen Paarungen gehen darf. Sichere Schutzwirkung ist bisher vorwiegend bei Ratte-Maus-Kombinationen beschrieben worden. Wurden Meerschweinchen als Spender benützt, so überlebten letalbestrahlte Mäuse nicht mehr regelmäßig. Bei Knochenmarkschädigung durch Cytostatica liegen hingegen grundsätzlich andere Verhältnisse vor. Mit Myleran oder Dimethylmyleran behandelte Tiere können auch nicht mittels homologer Zellen ohne weitere Maßnahmen am Leben erhalten werden. Die Zellen gehen nicht an (Abb. 15).

Interessant ist die Betrachtung des Schicksals, das Mäuse nach Bestrahlung in verschiedenen Dosisbereichen und nachfolgender Transplantation homologen Knochenmarks erleiden. Subletale Bestrahlung wird von der großen Mehrheit der Tiere überstanden. Bestrahlung im Dosisbereich von 400—600 r bewirkt einerseits schon in vielen Fällen das akute letale Knochenmarksyndrom, setzt aber andererseits die immunologische Reaktivität der Empfänger gegen das transplantierte Gewebe nicht genügend herab, um dessen Angehen und damit Schutzwirkung zu ermöglichen. Letale und supraletale Bestrahlung mit 600—900 r führt zwar ebenfalls zum akuten letalen Knochenmarksyndrom, hebt aber gleichzeitig die Intoleranz gegenüber homologen oder heterologen Zellen auf. Dies führt zur paradoxen Situation, daß die Versuchstiere an niedrigen Strahlendosen sterben, höhere jedoch zu überstehen vermögen. Es ist allerdings noch nicht endgültig geklärt, ob dieser „mid-lethal-dose"-Effekt ein allgemeines oder möglicherweise nur bei gewissen Mäusestämmen auftretendes Phänomen ist.

Die Wiederherstellung der durch Strahlen oder Cytostatika zerstörten Knochenmarkfunktion erfolgt durch Vermehrung der transplantierten hämatopoetischen Stammzellen. Die Repopulation des Empfängers mit homologen oder heterologen Zellen führt zu Knochenmarkchimären. Voraussetzung ist eine weitgehende Immunosuppression.

C. Homologe Knochenmarktransplantation

1. Bestrahlung

Wir haben bereits erwähnt, daß sowohl isologes als auch homologes Knochenmark eine Schutzwirkung gegen Letalbestrahlung ausübt und Mäuse und andere Tiere vor dem hämatologischen Strahlentod bewahrt. Ein wichtiger Unterschied betrifft jedoch die Spätfolgen der Transplantation. Diese sind von der genetischen Herkunft der transplantierten Zellen abhängig (Abb. 14). Barnes und Loutit beobachteten 1954, daß zwar sämtliche ihrer letal bestrahlten CBA-Mäuse, die Milzzellen von jungen A-Mäusen erhalten hatten, das akute Strahlensyndrom überlebten, daß aber die Mehrzahl dieser Tiere in der Zeit zwischen dem dreißigsten und dem hundertsten Tag nach Bestrahlung und Transplantation starb [17]. Im Gegensatz dazu ermöglichten isologe Milzzellen dauerndes Überleben (Abb. 16). Die Todesfälle der mit homologen Zellen behandelten Tieren verliefen protrahiert, die Tiere zeigten Durchfall, Gewichtsverlust, Hautveränderungen, wurden apathisch, hatten einen charakteristischen „Buckel" und erlagen dann meist Infektionen. Der mit diesen Auszehrungssymptomen einhergehende Zustand wurde als „Sekundärkrankheit" bezeichnet. im Gegensatz zu dem „primär", vor dem Ablauf von 30 Tagen eintretenden Strahlentod.

Intensität und Incidenz der Krankheit sind sowohl von der genetischen Diskrepanz zwischen Spender und Empfänger als auch von der Art des verwendeten hämatopoetischen Inoculums abhängig. Je geringer die genetische Verschiedenheit zwischen den Spenderzellen und dem Empfänger ist, um so milder verläuft die Krankheit und um so geringer ist die Erkrankungshäufigkeit. Umgekehrt ist die Intensität der Krankheit stärker, wenn Milzzellen statt Knochenmarkzellen zur Wiederherstellung der Hämatopoese eingesetzt werden. Weitgehende Verhinderung der Erkrankung ermöglicht die Verwendung fetaler Leber [18, 331]. Benützt man jedoch genetisch stark differierende Milzzellen, so kann die Krankheit auch schon früher als nach 30 Tagen auftreten und bald nach oder noch während der Regeneration des Blutbildes, also nach 10—20 Tagen tödlich verlaufen. Milz enthält einen höheren Anteil immunologisch kompetenter Zellen als Knochenmark; die in fetalen Lebern enthaltenen Immunocyten sind möglicherweise immunologisch noch zu unreif, um die Reaktion wirksam einzuleiten.

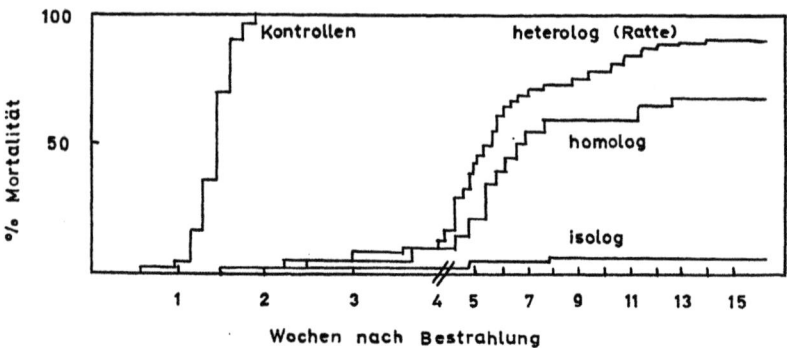

Abb. 16. Mortalität von Mäusen nach letaler Ganzkörperbestrahlung und Repopulation mit Knochenmarkzellen verschiedener Herkunft. Ohne Zellbehandlung sterben die Kontrollen innerhalb zwei Wochen am akuten Strahlensyndrom. Nach Transplantation isologer Zellen überlebt die große Mehrzahl der Tiere dauernd; homologe und heterologe Knochenmarkzellen führen zu einer hohen chronischen Mortalität an der Sekundärkrankheit. Nach [23]

Die Krankheit wird durch eine Reaktion der transplantierten immunologisch kompetenten Zellen gegen Wirtsantigene verursacht. Es handelt sich somit um eine graft-versus-host-Reaktion. Außer als Sekundärkrankheit kann sie — je nach Herkunft der transplantierten Zellen — als homologe oder heterologe Krankheit bezeichnet werden. Wir sind auf die Pathologie dieses Zustands schon in Kap. V A eingegangen. Eine wichtige Folge der Atrophie der lymphoiden Organe ist die Verminderung der immunologischen Reaktivität der Empfänger und die dadurch bedingte Infektanfälligkeit. Ein Teil der Tiere kann sich aber auch wieder erholen.

Beweisend für die graft-versus-host-Natur der Erkrankung sind Beobachtungen mit F_1-Hybriden. Bei Letalbestrahlung erkranken sie dann an der Sekundärkrankheit, wenn sie Transplantate erhalten, die von einem der Elternstämme herrühren. Umgekehrt tritt die Krankheit nicht bei bestrahlten Tieren der Elternstämme auf, die mit Milz- oder Knochenmarkzellen von F_1-Hybriden behandelt wurden.

2. Cytotoxische Stoffe

Die Schutzwirkung hämatopoetischer Zellen äußerst sich nicht nur gegen Letalbestrahlung. Sie manifestiert sich auch gegen Letaldosen von zu einem hämatologischen Tod führenden cytotoxischen Stoffen. Auf einen bedeutsamen Unterschied haben wir schon hingewiesen. Er besteht darin, daß die Hämatopoese nach gewissen cytotoxischen Substanzen nur durch isologe Zellen wiederhergestellt werden kann. Zellen homologer oder heterologer Herkunft sind unwirksam. Das weist darauf hin, daß ein solcher Stoff wie z. B. Myleran das Knochenmark zwar vollständig auszuschalten vermag, nicht aber das Immunsystem. Es bleibt fähig, die fremden Zellen zurückzuweisen. Aus diesem Grunde ist bei Tieren, die nach Letaldosen von Myleran oder Dimethylmyleran am Leben erhalten werden sollen, eine zusätzliche Immunosuppression nötig. Dieses System eignet sich auch zur Erkennung einer eventuellen genetischen Transformation von Säugetierzellen [103]. Nur zum Antigentyp des Empfängers transformierte ursprünglich homologe Spenderzellen würden das Überleben der Empfänger nach einer Letaldosis von Dimethylmyleran ermöglichen. ALS erwies sich bisher als am wirksamsten, um nach Dimethylmyleran mit homologen Knochenmark- oder Milzzellen behandelte Tiere am Leben zu erhalten [112]. Damit wurde bei einem Teil der Tiere auch stabiler Chimärismus erzeugt, was anhand der im Empfängerblut zirkulierenden Erythrocyten vom Spendertyp nachweisbar war (Abb. 14). ALS allein führt unter Umständen allerdings ebenfalls zu Chimärismus —, wohl in Abhängigkeit von der genetischen Diskrepanz zwischen Spender und Empfänger oder vom im Knochenmark verfügbaren Raum. So kann bei Mäusen mit einer genetisch bedingten Anämie nach Vorbehandlung mit ALS und nachfolgender Transplantation normaler homologer Knochenmarkzellen die Anämie behoben werden [296].

Ein anderes Cytostaticum, das gleichzeitig stark immunosuppressiv wirkende Cyclophosphamid, ermöglicht in Ratten nach Letaldosen auch die Protektion mit homologem Knochenmark [285].

Immunologisch reaktive Zellen im hämatopoetischen Transplantat führen zu einer Antiwirt-Reaktion (Sekundärkrankheit). Diese setzt protrahiert nach erfolgter hämatopoetischer Wiederherstellung ein.

D. Therapeutische Anwendung der Knochenmarkstransplantation

1. Strahlenexposition und hämatologische Erkrankungen

Knochenmarktransplantation ist die Therapie der Wahl bei Unfällen mit Bestrahlung im Letalbereich. 1959 wurden in Vinca (Jugoslawien) sechs Menschen Opfer eines solchen Unfalls. Fünf von ihnen erhielten Strahlendosen im Bereich von 600—1000 r. Die Bedingungen für eine homologe Knochenmarktransplantation waren hier insofern günstig, als die Bestrahlungsdosen im Letalbereich lagen, was die Immunreaktion der Empfänger unterdrückte. Während der kritischen Periode, in welcher die Patienten ihrer schweren strahleninduzierten Knochenmarksaplasie möglicherweise erlegen wären, ersetzte das transplantierte homologe Knochenmark das eigene. Als keine transplantierten Zellen mehr bei den Empfängern nachzuweisen waren, hatte ihr Knochenmark die Blutbildung wieder übernommen [212]. Der Patient, den die höchste Bestrahlung traf (1000 r), starb trotz Knochenmarktherapie, die 30 Tage nach dem Unfall erfolgte. Bei vier Patienten, deren Bestrahlungsdosis im Bereich zwischen 600—900 r lag, trat die hämatologische Krise nach ca. vier Wochen auf. Sie erhielten intravenös homologe Knochenmarkzellen und ihr Zustand verbesserte sich nach wenigen Tagen. Spendererythrocyten konnten noch bis zu sieben Wochen später im Blut nachgewiesen werden, was einen Überbrückungseffekt des transplantierten Knochenmarks wahrscheinlich machte. Die Patienten wurden während der Pancytopenie strikt vor Kontakt mit Pathogenen geschützt. Ein nur subletal bestrahlter Patient erholte sich unter symptomatischer Therapie.

Bei einem weiteren Reaktor-Unfall in Oak Ridge (Tennessee) erhielt das betroffene Personal zwischen 236 bis 365 r, eine Dosis, die etwas unterhalb der als letal angenommenen liegt. Unter sorgfältiger Pflege trat spontane Erholung ein. Die Entwicklung des Blutbildes bei diesen Fällen wies Gemeinsamkeiten mit den jugoslawischen Patienten auf. Der Beweis für eine funktionell ausreichende, d. h. lebenserhaltende Wiederherstellung der Hämatopoese ist nur dann erbracht, wenn eine Schutzwirkung gegen Letaldosen erzielt wird. Remission des Blutbildes allein kann stets eine Folge der Spontanregeneration des Knochenmarks sein.

Weitere Anzeigen für Knochenmarktransplantation sind hämatologische Erkrankungen. Aplastische Anämien, pathologische Erythrocytenbildung (Sichelzellanämie, Thalassämien), Thrombocytopenien und Agranulocytosen kommen hier in Frage. Bisher sind — selbst unter Verwendung isologer Spender — keine überzeugenden Erfolge beschrieben. Die Korrelation zwischen Angehen der transplantierten Zellen und klinischem Erfolg war dürftig. Eine Vorbereitung des Empfängers durch Bestrahlung oder analoge Maßnahmen ist eine Voraussetzung dieser Therapie. Auch hier würde ALS vielleicht in einer — hier zwar paradox erscheinenden, aber möglicherweise notwendigen — Kombination mit cytotoxischen Stoffen die Voraussetzung schaffen, unter welcher homologe Zellen die Hämatopoese des Wirts übernehmen könnten. Tatsächlich wurde berichtet, daß aplastische Anämien mit homologer Knochenmarktransplantation unter ALS-Behandlung der Empfänger gebessert werden können, ohne daß es zur Sekundärkrankheit kam [210]. Letztere trat hingegen wieder auf, wenn zur Leukämiebehandlung noch zusätzlich Cyclophosphamid gegeben wurde. Möglicherweise wäre diese Gefahr unter Verwendung von Dimethylmyleran als cytotoxischer Substanz geringer. Vorherige Bluttransfusionen, auch von Drittspendern, können das Angehen transplantierter Zellen beeinträchtigen. Eine weitere Indikation für therapeutische Knochenmarktransplantation stellt die Panmyelophtise nach Überdosierung von Tumorchemotherapeutica dar. So bewirkten, sowohl nach Aminochlorambucil als auch nach Thiothepa, Spenderzellen die Regeneration des Knochenmarks in den gefährdeten Patienten.

Daß eine weitgehende Ausschaltung der immunologischen Reaktivität des Empfängers notwendig ist, um Knochenmarktransplantation zu erlauben, zeigt auch eine therapeutische Erfahrung beim Wiskott-Aldrich-Syndrom [10]. Bei dieser Krankheit liegt sowohl eine hämatologische als auch eine immunologische Insuffizienz vor. Zusätzliche Vorbereitung des Empfängers mit Cyclophosphamid ermöglichte das Angehen eines relativ histocompatiblen Knochenmarktransplantats, was die Anämie verminderte. Bei histocompatiblen Spendern darf auch damit gerechnet werden, daß die Gefahr der Sekundärkrankheit klein bleibt.

Eine interessante Theorie über die Ätiologie von aplastischen Anämien weist auf die mögliche Bedeutung der Knochenmark-Mikrozirkulation [178a]. Danach würden immunologisch bedingte Läsionen dieser Gefäße das Angehen hämatopoetischer Stammzellen verhindern. Damit ließe sich sowohl der Mißerfolg von isologen Knochenmarktransplantationen als auch die Panmyelophthise bei Antiwirt-Reaktionen erklären.

2. Krebstherapie

Tumor- oder leukämische Zellen werden — sofern empfindlich — durch ionisierende Strahlen und Tumorchemotherapeutica in Abhängigkeit von der applizierten Dosis getötet. Theoretisch müßte daher eine bestimmte Dosis sämtliche bösartigen Zellen ausrotten. Untersuchungen haben allerdings gezeigt, daß die celluläre Empfindlichkeit eine logarithmische Funktion der Strahlendosis ist, und daß Röntgenstrahlen daher erst in einem supraletalen Bereich eradikative Wirkung zukommen kann. Wird die Überlebensrate von Tumorzellen nach Bestrahlung untersucht (indem z. B. bestimmt wird, zu wieviel Tumoren die bestrahlten Zellen nach Transplantation noch Anlaß geben), so ergibt sich, daß 500 r Ganzkörperdosis die Tumorzellpopulation auf $1/17$ reduzieren. Demzufolge ist die Chance klein, einen aus mehr als 17 Zellen bestehenden Tumor vollständig auszurotten. Selbst mit 1000 r wird die Tumorzellzahl nur auf $1/590$ reduziert. Die Ausrottung eines Tumors durch Bestrahlung erscheint dadurch sehr unwahrscheinlich. Eine Verringerung seiner Masse dürfte ihn aber gegen immunologische Einwirkungen empfindlicher machen.

Auch für Chemotherapeutica gilt, daß pro Dosis ein bestimmter Anteil der total vorhandenen Zellen zerstört wird. Daraus folgt, daß in vielen Fällen eine vollständige Ausrottung des malignen Gewebes nur möglich sein wird, wenn Dosen appliziert werden, deren Nebenwirkungen tödlich wären. Falls nun diese tödliche Nebenwirkung in einer Knochenmarkaplasie besteht, kann sie durch Transplantation hämatopoetischer Zellen behoben werden.

Die bisherigen Versuche, Leukämien oder andere generalisierte maligne Erkrankungen mit Letalbestrahlung und nachfolgender Knochenmarktransplantation zu behandeln, zeigten allerdings wenig befriedigende Ergebnisse [23, 266]. Einmal bewirkte die Bestrahlung — ob in aktiver oder in einer Remissionsphase durchgeführt — in den meisten Fällen nur eine vorübergehende Besserung. Die Fälle, bei denen tumorfreies autologes oder von eineiigen Zwillingen stammendes Knochenmark zur Verfügung steht, sind selten. Bei isologen Transplantaten liegen zudem mehrere Beobachtungen vor, wonach bei den Spendern häufig ebenfalls eine Leukämie auftritt, die sich schon kurzfristig nach Erkrankung des Zwillings manifestiert. Homologes Knochenmark verursacht regelmäßig die Sekundärkrankheit, die beim Menschen sehr schwer verlaufen kann und mit einer hohen Letalität behaftet ist. Fortschritte der Histocompatibilitätstestung weisen allerdings auf eine Möglichkeit hin, diese Gefahr einzuschränken.

Mathé und seine Gruppe von Mitarbeitern haben das Problem der Leukämiebehandlung mit Letalbestrahlung eingehend experimentell und klinisch bearbeitet [211]. Bei den Patienten handelte es sich meist um Kinder mit akuter Lymphoblastenleukämie. Bei 15 von 21 Patienten übernahm nach Letalbestrahlung ein funktionsfähiges Homotransplantat die Hämatopoese. Die Tatsache, daß 8 dieser 15 Patienten an den Folgen des Sekundärsyndroms starben, beleuchtet die Bedeutung dieser Komplikation. Ein erfinderischer Vorschlag zur Bewältigung dieses Problems geht ebenfalls auf Mathé zurück. Er gewann Knochenmark von einer Gruppe von je sechs Spendern, bei denen es sich meist um nahe Verwandte des Empfängers handelte. Diesem wurden dann ca. 2000 ml des kombinierten Knochenmarks verabfolgt. Das Knochenmark vom Spender, dessen Histocompatibilitätsantigene die größte Identität mit jenem des Empfängers hatten, gelangte schließlich zur Proliferation. Das konnte später durch Toleranz gegenüber Hauttransplantaten des entsprechenden Spenders nachgewiesen werden. Spenderzellen werden im Empfängerknochenmark nach 1—2 Wochen gefunden und nach einer weiteren im Blut.

Die spontane Selektion des geeignetsten Spenders durch den Empfängerorganismus bewirkte aber keine Verminderung des Sekundärsyndroms. Die Auswahl geschieht hier nur im Hinblick darauf, daß der Spender keine oder wenig Transplantationsantigene enthält, die dem Empfänger fehlen. Dabei kann aber der Empfänger zusätzliche, nicht beim Spender vorhandene Transplantationsantigene besitzen. Es kommt so nicht zu einer starken Immunreaktion gegen Spendergewebe, wohl aber vermögen die Spenderzellen gegen die ihnen fehlenden Empfängerantigene zu reagieren. Die Histokompatibilitätstestung müßte also Paarungen ohne positive Differenzen auswählen, bei denen weder Spender noch Empfänger Antigene enthalten, die dem Partner fehlen. Es sind aber Fälle bekannt, wo bei Behandlung von Leukämien mit Cyclophosphamid oder Bestrahlung und homologem Knochenmark trotz HL-A Typisierung, MLC-matching und Immunsuppression durch Methotrexat die Sekundärkrankheit auftrat [130 a].

Experimentelle Ergebnisse Mathé's deuten auch darauf hin, daß homologe Zellen einen zusätzlichen Antitumoreffekt haben, der auf einer Reaktion der transplantierten Zellen gegen Antigene der Tumorzellen beruhen soll. Es würde sich hier um die Anwendung einer adoptiven Immunotherapie handeln. Neuere Untersuchungen zeigten allerdings, daß bei solchen Tieren die chronische Antiwirt-Reaktion durch Cyclophosphamid oder ALS unterdrückt werden, und daß der Chimärismus durch nachfolgende Transplantation von Empfängerknochenmarkzellen behoben werden kann, ohne daß es zu vermehrten Leukämie-Rezidiven kommt [40]. Damit ist jedoch die Möglichkeit eines wirksamen akuten immunologischen Effektes der transplantierten Zellen gegen die restlichen Tumorelemente nicht ausgeschlossen.

Zu den Problemen der Knochenmarktransplantation gehört auch die Beschaffung einer genügenden Zellmenge. Nach van Bekkum beträgt die eine funktionelle Repopulation erlaubende Zellmenge minimal 10^8 homologe Knochenmarkzellen/kg, was ca. 500 ml Knochenmark darstellen würde [23]. Thomas in Seattle fordert $4 \cdot 10^9$ Zellen/kg. Nachdem das blutbildende Knochenmark eines erwachsenen Menschen ungefähr 1500 ml beträgt, ist es klar, daß die Entnahme der für einen Empfänger notwendigen Zellmenge aus einem einzigen Spender kein geringes Problem darstellt. Von einem erwachsenen Spender werden hingegen leicht genügend Zellen für ein Kind erhalten.

Bisher ist nach Bestrahlung und Knochenmarktransplantation erst eine Dauerremission bei einem Patienten mit Leukämie beschrieben. Er starb 20 Monate nach der Behandlung an einer Herpes Zoster Encephalitis [211].

Neben Letalbestrahlung bieten auch bestimmte cytotoxische Stoffe Aussicht, die „Superdosis"-Therapie bei malignen Erkrankungen auszuführen. Experimentell konnten z. B. Mäuse mit einem generalisierten malignen Lymphom durch Letaldosen von Dimethylmyleran und nachfolgender isologer Knochenmarktransplantation zu 50% geheilt werden [108]. Aufschlußreich bei diesen Versuchen war auch die Beobachtung, daß Behandlung mit immunsuppressiv wirkenden Stoffen wie z. B. ALS die Rezidivrate von 14% auf 70% erhöhte. Dies kann als Beweis dafür aufgefaßt werden, daß normalerweise eine schwache Immunreaktion gegen Tumorzellen vorhanden ist. Bei großen Tumormassen oder Zellmengen vermag sie nichts auszurichten. Sie scheint aber gegen geringe Tumorzellmengen, wie sie z. B. nach einer intensiven Behandlung noch vorliegen, wirksam zu sein und nötig, den Zellrest durch einen *coup de grâce* gänzlich abzutöten. Die Erhaltung einer residuellen immunologischen Reaktivität auch unter „Superdosis"-Chemotherapie erscheint daher als wünschenswert. Diese residuelle Reaktivität ist offenbar unter Dimethylmyleran noch vorhanden, aber nicht mehr nach letaler Röntgenbestrahlung. Mit cytotoxischen Stoffen läßt sich somit eher eine Differenzierung zwischen immunsuppressiven und cytostatischen Wirkungskomponenten erzielen als mit Bestrahlung. Der transitorische Charakter der mit letaler Röntgenbestrahlung erzielten Remissionen bei Leukämien könnte daher darauf beruhen, daß der zur vollständigen Ausrottung von Malignomen notwendige Synergismus zwischen zellschädigender Therapie und autochthoner Immunreaktion durch Ausschaltung der letzteren verunmöglicht wird.

Knochenmarktransplantation hat klinisch eine Indikation bei akzidenteller Letalbestrahlung. Nach Vorbehandlung der Empfänger mit Antilymphocytenserum kann auch homologes Knochenmark zur Behandlung von Störungen der Hämatopoese Anwendung finden. Unter der bei Tumorchemotherapie notwendigen Dosierung mit Cytostatica wird die Sekundärkrankheit zum Hauptproblem. Bei der „Superdosis"-Tumortherapie sollte eine vollständige Immunsuppression vermieden werden.

X. Organkonservierung

Die klinische Organtransplantation benötigt mehr Organe, als zur Verfügung stehen. Es zeichnet sich ab, daß in Zukunft auch bei der homologen Nierentransplantation zunehmend Verstorbene als Spender benützt werden. Unpaare Organe wie Herz und Leber sowie Lungen stehen ebenfalls nur von Leichen zur Verfügung. Um die optimale Ausnützung der verfügbaren Organe zu gewährleisten, wäre es daher notwendig, sie bis zu ihrer Verwendung zu konservieren. Angesichts der besseren Ergebnisse bei Paarungen von Spendern und Empfängern mit guter Histocompatibilität ist es nicht mehr gerechtfertigt, das erste anfallende Organ dem ersten wartenden Empfänger zu transplantieren. Auf zwei Arten kann erreicht werden, daß ein zur Verfügung stehendes Organ dem am besten geeigneten Empfänger eingesetzt wird: Einmal, wenn die Zahl der wartenden Empfänger möglichst groß ist; dann könnte der passende Empfänger ausgewählt und das Organ zu ihm transportiert werden. Zum andern, wenn eine große Zahl von Organen zur Verfügung steht; dann könnte für jeden Empfänger das optimale Transplantat ausgesucht werden. Beide Möglichkeiten setzen voraus, daß Organe über eine gewisse Zeit in funktionsfähigem Zustand erhalten werden können, im ersteren Fall über mehrere Stunden bis Tage und im zweiten, zur Aufbewahrung in Organbanken, über Wochen, Monate oder Jahre.

Neben der Auswahl von genetisch günstigsten Paarungen böte die Organkonservierung noch andere Vorteile. Dazu gehört, daß auch bezüglich der Größe — was bei Herzen, Lungen und Lebern eher eine Rolle spielt als bei Nieren — den jeweiligen Anforderungen entsprochen werden könnte, daß die Operation nicht mehr in der Hast der Notfallsituation ausgeführt werden müßte, und daß die benötigten Organe überall hingebracht werden könnten. Erwünscht wäre auch eine Methode, die eine Beurteilung der Organfunktion vor der Transplantation gestatten würde.

Die Konservierung von Organen ist daher ein dringliches Problem. Bezüglich der kurzfristigen Erhaltung von Organen sind gewisse Erfolge zu verzeichnen; aber auch hier sind die Kenntnisse über die physikalischen und biochemischen Grundlagen erst in ihren Anfängen.

Zur Konservierung stehen zwei Prinzipien im Vordergrund: Dehydratation und Abkühlung. Dehydratation ermöglicht das Überleben von Pflanzensamen und Mikroorganismen. Bei Zellen höherer Lebewesen ist das Prinzip nur beschränkt anwendbar. Ebenfalls auf eine Verringerung der Molekularbewegung und damit Lebensvorgängen beruht das Prinzip der Abkühlung. Stoffwechsel, Sauerstoffbedarf und Anfall toxischer Stoffwechselprodukte sind dabei reduziert. Bei Abkühlung auf 4—5° C nimmt beispielsweise der Sauerstoffverbrauch um 95% ab.

Das Einfrieren von Organen mit Erhaltung ihrer Funktion ist vorläufig nicht durchführbar. Bei Organen verhindern offenbar Partialschäden die Funktion des Gesamtorganismus. Nur dissoziierte Zellen sowie bradytrophe Gewebe lassen sich mit kryoprotektiven Stoffen wie Glycerin oder Dimethylsulfoxyd bei Temperaturen unter dem Gefrierpunkt konservieren. Das gilt für Spermatozoen, Erythrocyten, Cornea, Tumorzellen und auch Knochenmarkzellen. So vermögen letztere nach Konservierung über Wochen bei —80° C in Dimethylsulfoxyd letal bestrahlte Hunde am Leben zu erhalten [316]. In Versuchen zur Bestimmung der Fähigkeit von murinen Knochenmarkzellen, in bestrahlten Mäusen Milzkolonien zu bilden, hatten allerdings die bei —80 °C in Dimethylsulfoxyd konservierten Zellen nach drei Monaten ihre Funktion verloren. Aufbewahrung bei —190° C sowie in Glycerin bei —80 und —196 °C war überlegen [258].

Kurzfristig, über Zeitspannen von einem bis zu mehreren Tagen, läßt sich die Funktion von Organen erhalten. Sie können dabei isoliert sein, an einen extrakorporellen Kreislauf angeschlossen oder in einen Zwischenwirt verbracht werden. Die größte Rolle spielt dabei die Aufbewahrung als isoliertes Organ. Drei Prinzipien werden hierfür angewendet und oft kombiniert: Hypothermie, Perfusion und Sauerstoffüberdruck [204]. Mit Kühlung allein können Organe über nützliche Fristen in funktionsfähigem Zustand erhalten werden. Bei Nieren heißt das, daß sie unmittelbar nach Transplantation in nierenlose Empfänger adäquat funktionieren. Bei durch eine akute tubuläre Nekrose reversibel geschädigten Nieren setzt die Funktion verzögert ein, und die Empfänger müssen zur Überbrückung der Initialphase dialysiert werden.

Hypothermie verlängert die Ischämietoleranz der Niere beträchtlich. Mit Perfusion und Kühlung der Niere sollte innerhalb einer Stunde nach dem Tod des Spenders begonnen werden. Mehr als zwei Stunden Ischämiezeit in Wärme wirkt sich schädlich aus [56, 339]. Lungen zeigen eine ähnliche Resistenz, Leber und Herz sind empfindlicher. Menschliche Herzen ertragen bis zu 45 Minuten dauernde normotherme ischämische Kardioplegie, die Leber von Spendern sollte noch *in situ* innerhalb von 15 Minuten gekühlt werden. Prämortale Hypotension kann bei längerer Dauer bereits schädliche Auswirkungen haben; es wurde daher sogar die Abkühlung von als Spender vorgesehenen Sterbenden gefordert. Bei Tierversuchen fällt diese Vorschädigung durch warme Ischämiezeit weg und daher müssen experimentelle Daten über die Konservierungstoleranz von Organen für die Klinik wohl meist deutlich nach unten revidiert werden. Offen ist vorläufig auch die Frage, ob die schlechteren Ergebnisse mit Nieren von Verstorbenen im Vergleich zu solchen verwandter Spender nicht auch teilweise darauf beruhen, daß die Organe der letzteren weniger durch agonale Vasoconstriction und postmortale warme Ischämiezeit vorgeschädigt waren.

Mit Kühlung in Eis allein blieben Nieren bis zu 12 Stunden funktionsfähig [68]. Diese Zeit läßt sich durch eine vorausgehende Perfusion verdoppeln. Perfusionslösungen von 0—4° C und verschiedener Zusammensetzung werden verwendet. Als geeignet hat sich für Nieren ein Kalium, Magnesium und Glucose enthaltendes zellfreies Medium erwiesen. Auch Lösungen auf der Basis niedermolekularen Dextrans [53, 204] und Ringer-Albuminlösungen sind in Gebrauch. Als Zusätze zur Hinauszögerung des Funktionsverlustes haben sich Phenoxybenzamin, Procain und Heparin bewährt, womit Vasoconstriction, Freisetzung lysosomaler Enzyme und intravasale Gerinnung beeinflußt werden. Ein ähnliches Verfahren, bestehend aus hypothermer Perfusion, die schon *in situ* begonnen wird, und anschließender Kühlung, ist auch bei Lebern anwendbar und erlaubt, sie über 3—3$^1/_2$ Stunden zu erhalten [259]. Bei Leberpräparaten läßt sich auch Frischblut als Perfusat mit Erfolg gebrauchen.

Noch längere Konservierungszeiten gestattet die in der Durchführung kompliziertere hypotherme Dauerperfusion unter Sauerstoffüberdruck. Die Menge des gelösten Sauerstoffs nimmt mit steigendem Druck und fallender Temperatur zu. Möglicherweise wirkt aber Sauerstoff nicht über die Verminderung der Anoxie im Gewebe, sondern durch Hemmung Sulfhydril-Gruppen enthaltender Enzyme. Für Lungen muß aber auch mit Schädigung durch Sauerstoff bei 3 atü übertreffendem Druck gerechnet werden. Vielleicht ist auch Überdruck allein, unabhängig vom verwendeten Gas, wirksam. Um eine anfallende Niere für die Transportzeit von Spender zu Empfänger über 12—24 Stunden zu erhalten, hat sich bisher einfache Kühlung nach initialer Perfusion bewährt [68]. Andererseits bewährt sich bei durch kurze Ischämie geschädigten Nieren das umgekehrte Vorgehen, nämlich pulsierende Perfusion nach anfänglicher Kühlung, besser [293 a]. Um bei Lebern mit der Niere vergleichbare Ergebnisse zu erhalten, war die Kombination von hypothermer Dauerperfusion mit Sauerstoffüberdruck notwendig [311].

Zur Konservierung menschlicher Organe in Zwischenwirten müßte vorerst die Transplantationsimmunität der heterogenen Wirte ausgeschaltet werden. Mit letaler Röntgenbestrahlung konnten Nieren von Rhesusaffen in Pavianen bis zu deren Tod über eine Woche konserviert werden. Auch für die Erhaltung schlagender Herzen könnte diese Methode Anwendung finden [89]. Es muß aber damit gerechnet werden, daß die durch dieses Prinzip der „heterologen Organbank" konservierten Organe mit Pathogenen kontaminiert sind.

Durch Organkonservierung ließe sich der fatale Mangel an Spenderorganen mildern. Auch würde die Auswahl der geeignetsten Spender durch längere Konservierung von Organen erleichtert. Abkühlung und Perfusion stehen als Konservierungsmethoden im Vordergrund. Die Funktionserhaltung parenchymatöser Organe über Wochen und Monate ist vorläufig noch nicht möglich.

XI. Rechtliche und ethische Gesichtspunkte

A. Rechtliche Probleme

Die klinische Organhomotransplantation hat sowohl alte Probleme der medizinischen Ethik und des Rechtes grell beleuchtet, als auch neue geschaffen. Die wichtigsten Fragen stellen sich im Zusammenhang mit der Beschaffung menschlicher Organe.

Vorerst muß Klarheit über die Eignung des Spenders herrschen. Wir wollen dabei nicht die vom medizinischen Standpunkt zu stellenden Anforderungen untersuchen, aber die Abklärung der Blutgruppe, Anamnese, Status, Nierenfunktion einschließlich Arteriographie ist unumgänglich. Ebenso ist zu fordern, daß die Indikation zur Organtransplantation absolut sein muß. Von lebenden Spendern lassen sich nur paarige Organe wie Nieren verwenden oder solche, die ohne dauernden Schaden entbehrlich und regenerierbar sind, wie z. B. Haut.

Spender von Nieren müssen in vollem Umfange aufgeklärt werden über die Gefahren für sie selbst und die Chancen für den Empfänger. Die Entnahme einer Niere ist ein ungefährlicher Eingriff. Die Verkürzung der statistischen Lebenserwartung des Spenders ist sehr klein, aber nicht gleich null. Der Spender muß voll urteilsfähig sein, darf keine psychopathische Anamnese aufweisen und keinerlei Druck und Zwang von außen ausgesetzt sein. Die Erfahrung hat gezeigt, daß die Spender (meist Eltern oder Geschwister) ihre Bereitschaft spontan aus einem altruistischen Pflichtgefühl heraus motivieren. Eine gewisse anfängliche Besorgnis über den zu erleidenden Eingriff weicht im allgemeinen und meist auch bei Mißerfolg der Befriedigung, etwas Entscheidendes und Außergewöhnliches für jemanden getan zu haben.

Bei unpaaren und unentbehrlichen Organen wie Herz, Leber, Pankreas u.s.f. kommen nur Tote als Spender in Frage. Hier stellt sich die wichtige Frage, ob die Entnahme des Organes für Transplantationszwecke erlaubt ist. Grundsätzlich gelten die gleichen Regeln wie für die Autopsie. Besondere Gesetze können Krankenanstalten auch das Verfügungsrecht über die Leiche zuerkennen. Die Bestimmung über die Störung des Totenfriedens durch unbefugte Wegnahme von Leichenteilen ist nicht anwendbar, da die Leiche ja im Gewahrsam des Krankenhauses ist. Selbstverständlich muß aber auf den Willen des Toten und seiner Angehörigen Rücksicht genommen werden. Allerdings ist unmittelbar nach dem Tod die Einholung der Einwilligung der Angehörigen ein peinlicher Schritt und schwer mit dem von der Situation geforderten Taktgefühl zu vereinbaren. Ein Ausweg aus dem Dilemma ergäbe sich, wenn die noch in den meisten Ländern gültigen Regeln des

„contracting in" aufgegeben würden. Danach dürfen Organe dann entnommen werden, wenn eine ausdrückliche Bewilligung des Verstorbenen oder der verfügungsberechtigten nächsten Angehörigen vorliegt. In manchen Ländern wird heute eher die Alternative gefordert, die im „contracting out" besteht. Die Erlaubnis des Verstorbenen zur Entnahme von zu Transplantationen benötigten Organen wird dabei vorausgesetzt, sofern keine gegenteilige Erklärung vorliegt. Diese Lösung scheint ethisch annehmbar, würde den auf ein Organ angewiesenen Patienten zum Wohle gereichen und das Mißverhältnis zwischen benötigten und verfügbaren Organen mildern.

Eine besonders delikate Frage stellt sich, wenn ein Verstorbener sich geweigert hat oder wenn es die Angehörigen ablehnen, seine Organe zur Verfügung zu stellen. Von juristischer Seite muß diese Frage auch im Hinblick auf die Grundsätze des Notstandes und des Güterabwängungsprinzips betrachtet werden [157]. Ist der höherwertige Zweck maßgeblich, nämlich die Erhaltung eines Lebens, so ist ihm das nach dem Tode noch bestehende Persönlichkeitsrecht auf körperliche Integrität der Leiche möglicherweise zu opfern. Das Vorausverbot gewinnt nur dann primäre Bedeutung, wenn der Chirurg für eine sich aufdrängende Operation zur Rettung eines unmittelbar gefährdeten Lebens auf diese Entnahme nicht angewiesen ist, weil im konkreten Fall ein gleichwertiges Organ eines anderen Spenders zur Verfügung steht. Geraten in einer solchen Notstandsituation zwei schutzwürdige Persönlichkeitsbereiche in Konflikt, nämlich Achtung des Willens des Spenders auf nach dem Tod zu erhaltende Unversehrtheit, und andererseits Leben und Gesundheit des Empfängers, so dürfte auch die formelle Einsprache negiert werden. Es ist unnötig zu betonen, daß ein solcher Notstand bei Autopsien entfällt.

Wohl darf diese Interpretation der Notstandslage als ethisch vertretbar gelten. Andererseits sind die Gefahren nicht zu verkennen. Die Frage nach der Verbindlichkeit und Auslegung der Notstandsituation gehört dazu. Ferner müßte wohl hinter jeder unter Umständen erlaubten Antastung der Persönlichkeitsrechte die Gefahr ihrer Auslaugung gesehen werden. Zu welchem Alptraum sich solche dem Ermessen vertrauenden Regeln in „politisch labilen" Zeiten auswirken können, braucht kaum gesagt zu werden.

Die Rechtsfragen, die sich bei der Verwendung von Leichenorganen stellen, bedürfen noch klarer Bestimmungen. Dabei müssen einerseits die Rechte des Individuums unangetastet bleiben. Andererseits soll der Verlust von durch Spenderwunsch potentiell zur Verfügung stehenden Organen vermieden werden.

B. Wann ist der Spender tot?

Allseitig ist natürlich die Zustimmung, daß jegliche Entnahme unpaarer Organe nur bei Toten erlaubt ist. Da Organe aber nur während einer bestimmten Zeit nach dem Tod funktionsfähig bleiben, hat ein neues Problem große Aktualität gewonnen, nämlich jenes, wann ein Mensch als tot gelten solle. Nach der bisherigen Gewohnheit durfte ein Mensch nach dem letzten

Atemzug und Herzschlag als tot betrachtet werden, denn innerhalb von 5—10 Minuten kam es zur unwiderruflichen Zerstörung des Gehirns. Die modernen Reanimationsverfahren wie künstliche Beatmung und Kreislauferhaltung durch Pumpsysteme haben jedoch zu einer neuen Lage geführt. Stillstand von Atmung und Kreislauf lassen sich kompensieren, wodurch der Tod verhindert werden kann. Wiederbelebung ist somit sinnvoll, wenn bei teilweise vorhandener Hirnfunktion ein z. B. durch Unfall bedingter Ausfall von spontaner Atmung und Kreislauf überbrückt oder beliebig lange ersetzt werden kann.

Ist der Ausfall dieser Vitalfunktionen vorübergehend, läßt sich tatsächlich „Wiederbelebung" ausführen. Ihr Wert ist offensichtlich. Anders verhält es sich jedoch, wenn der Verlust des Bewußtseins total und endgültig ist und Wiederherstellung mit völliger Sicherheit ausgeschlossen werden kann. Auch hierbei kann das Herz das Hirn überleben und bei meist künstlich assistierter Atmung weiter arbeiten. Nach den bisherigen Kriterien war hier der Tod noch nicht eingetreten und erst die Einstellung der Beatmung oder die Unterlassung anderer Maßnahmen hätte ihn herbeigeführt. Eine Organentnahme kam nicht in Frage.

Die Einführung der Reanimationsmaßnahmen mußte zu einer neuen Begriffsbestimmung des Todeszeitpunktes führen. Sie besteht darin, daß der Tod dann als eingetreten gilt, wenn der Mensch durch die totale und irreversible Hirnschädigung endgültig aufgehört hat, als Person zu existieren. Wenn damit die Grenzlinie zwischen Leben und Tod neu gezogen werden durfte, wurde einer seit langem bekannten Tatsache Rechnung getragen, daß nämlich der Tod aller Organe nicht gleichzeitig und schlagartig einsetzt. So bleiben Knochenmarkzellen beispielsweise noch Stunden und Haut gar Tage nach dem Tod des Individuums lebensfähig. Haut kann dabei, falls sie auf immer neue Wirte transplantiert wird, die Lebensspanne des Individuums, von dem sie stammt, um ein Vielfaches übertreffen.

Natürlich darf die Spendertauglichkeit ärztliche Maßnahmen und Helferwillen nicht beeinflussen, und selbstverständlich muß der eingetretene Tod auch nach der neuen Definition mit völliger Gewißheit bestimmbar sein [293]. Danach gilt, daß der vollständige, irreversible cerebrale Funktionsausfall trotz vorhandener Herzaktion beim normo-, hyper- oder höchstens geringgradig hypothermen (Körpertemperatur nicht unter 34° C), nicht narkotisierten und nicht im Zustand einer akuten Vergiftung sich befindenden menschlichen Organismus anzunehmen sei, wenn bei mehrfacher Untersuchung die folgenden fünf Symptome zusammentreffen:

1. Kein Ansprechen auf irgendwelche sensorischen und sensiblen Reize.

2. Keine spontane Atmung und keine anderen spontanen zentralgesteuerten motorischen Erscheinungen im Bereich der Augen, des Gesichts, des Gaumens und des Rachens, des Stammes und der Extremitäten.

3. Extremitäten schlaff und reflexlos.

4. Beide Pupillen weit und lichtstarr.

5. Rascher Blutdruckabfall gegebenenfalls nach dem Absetzen der künstlichen Stützung des Kreislaufs.

Als zusätzliche Versicherung sollten ferner ein Carotisangiogramm und Elektroencephalogramme (EEG) angefertigt werden. Das erstere soll zeigen, daß kein Blut mehr ins Gehirn gelangt. Beim EEG darf in mindestens zwei 24 Stunden auseinanderliegenden Aufzeichnungen als Ausdruck des völlig aufgehobenen cerebralen Stoffwechsels keine Aktivität (isoelektrische Linie) nachweisbar sein. Zur Bestätigung des Hirntodes dürfte das wiederholt negative EEG auch wesentlicher sein, als die unter Punkt 3 geforderte Areflexie. Offenbar können trotz Hirntod noch Rückenmarkreflexe vorliegen [347].

Weiterhin gilt, daß sofern bei primär cerebralem Tod die Entnahme von überlebenden Organen zu Transplantationszwecken vorgesehen ist, vom behandelnden Arzt zur Feststellung des cerebralen Todes ein Neurologe oder Neurochirurg und zur Beurteilung des EEG ein Spezialist zuzuziehen sind. Die den cerebralen Tod feststellenden Ärzte müssen vom Transplantationsteam unabhängig sein.

Unter rigoroser Einhaltung dieser Bedingungen ist es somit erlaubt, die künstliche Beatmung und Kreislaufbehandlung einzustellen und ein Organ, das als Transplantat dienen kann, zu entnehmen. Es darf nicht vergessen werden, daß dieser Entscheid, ob Wiederbelebungsmaßnahmen einzustellen seien, in der Klinik tagtäglich getroffen werden muß. Diese Maßnahmen dürften bei Hirntod auch eingeleitet oder weitergeführt werden, wenn dadurch zu Transplantationszwecken erforderliche Organe verwendungsfähig gehalten werden können. Damit muß bei Hirntod der Verlust des Rechtes auf Herztod offenbar in Kauf genommen werden.

Die besondere Problematik bei der Herzentnahme von Gehirntoten hat zwei Ursachen. Einmal gilt es rasch zu handeln. Hat das Herz zu schlagen aufgehört, so behält es seine Funktionsfähigkeit nur über eine kurze Zeitspanne. Ferner ist der im menschlichen Bewußtsein verankerte Symbolgehalt des Herzens als mutmaßlicher Sitz des Lebens oder — zu anderen Zeiten wichtiger — der Seele zu berücksichtigen. Man nimmt sich Angelegenheiten „zu Herzen", und das Herz reagiert spürbar auf Gemütsbewegungen. Die dadurch bedingte Scheu vor jedem Akt, der dieses Schlagen beendet (bzw. bei nachfolgender Transplantation unterbricht), ist verständlich.

Ein Organ darf nur zu Transplantationszwecken entnommen werden, wenn der Tod des Spenders unumstößlich feststeht. Die Feststellung muß durch eine von der Transplantationsgruppe unabhängige Ärzteequipe erfolgen.

C. Ausblick

Es ist klar, daß die Problematik der Organentnahme gegenstandslos oder vereinfacht sein wird, sobald künstliche bzw. tierische Organe zur Verfügung stehen oder die Organkonservierung möglich ist. Vielleicht werden wir aber schon früher zur Transplantation von Organen und Geweben die gleiche Einstellung gewinnen wie zu einer bereits relativ alten und akzeptierten Form dieser Therapie — der Bluttransfusion.

In hohem Maße ist auch zu wünschen, daß eine andere, bei der Bluttransfusion als selbstverständlich geltende Praxis eingehalten werden wird: die Anonymität des Spenders. Daß dann — und hoffentlich vorher — die überbordende Publizität und der Sensationalismus besonders der Herztransplantationen aufhört, ist ebenfalls zu hoffen, denn sie führen zusammen mit der Preisgabe der Privatsphäre des Patienten und des ärztlichen Geheimnisses nur zu einer Erosion des Vertrauens in die moralische Integrität der Ärzteschaft.

Niemand weiß, wie andere im Zusammenhang mit der Organtransplantation erhobene Bedenken und Ansprüche an unsere Verantwortung der Zeit standhalten werden: der große personelle und materielle Aufwand, der es vorläufig unmöglich macht, die Hilfe allen Bedürftigen zukommen zu lassen und damit die Frage der Priorität von Patienten; dann die Vision, daß mehr und mehr Menschen mit senilem Gehirn dank neuen Organen vor dem Tod bewahrt werden und länger und länger leben; und schließlich die abstoßende Idee von Gehirntransplantationen.

Mit der Organtransplantation wurde altes menschliches Wunschdenken Wirklichkeit. Noch sind ihre Möglichkeiten kaum absehbar und Ungewißheiten verschleiern die Zuversicht über die Auswirkungen des neuen Könnens. Es wird unser moralisches Vermögen auf die Probe stellen. Aber auch Kräfte erwachsen aus dieser außergewöhnlichen Gemeinschaft zwischen Spender und Empfänger. Man könnte sie unter das Motto „nemo sibi nascitur" stellen. Im Empfänger lebt die Einsicht in die Kostbarkeit seiner wieder geschenkten Existenz und im Spender vielleicht das Bewußtsein, dem Satz, daß niemand nur für sich selbst geboren sei, einen weiteren tiefen Sinn gegeben zu haben.

Literatur

1. Aisenberg, A. C.: J. exp. Med. 125, 833 (1967).
2. Algire, G. H., Weaver, J. M., Prehn, R. T.: Ann. N. Y. Acad. Sci. 64, 1009 (1957).
3. Anderson, D., Billingham, R. E., Lampkin, G. H., Medawar, P. B.: Heredity 5, 379 (1951).
4. André, J., Schwartz, R. S., Mitus, W. J., Dameshek, W.: Blood 19, 313 (1962).
5. — — — — Blood 19, 334 (1962).
5a. Argyris, B. F.: Transplantation 8, 538 (1969).
6. August, C. S., Rosen, F. S., Filler, R. M., Janeway, C. A., Markowski, B., Kay, H. E. M.: Lancet 1968/II, 1210.
7. Axelrad, M., Rowley, D. A.: Science 160, 1465 (1968).
8. Azar, H. A.: Cancer 15, 66 (1962).
9. Bach, F. H.: Science 159, 1196 (1968).
10. — Albertini, R. J., Joo, P., Anderson, J. L., Bortin, M. M.: Lancet 1968/II, 1364.
11. Bach, J. F., Dardenne, M., Dormont, J., Antoine, A.: Transplantation Proceedings 1, 403 (1969).
12. Bain, B., Vas, M. R., Lowenstein, L.: Blood 23, 108 (1964).
13. Barchillon, J., Gershon, R. K.: Nature 227, 71 (1970).
14. Barker, C. F., Billingham, R. E.: Nature 225, 851 (1970).
15. Barnard, C. N., in: Organ transplantation today. Ed. by N. A. Mitchison and J. M. Greep. Amsterdam: Hattinga Verschure, J. C. M. Excerpta Medica Foundation 1969, p. 248.
16. Barnes, A. D.: Transplantation 8, 379 (1969).
17. Barnes, D. W. H., Loutit, J. F.: Nucleonics 12, 68 (1954).
18. — Ilbery, P. L. T., Loutit, J. F.: Nature 181, 488 (1958).
19. — Ford, C. E., Ilbery, P. L. T., Koller, P. C., Loutit, J. F.: J. cell. comp. Physiol. 50, 123 (1957).
20. Batchelor, J. R., Joysey, V. C.: Lancet 1969/I, 790.
21. Battisto, J. R., Miller, J.: Proc. Soc. Exp. Biol. Med. 111, 111 (1962).
22. Beard, J.: Anat. Anz. 18, 550 (1860).
23. van Bekkum, D. W., de Vries, M. J.: Radiation Chimaeras. (Logos Press, 1967).
24. — Heystek, G. A., Marquet, R. L.: Transplantation 8, 678 (1969).
25. — Ledney, G. D., Balner, H., van Putten, L. M., de Vries, M. J., in: Antilymphocytic serum. Ed. by G. E. W. Wolstenholme and M. O'Connor. London: J. & A. Churchill 1967, p. 97.
26. Benjamin, E., Sluka, E.: Wien. klin. Wschr. 21, 311 (1908).
27. Berenbaum, M. C., Brown, I. N.: Immunology 8, 251 (1965).
28. Bert, P.: J. Anat. 1, 69 (1864).
29. Billingham, R. E.: The Harvey Lectures, Series 62, p. 21. Academic Press: New York/London, 1968.
30. — Parkes, A. S.: Proc. roy. Soc. B. 143, 550 (1954).
31. — Brent, L.: Phil. Trans. Roy. Soc. London B. 242, 439 (1959).
32. — — Medawar, P. B.: Nature 172, 603 (1953).
33. — — — Proc. roy. Soc. B. 143, 58 (1954).
34. Billington, W. D.: Nature 202, 316 (1964).
35. Block, M. A., Tworek, E. J., Miller, M. A.: Arch. Surg. 92, 778 (1966).

36. Bloor, K.: Nature **225**, 1142 (1970).
37. Blumenstock, D. A., Collins, J. A., Hechtmann, H. B., Hosbein, D. J., Lempert, N., Thomas, E. D., Ferrebee, J. W.: Ann. N. Y. Acad. Sci. **120**, 677 (1964).
38. Bohle, A., Hinrichsen, K.: Klin. Wschr. **47**, 74 (1969).
39. Bollag, W.: Experientia **19**, 304 (1963).
40. Boranic, M.: J. nat. Cancer Inst. **41**, 421 (1968).
41. Boylston, A. W., Mowbray, J. F., Ackermann, J. R. W., in: Advance in transplantation. Ed. by J. Dausset, J. Hamburger and G. Mathé. Copenhagen: Munksgaard 1968, p. 189.
42. Boyse, E. A., Lance, E. M., Carswell, E. A., Cooper, S., Old, L.: Nature **227**, 901 (1970).
43. Brecher, G., Cronkite, E. P.: Proc. Soc. Exp. Biol. Med. **77**, 292 (1951).
44. Billingham, R. E., Brent, L.: Phil. Trans. Roy. Soc. B. **242**, 439 (1959).
45. Brent, L., Gowland, G.: Nature **196**, 1298 (1962).
46. — Medawar, P. B.: Brit. med. J. 1963/II, 269.
47. — Courtenay, T., Gowland, G.: Nature **215**, 1461 (1967).
48. Breyere, E. J., Barrett, M. K.: J. nat. Cancer Inst. **24**, 699 (1960).
49. Brunner, K. T., Mauel, J., Cerottini, J. C., Rudolf, H., Chapuis, B., in: Immunopathology, Vth International Symposium. Ed. by P. A. Miescher and P. Grabar. Basel/Stuttgart: Schwabe 1968, p. 342.
50. Burnet, F. M.: The clonal selection theory of acquired immunity. Cambridge (England): Cambridge University Press 1959.
51. — Fenner, F.: The production of antibodies. Melbourne: Macmillan 1949.
52. Calne, R. Y.: Renal transplantation. London: Arnold 1963.
53. — Brit. med. J. 1969/I, 565.
54. — Sells, R. A., Pena, J. R., Davis, D. R., Millard, P. R., Herbertson, B. M., Binnis, R. M., Davies, D. A. L.: Nature **223**, 472 (1969).
55. Cannon, J. A., Longmire, W. P. Jr.: Ann. Surg. **135**, 60 (1952).
56. Carrol, R. N. P., Chisholm, G. D., Shackman, R.: Lancet 1969/II, 551.
57. Celada, F.: J. exp. Med. **124**, 1 (1966).
58. Ceppellini, R., Curtoni, E. S., Mattiuz, P. L., Leihgeb, G., Visetti, M., Colombani, A.: Ann. N. Y. Acad. Sci. **129**, 421 (1966).
59. Chambler, S. M., Batchelor, J. R.: Transplantation **2**, 75 (1964).
60. Chase, M. W.: Ann. Rev. Microbiol. **13**, 349 (1959).
61. Chew, W. B., Lawrence, J. S.: J. Immunol. **33**, 271 (1937).
62. Chiari, O. M.: Münch. med. Wschr. **59**, 2502 (1912).
63. Cantor, H., Asofsky, R.: J. exp. Med. **131**, 235 (1970).
64. Claman, H. N., Chaperon, E. A.: Transplant. Rev. **1**, 92 (1969).
65. Cleveland, W. W., Fogel, B. J., Brown, W. T., Kay, H. E. M.: Lancet 1968/II, 1211.
66. Cohen, J. A., Vos, O., van Bekkum, D. W., in: Advances in Radiobiology. Edinburgh: Oliver & Boyd 1957, p. 134.
67. Cole, L. J., Rosen, V. J.: Transpl. Bull. **28**, 34 (1961).
67a. — Nowell, P. C.: Proc. Soc. Exp. Biol. Med. **134**, 653 (1970).
68. Collins, G. M., Bravo-Shugarman, M., Terasaki, P. I.: Lancet 1969/II, 1219.
69. Cooper, E. L.: Transplantation **6**, 322 (1968).
70. Cornelius, E. A., Yunis, E. J., Martinez, C.: Transplantation **5**, 112 (1967).
71. Cruickshank, A. H.: Brit. J. exp. Path. **22**, 126 (1941).
72. Currie, G. A.: Proc. Roy. Soc. Med. **63**, 61 (1970).
73. — Bagshawe, K. D.: Lancet 1967/I, 708.
74. Curzen, P.: Proc. Roy. Soc. Med. **63**, 65 (1970).
75. Dausset, J.; Rapaport, F. T.: Ann. N. Y. Acad. Sci. **129**, 408 (1966).
76. Davies, A. J. S.: Transplant. Rev. **1**, 43 (1969).
77. — Leuchars, E., Wallis, V., Marchant, R., Elliott, E. V.: Transplantation **5**, 222 (1967).
78. — Festenstein, H., Leuchars, E., Wallis, V. J., Doenhoff, M. J.: Lancet 1968/I, 183.

79. Davies, D. A. L., in: Human transplantation. Ed. by F. T. Rapaport and J. Dausset. New York-London: Grune & Stratton 1968, p. 618.
80. Delorme, E. J.: Lancet 1961/II, 855.
81. Dempster, W. J.: Brit. J. Surg. 40, 447 (1953).
82. — Lennox, B., Boag, J. W.: Brit. J. exp. Path. 31, 670 (1950).
83. Denman, A. M., Denman, E. J., Embling, P. H.: Lancet 1968/I, 321.
84. Derom, F., Barbier, F., Ringoir, S., Rolly, G., Versieck, J., Berzenyi, G., Raemdonck, R., Piret, J.: Europ. Surg. Res. 1, 206 (1969).
85. Dicke, K. A., van Hooft, J. I. M., van Bekkum, D. W.: Transplantation 6, 562 (1968).
86. Douglas, S. D., Fudenberg, H. H.: Vox Sang. 16, 172 (1969).
87. Dresser, D. W.: Proc. Fourth Int. Congr. Pharmacol. 4, 192 (1970).
88. Dresser, D. W., Mitchison, N. A.: Advanc. Immunol. 8, 129 (1968).
88a. DuBois, R. S., Giles, G., Rodgerson, D. O., Lilly, J., Martineau, G., Halgrimson, C. G., Shroter, G., Starzl, T. E., Sternlieb, I., Scheinberg, I. H.: Lancet 1971/I, 505.
89. Dupree, E. L., Jr., Mills, M., Clark, R., Sell, K. W.: Transplantation Proceedings 1, 840 (1969).
90. Eichwald, E. J., Silmser, C. R.: Transplantation Bull. 2, 148 (1955).
91. — Lustgraaf, E. C., Wetzel, B.: Proc. Soc. Exp. Biol. Med. 126, 619 (1967).
92. Elkins, W. L., Guttmann, R. D.: Science 159, 1250 (1968).
93. Ellis, F.: Transplantation 5, 21 (1967).
94. Elson, L. A.: Radiation and radiomimetic chemicals. London: Butterworths 1963.
95. Elves, M. W.: Nature 227, 725 (1970).
96. Fabricius-Möller, J.: Experimentielle studier over haemorrhagisk diathese femkaldt ved røntgenstraaler. Kopenhagen: Levin & Munksgaards Forlag 1922.
97. Farber, S., Diamond, L. K., Mercer, R. D., Sylvester, R. F., Jr., Wolff, J. A.: New Engl. J. Med. 238, 787 (1948).
98. Feldmann, M., Diener, E.: J. exp. Med. 131, 247 (1970).
99. Fichtelius, K. E., Laurell, G., Philipsson, L.: Acta path. microbiol. scand. 51, 81 (1961).
100. Finkelstein, M. S., Uhr, J. W.: Science 146, 67 (1964).
101. Flexner, S., Jobling, J. W.: Proc. Soc. Exp. Biol. Med. 4, 156 (1907).
102. Floersheim, G. L.: Med. exp. 4, 85 (1961).
103. — Nature 193, 1266 (1962).
104. — Experientia 19, 546 (1963).
105. — Helv. physiol. Acta 22, 241 (1964).
106. — Science 156, 951 (1967).
107. — Antibiotica et Chemotherapia 15, 407 (1968).
108. — Lancet 1969/I, 228.
109. — Transplantation 8, 392 (1969).
110. — Clin. exp. Immunol. 6, 861 (1970).
111. — Elson, L. A.: Acta haemat. 26, 233 (1961).
112. — Ruszkiewicz, M.: Nature 222, 854 (1969).
113. — Taub, R. N., Phillips Quagliata, J. M., Levey, R. H.: Agents and Actions 1, 115 (1970).
114. Ford, C. E., Hamerton, J. L., Barnes, D. W. H., Loutit, J. F.: Nature 177, 452 (1956).
115. Fowler, R. Jr., West, C. D.: Transplantation Bull. 26, 133 (1960).
116. Freda, V. J., Gorman, J. G., Pollack, W.: New Engl. J. Med. 277, 1022 (1967).
117. Frei, W.: Klin. Wschr. 7, 539 (1928).
118. French, M. E., Batchelor, J. R.: Lancet 1969/II, 1103.
119. Fudenberg, H. H., Hirschhorn, K.: Science 145, 611 (1964).
120. Gatti, R. D., Meuwissen, H. J., Allen, H. D., Hong, R., Good, R. A.: Lancet 1968/II, 1366.

121. Gergely, N. F., Coles, J. C.: Transplantation 9, 193 (1970).
122. Gibson, T., in: Human transplantation. Ed. by F. T. Rapaport and J. Dausset. New York-London: Grune & Stratton 1968, p. 313.
123. — Medawar, P. B.: J. Anat. 77, 299 (1943).
124. Glick, B., Chang, T. S., Jaap, R. G.: Poultry Sc. 35, 224 (1956).
125. Globerson, A., Fiore-Donati, L., Feldman, M.: Exp. Cell. Res. 28, 455 (1962).
126. Good, R. A., Gabrielsen, A. E., in: Human transplantation. Ed. by F. T. Rapaport and J. Dausset. New York-London: Grune & Stratton 1968, p. 526.
127. Gorer, P. A., Kaliss, N.: Cancer Res. 19, 824 (1959).
128. Gotjamanos, T.: Aust. J. exp. Biol. med. Sci. 48, 1 (1970).
129. Govaerts, A.: J. Immunol. 85, 516 (1960).
130. Gowans, J. L., McGregor, D. D.: Progr. Allergy 9, 1 (1965).
130a. Graw, R. G., Jr., Herzig, G. P., Rogentine, G. N., Yankee, R. A., Leventhal, B., Whang-Peng, J., Halterman, R. H., Krüger, G., Berard, C., Henderson, E. S.: Lancet 1970/II, 1053.
131. Groth, C. G., Porter, K. A., Daloze, P. M., Huguet, C., Smith, G. V., Brettschneider, L., Starzl, T. E.: Surgery 64, 31 (1968).
132. Guttmann, R. D., Carpenter, C. B., Lindquist, R. R., Merrill, J. P.: J. exp. Med. 126, 1099 (1967).
133. — Lindquist, R. R., Ockner, S. A., Merrill, J. P.: Fed. Proc. 28, 581 (1969).
134. Halasz, N. A., Seifert, L. N., Rosenfield, H. A., Orloff, M. J., Stier, H. A.: Proc. Soc. Exp. Biol. Med. 123, 924 (1966).
135. Hall, J. G.: Lancet 1969/I, 25.
136. Hall, J. G.: J. exp. Med. 125, 737 (1967).
137. Hamburger, J., Vaysse, J., Crosnier, J., Auvert, J., Dormont, J.: Ann. N. Y. Acad. Sci. 99, 808 (1962).
138. Hardy, J. D., Chavez, C. M.: Amer. J. Cardiol. 22, 772 (1968).
139. — Webb, W. R., Dalton, M. R., Jr., Walker, G. R.: JAMA 186, 1065 (1963).
140. Harris, M., Eakin, R. M.: J. exp. Zool. 112, 131 (1949).
141. Harris, N. S., Merino, G., Najarian, J. S.: Transplant. Proc. (in the press).
142. Harris, R., Zervas, J. D.: Nature 221, 1062 (1969).
143. Hašek, M.: Proc. roy. Soc. B. 146, 67 (1956).
144. — in: Immunological tolerance. Ed. by M. Landy and W. Braun. New York-London: Academic Press 1969, p. 154.
145. Hathaway, W. E., Mull, M. M., Githens, J. H., Groth, C. G., Marchioro, T. L., Starzl, T. E.: Transplantation 7, 73 (1969).
146. Heineke, H.: Münch. med. Wschr. 50, 2090 (1903).
147. Hektoen, L., Corper, H. J.: J. infect. Dis. 28, 279 (1921).
148. Hellström, I., Hellström, K. E.: Ann. N. Y. Acad. Sci. 129, 724 (1966).
149. Hellström, K. E., Hellström, J., Brawn, J.: Nature 224, 914 (1969).
150. Hellström, I., Hellström, K. E., Bill, A. H., Pierce, G. E., Yang, J. P. S.: Int. J. Cancer 6, 172 (1970).
151. — — Sjögren, H. O.: Cell. Immunology 1, 18 (1970).
152. Hersh, E. M., Butler, W. T., Rossen, R. D., Morgen, R. O.: Nature 226, 757 (1970).
153. Herzenberg, L. A., Gonzales, B.: Proc. nat. Acad. Sci. (Wash.) 48, 570 (1962).
154. Heyner, S.: Transplantation 8, 666 (1969).
155. Hildemann, W. H.: Transplantation 5, 1001 (1967).
156. — Thoenes, G. H.: Transplantation 7, 506 (1969).
157. Hinderling, H.: Schweiz. med. Wschr. 100, 401 (1970).
158. Hirata, A. A., Terasaki, P. I.: Science 168, 1095 (1970).
159. Holm, G., Perlmann, P.: Antibiotica et Chemotherapia 15, 295 (1969).
160. Hong, R., Gatti, R. A., Good, R. A.: Lancet 1968/II, 388.
161. Howard, J. G., Michie, D.: Transplantation Bull. 29, 1 (1962).
162. Hume, D. M., Merrill, J. P., Miller, B. F., Thorn, G. W.: J. clin. Invest. 34, 327 (1955).
163. — Jackson, B. T., Zukoski, C. F., Lee, M. H., Kauffman, H. M., Egdahl, R. H.: Ann. Surg. 152, 354 (1960).

164. Humphrey, J. H.: Brit. J. exp. Path. **36**, 283 (1955).
165. — Antibiotica et Chemotherapia **15**, 1 (1969).
166. Inderbitzin, T.: Int. Arch. Allergy **8**, 150 (1956).
167. Jacobson, L. O., Marks, E. K., Gaston, E. O., Robson, M., Zirkle, R. E.: Proc. Soc. Exp. Biol. Med. **70**, 740 (1949).
168. — Simmons, E. L., Marks, E. K., Gaston, E. O., Robson, M. J., Eldredge, J. H.: J. Lab. clin. Med. **37**, 683 (1951).
169. James, D. A.: Nature **205**, 613 (1965).
170. — Transplantation **8**, 846 (1969).
171. Jeejebhoy, H. J.: Immunology **9**, 417 (1965).
172. Kahan, B. D., Reisfeld, R. A.: Science **164**, 514 (1969).
173. Kaliss, N.: Cancer Research **18**, 992 (1958).
174. Kirby, D. R. S., in: Human transplantation. Ed. by F. T. Rapaport and J. Dausset. New York-London: Grune & Stratton 1968, p. 565.
175. — Transplantation **6**, 1005 (1968).
176. — Billington, W. D., Bradbury, S., Goldstein, D. J.: Nature **204**, 548 (1964).
177. Kissmeyer-Nielsen, F., Petersen, V. P., Olsen, S., Fjeldborg, O.: Lancet **1966/II**, 662.
178. Klein, G.: Cancer Research **28**, 625 (1968).
178a. Knospe, W. H., Crosby, W. H.: Lancet **1971/I**, 20.
179. Kolb, W. P., Granger, G. A.: Proc. nat. Acad. Sci. **61**, 1250 (1968).
180. Koller, P. C., Doak, S. M. A.: Int. J. Radiat. Biol. Spec. suppl. 327 (1959).
181. de Koning, J., Dooren, L. J., van Bekkum, D. W., van Rood, J. J., Dicke, K. A., Rádl, J.: Lancet **1969/I**, 1223.
182. Krohn, P. L.: Brit. med. Bull. **21**, 157 (1965).
183. Kuss, R., Legrain, M., Mathé, G., Nedey, R., Camey, M.: Postgrad. med. J. **38**, 528 (1962).
184. Lance, E. M.: Surg. Gynec. Obstet. **125**, 529 (1967).
185. — in: The biology and surgery of tissue transplantation. Ed. by J. M. Anderson. Oxford-Edinburgh: Blackwell 1970, p. 81.
186. — Medawar, P. B.: Lancet **1968/I**, 1174.
187. — — Proc. roy. Soc. B. **173**, 447 (1969).
188. Landsteiner, K., Chase, M. W.: Proc. Soc. exp. Biol. (N. Y.) **49**, 668 (1942).
189. Lappé, M. A., Graff, R. G., Snell, G. D.: Transplantation **7**, 372 (1969).
190. Ledney, D. G., van Bekkum, D. W., in: Advance in transplantation. Ed. by J. Dausset, J. Hamburger and G. Mathé. Copenhagen: Munksgaard 1968, p. 441.
191. Levey, R. H., Medawar, P. B.: Proc. Soc. nat. Acad. Sci. **56**, 1130 (1966).
192. — Trainin, N., Law, L. W.: J. nat. Cancer Inst. **11**, 425 (1963).
193. Lexer, E.: Arch. klin. Chir. **95**, 827 (1911).
194. Lillehei, R. C., Idezuki, Y., in: Organ transplantation today. Ed. by N. A. Mitchison and J. M. Greep. Amsterdam: Hattinga Verschure, J. C. M. Excerpta Medica Foundation 1969, p. 175.
195. Linder, O. E. A.: Ann. N. Y. Acad. Sci. **99**, 680 (1962).
196. Lindsley, D. L., Odell, T. T., Tausche, F. G.: Transplantation Bull. **3**, 68 (1956).
197. Lorenz, E., Uphoff, D. E., Reid, T. R., Shelton, E.: J. nat. Cancer Inst. **12**, 197 (1951).
198. Loutit, J. F., Micklem, H. S.: Brit. J. exp. Path. **42**, 577 (1961).
199. Lower, R. R., Stofer, R. C., Shumway, N. E.: J. thorac. cardiovasc. Surg. **41**, 196 (1961).
200. Lustgraaf, E. C., Fuson, R. B., Eichwald, E. J.: Transplantation Bull. **26**, 145 (1960).
201. Magovern, G. J., Yates, A. J.: Ann. N. Y. Acad. Sci. **120**, 710 (1964).
202. Maibach, H. I., Maguire, H. C.: Nature **197**, 82 (1963).
203. Main, J. M., Prehn, R. T.: J. nat. Cancer Inst. **19**, 1053 (1957).
204. Manax, W. G., Lillehei, R. C., in: Human transplantation. Ed. by F. T. Rapaport and J. Dausset. New York-London: Grune & Stratton 1968, p. 675.

205. Manzler, A. D.: Transplantation 6, 787 (1968).
206. Marchioro, T. L., Hougie, C., Ragde, H., Epstein, R. B., Thomas, E. D.: Science 163, 188 (1969).
207. Martin, W. J., Miller, J. F. A. P.: J. exp. Med. 128, 855 (1968).
208. Martinez, C., Kersey, J., Papermaster, B. W., Good, R. A.: Proc. Soc. Exp. Biol. Med. 109, 193 (1962).
209. — Smith, J. M., Aust, J. B., Mariani, T., Good, R. A.: Proc. Soc. Exp. Biol. Med. 98, 640 (1958).
210. Mathé, G.: Transplant. Proc. (in the press).
211. — Amiel, J. L., Schwarzenberg, L., in: Human transplantation. Ed. by F. T. Rapaport and J. Dausset. New York-London: Grune & Stratton 1968, p. 284.
212. — Jammet, H., Pendic, B., Schwarzenberg, L., Duplan, J. F., Maupin, B., Latarjet, R., Larrieu, M. J., Kalić, D., Djukić, Z.: Rev. franç. Etud. clin. Biol. 4, 226 (1959).
213. — Amiel, J. L., Schwarzenberg, L., Schneider, M., Cattan, A., Schlumberger, J. R., Hayat, M., de Vassal, F., Jasmin, L., Rosenfeld, C., Choay, J., Trolard, P.: Rev. franç. Etud. clin. Biol. 13, 1025 (1968).
214. Matsukura, M., Mery, A. M., Amiel, J. L., Mathé, G.: Transplantation 1, 61 (1963).
215. Maumenee, A. E.: Amer. J. Ophtal. 34, 142 (1951).
216. McIntire, K. R., Sell, S., Miller, J. F. A. P.: Nature 204, 151 (1964).
217. McKhann, C. F.: J. Immunol. 92, 811 (1964).
218. — Transplantation 8, 209 (1969).
219. Medawar, P. B.: J. Anat. 78, 176 (1944).
220. — Brit. J. exp. Path. 27, 15 (1946).
221. — Transplantation 1, 21 (1963).
222. — Russell, P. B.: Immunology 1, 1 (1958).
223. Mee, A. D., Evans, D. B.: Lancet 1970/II, 16
224. Merrill, J. P., Murray, J. E., Harrison, J. H., Friedman, E. A., Dealy, J. B., Dammin, G. J.: New Engl. J. Med. 262, 1251 (1960).
225. Merrit, K., Galton, M.: Transplantation 7, 562 (1969).
226. Meshalkin, E. N., Sergievski, V. S., Feolitov, G. L.: Eksp. Khir. Anest. 9, 26 (1964).
227. Messmer, B. J., Nara, J., Leachman, R. D., Cooley, D. A.: Lancet 1969/I, 954.
228. Metchnikoff, E.: Ann. Inst. Pasteur 13, 737 (1899).
229. Meuwissen, H. J., Gatti, R. A., Terasaki, P. I., Hong, R., Good, R. A.: New Engl. J. Med. 281, 691 (1969)
230. Micklem, H. S.: Brit. J. Radiol. 36, 457 (1963).
231. Miller, J. F. A. P.: Lancet 1961/II, 748
232. — Nature 195, 1318 (1962).
233. — Doak, S. M., Cross, A. M.: Proc. Soc. Exp. Biol. Med. 112, 785 (1963).
234. — Dukor, P., Grant, G., Sinclair, N. R. S. C., Sacquet, E.: Clin. exp. Immunol. 2, 531 (1967).
235. — Mitchell, G. F.: Transplant. Rev. 1, 3 (1969).
236. Mitchison, N. A.: Proc. roy. Soc. B. 142, 72 (1954).
237. — Immunology 5, 359 (1962).
238. Mogensen, B., Kissmeyer-Nielsen, F.: Lancet 1968/I, 721.
239. Möller, G.: J. Immunol. 90, 271 (1963).
240. — Transplantation 2, 405 (1964).
241. — Möller, E.: Ann. N. Y. Acad. Sci. 129, 735 (1966).
242. Monaco, A. P., Wood, L., Russel, P. S.: Ann. N. Y. Acad. Sci. 129, 190 (1966).
243. Mueller, A. P., Wolfe, H. R., Meyer, R. K.: J. Immunol. 85, 172 (1960).
244. Murphy, J. B.: J. Amer. med. Ass. 62, 199 (1914).
245. — Monogr. Rockefeller Inst. Med. Res. No. 21 (1926).
246. Murray, J. E., Merrill, J. P., Harrison, J. H.: Ann. Surg. 148, 343 (1958).

247. Myburgh, J. A., Goldberg, B., Meyers, A. M., van Blerk, P. J. P., Gecelter, L., Mieny, C. J., Browde, S., Shapiro, M., Zontendyk, A., Anderson, C. G.: British Medical Journal 2, 670 (1970).
248. Nagaya, H., Sieker, H. O.: Science 150, 1181 (1968).
249. Naiman, J. L., Punnett, H. H., Lischner, H. W., Destiné, M. L., Arey, J. B.: New Engl. J. Med. 281, 697 (1969).
250. Najarian, J. S., Dixon, F. J.: Proc. Soc. Exp. Biol. Med. 112, 136 (1963).
251. Nathan, P., Gonzales, E., Miller, B. F.: Nature 188, 77 (1960).
252. Nisbet, N. W.: Transplantation 8, 356 (1969).
253. Nishizuka, Y., Sakakura, T.: Science 166, 755 (1969).
254. Norman, J. C., Covelli, V. H., Sise, H. S.: Surgery 64, 1 (1968).
255. Nossal, G. J. V., Ada, G. L., Austin, C. M.: J. exp. Med. 121, 945 (1965).
256. — Cunningham, A., Mitchell, G. F., Miller, J. F. A. P.: J. exp. Med. 128, 839 (1968).
257. Nowell, P. C., Cole, L. J., Habermayer, J. G., Roan, P. L.: Cancer Research 16, 258 (1956).
258. O'Grady, L. F.: Transplantation 9, 181 (1970).
259. Orr, W. McN., Charlesworth, D., Mallick, N. P., Jones, C. B., Harris, R., Jones, A. W., Keen, R. I., McIver, I. E., Testa, H. J., Turnberg, L. A.: Brit. Med. J. 1969/IV, 28.
260. Osoba, D.: Science 147, 298 (1965).
261. — Miller, J. F. A. P.: Nature 199, 653 (1963).
262. Owen, E. A., Slome, D., Waterston, D. J., in: Advance in transplantation. Ed. by J. Dausset, J. Hamburger and G. Mathé. Copenhagen: Munksgaard 1968, p. 385.
263. Owen, R. D.: Science 102, 400 (1945).
264. Papermaster, B. W., Condie, R. M., Good, R. A.: Nature 196, 355 (1962).
265. Pappenheimer, A. M.: J. exp. Med. 26, 163 (1917).
265a. Patterson, J. T., Pisano, J. C., DiLuzio, N. R.: Proc. Soc. Exp. Biol. Med. 135, 831 (1970).
266. Pegg, D. E.: Bone marrow transplantation. London: Lloyd-Luke 1966.
267. Perey, D. Y., Cooper, M. D., Good, R. A.: Transplantation 5, 615 (1965).
268. Penn, I.: Malignant tumors in organ transplant recipients. Berlin-Heidelberg-New York: Springer 1970.
269. Pirquet, C. von: Dtsch. med. Wschr. 34, 1297 (1908).
270. Porter, K. A., Calne, R. Y.: Plast. reconstr. Surg. 26, 458 (1960).
271. Raju, S., Grogan, B.: Transplantation 7, 475 (1969).
272. Ramseier, H., Streilin, J. W.: Lancet 1965/I, 622.
273. — Billingham, R. E.: J. exp. Med. 123, 629 (1966).
274. Rapaport, F. T., Chase, M. R. Jr., Solowey, A. C.: Ann. N. Y. Acad. Sci. 129, 102 (1966).
274a. Reemtsma, K., McCracken, B. H., Schlegel, J. U., Pearl, M. A., Pearce, C. W., DeWitt, C. W., Smith, P. E., Hewitt, R. L., Flinner, R. L., Creech, O.: Ann. Surg. 160, 384 (1964).
275. Rekers, P. E., Coulter, M. P., Warren, S. L.: A.M.A. Arch. Surg. 60, 635 (1950).
276. Riddell, A. G., Terblanche, J., Peacock, J. H., Tierris, E. J., Hunt, A. C., in: Advance in transplantation. Ed. by J. Dausset, J. Hamburger and G. Mathé. Copenhagen: Munksgaard 1968, p. 639.
277. van Rood, J. J.: Lancet 1969/I, 1142.
278. Rosenau, W., Moon, H. D.: J. nat. Cancer Inst. 27, 471 (1961).
279. Rowley, M. J., Mackay, J. R., McKenzie, J. F. C.: Lancet 1969/II, 708.
280. Russel, P. S.: CIBA Foundation Symposium on transplantation. Ed. by G. E. W. Wolstenholme and M. P. Cameron. London: Churchill 1962, p. 350.
281. Ryder, R. J. W., Schwartz, R. S.: J. Immunol. 103, 970 (1969).
282. Sahiar, K., Schwartz, R. S.: Science 145, 395 (1964).
283. Salaman, M. H.: Antibiotica et Chemotherapia 15, 393 (1968).

284. Saleh, W. S., McLean, L. D., Gordon, J., Lamoureux, G.: Transplantation **8**, 524 (1969).
285. Santos, G. W., Owens, A. H. Jr., in: Advance in transplantation. Ed. by J. Dausset, J. Hamburger and G. Mathé. Copenhagen: Munksgaard 1968, p. 431.
286. Sarles, H. E., Remmers, A. R. Jr., Fish, J. C., Canales, C. O., Thomas, F. D., Tyson, K. R. T., Beathard, G. A., Ritzmann, S. E.: Arch. intern. Med. **125**, 443 (1970).
287. Sauerbruch, F., Heyde, M.: Münch. med. Wschr. **55**, 153 (1908).
288. Schöne, G.: Die heteroplastische und homöoplastische Transplantation. Berlin: Springer 1912.
289. Schubert, W. K., Fowler, R. Jr., Martin, L. W., West, C. D.: Transplantation Bull. **26**, 125 (1960).
290. Schwartz, R. S., in: Human transplantation. Ed. by F. T. Rapaport and J. Dausset. New York-London: Grune & Stratton 1968, p. 440.
291. — Dameshek, W.: Nature **183**, 1682 (1959).
292. — Beldotti, L.: Science **149**, 1511 (1965).
293. Schweizerische Akademie der medizinischen Wissenschaften: Bull. Schweiz. Akad. med. Wiss. **24**, 563 (1968).
293a. Scott, D. F., Stephens, F. O., Keaveny, T. V., Kountz, S. L., Belzer, F. O.: Transplantation **11**, 92 (1971).
294. Seaman, G. R., Robert, N. L.: Science **161**, 1359 (1968).
295. Seigler, H. F., Metzgar, R. S.: Transplantation **9**, 478 (1970).
296. Seller, M. J., Polani, P. E.: Lancet 1969/I, 18.
297. Shaffer, C. F.: Nature **223**, 1375 (1969).
298. Shapiro, F., Martinez, C., Smith, J. M., Good, R. A.: Proc. Soc. exp. Biol. **106**, 472 (1961).
299. Sharbaugh, R. J., Grogan, J. B.: Nature **224**, 809 (1969).
300. Sheil, A. G. R., Mitchell, R. M., Dammin, G. J., Murray, J. E., in: Advance in transplantation. Ed. by J. Dausset, J. Hamburger and G. Mathé. Copenhagen: Munksgaard 1968, p. 599.
300a. — Mears, D., Kelly, G. E., Rogers, J. H., Storey, B. G., Johnson, J. R., May, J., Charlesworth, J., Kalowski, S., Stewart, J. H.: Lancet 1971/I, 359.
301. Shorter, R. G., Kuster, G., Dawson, B., Hallenbeck, G. A., in: Advance in transplantation. Ed. by J. Dausset, J. Hamburger and G. Mathé. Copenhagen: Munksgaard 1968, p. 647.
302. Silverstein, A. M., Parshall, C. J., Uhr, J. W.: Science **154**, 1675 (1966).
303. Simmons, R. L., Russel, P. S.: Ann. N. Y. Acad. Sci. **129**, 35 (1966).
304. — — Transplantation **5**, 85 (1967).
305. Simonsen, M.: Acta path. microbiol. scand. **32**, 36 (1953).
306. — Progr. Allergy **6**, 349 (1962).
307. Skowron-Cendrzak, A.: Transplantation **2**, 487 (1964).
308. Singal, D. P., Mickey, M. R., Terasaki, P. I.: Transplantation **7**, 246 (1969).
309. Snell, G. D.: Surg. Gynec. Obstet. **130**, 1109 (1970).
310. Sören, L.: Nature **213**, 621 (1967).
311. Starzl, T. E., Putnam, C. W.: Experience in hepatic transplantation. Philadelphia-London: Saunders 1969.
312. — Groth, C. G., Brettschneider, L., Smith, G. V., Penn, I., Kashiwagi, N.: Antibiotica et Chemotherapia **15**, 349 (1969).
313. Šterzl, J., Holub, M.: Czech. Biol. **6**, 75 (1957).
314. Stewart, P. B., Bell, R.: Nature **227**, 278 (1970).
315. Stickel, D. L., Amos, D. B., Zmijewski, C. M., Glenn, J. F., Robinson, R. R.: Transplantation **5**, 1024 (1967).
316. Storb, R., Epstein, R. B., Le Blond, R. F., Rudolph, R. H., Thomas, E. D.: Blood **33**, 918 (1969).
316a. Streffer, C.: Strahlen-Biochemie. Heidelberger Taschenbücher, Bd. 59/60. Berlin-Heidelberg-New York: Springer 1969.
317. Strober, S., Gowans, J. L.: J. exp. Med. **122**, 347 (1965).

318. Stuart, F. P., Saitoh, T., Fitch, F. W., Spargo, B. H.: Surgery 64, 17 (1968).
319. Szenberg, A., Warner, N. L.: Nature 194, 146 (1962).
320. Taub, R. N., Lance, E. M.: J. exp. Med. 128, 1281 (1968).
321. Taylor, R. B.: Transplant. Rev. 1, 114 (1969).
322. Terasaki, P. I.: J. Embryol. exp. Morph. 7, 394 (1959).
323. — Singal, D. P.: Ann. Rev. Med. 20, 175 (1969).
324. Thierfelder, S., Möller, D., Kimura, I., Dörmer, P., Eulitz, M., Mempel, W.: Blut 15, 225 (1967).
325. Thomas, E. D., Kasakura, S., Cavins, J. A., Ferrebee, J. W.: Transplantation 1, 571 (1963).
326. Thomson, J. G.: Lancet 1969/II, 1088.
327. Tilney, N. L., Atkinson, J. C., Murray, J. E.: Ann. intern. Med. 72, 59 (1970).
328. Trentin, J. J.: Proc. Soc. Exp. Biol. Med. 96, 139 (1957).
329. Tripathy, S. P., Mackaness, G. B.: J. exp. Med. 130, 1 (1969).
330. Tyan, M. L., Cole, L. J.: Transplantation Bull. 30, 136 (1962).
331. Uphoff, D. E.: J. nat. Cancer Inst. 20, 625 (1958).
332. — Proc. Soc. exp. Biol. 99, 651 (1958).
333. Veith, F. J., Richards, K.: Surg. Gynec. Obstet. 129, 768 (1969).
334. Vos, O., Davids, J. A. G., Weyzen, W. W. H., van Bekkum, D. W.: Acta physiol. pharmacol. neerl. 4, 482 (1956).
335. Waksman, B. H., Arbouys, S., Arnason, B. G.: J. exp. Med. 114, 997 (1961).
336. Ward, P. A., Remold, H. G., David, J. R.: Science 163, 1079 (1969).
337. Weinreb, M. M., Sharav, Y., Ickowicz, M.: Transplantation 6, 293 (1968).
338. White, E., Hildemann, W. H.: Science 162, 1293 (1968).
339. White, H. J. O., Evans, D. B., Calne, R. Y.: Brit. med. J. 1968/II, 739.
340. Wilson, D. B.: J. cell. comp. Physiol. 62, 273 (1963).
341. — Silvers, W. K., Nowell, P. C.: J. exp. Med. 126, 655 (1967).
342. Wilson, R. E., Henry, L., Merrill, J. P.: J. clin. Invest. 42, 1479 (1963).
343. Woodruff, M. F. A.: Proc. roy. Soc. B. 148, 68 (1958).
344. — Woodruff, H. G.: Philos. Trans. B 234, 559 (1950).
345. — Anderson, N. A.: Ann. N. Y. Acad. Sci. 120, 119 (1964).
346. Zaalberg, O. B., Weyzen, W. W. H., Vos, O.: Nature 197, 300 (1963).
347. Zander, E., Cornu, O.: Schweiz. med. Wschr. 100, 408 (1970).
348. Zanella, G., Reif, A. E., Buenviaje, L., Asakuma, R., Deterling, R. A. Jr.: Transplantation 6, 885 (1968).
349. Zukoski, C. F., Lee, H. H., Hume, D. M.: Surg. Gynec. Obstet. 112, 707 (1961).
350. — Callaway, J. M., Rhea, W. G. Jr.: Transplantation 3, 380 (1965).

Sachverzeichnis

Abstoßung 7 ff., 14 ff., 17, 38
—, hyperakute 106
Abstoßungskrise 66, 67, 89, 105, 106
Actinomycine 65, 66, 67, 77
Adaptation 106
Addisonsche Krankheit 69
Adrenalektomie, immunologische 48
Agammaglobulinämie 93, 118
—, Typ Bruton 38
—, swiss-type 39
— und Thymom 32
Agranulocytose (siehe Leukopenie) 130
Aktivierung, sterile 84
ALG = Antilymphocytenglobulin (siehe Antilymphocytenserum)
alkylierende Verbindungen 70 ff.
allogeneic inhibition 8
Allotransplantat 3
ALS (siehe Antilymphocytenserum)
Aminochlorambucil 130
Anämie 89, 129, 130
Anaphylaxie 12 ff., 79, 89
Antigene als Immunogene 44
—, Konkurrenz 84, 95
— und „low zone tolerance" 47, 50
—, Thymus-abhängige 11
—, Thymus-unabhängige 11
— als Tolerogene 44
— und Toleranzerzeugung 45
Antikörper 12
—, Cytotoxicität 12, 49, 52
— und enhancement 49 ff.
—, feedback-Hemmung 51
—, Hemmung durch Pharmaca 61 ff., 74
—, humorale 20, 33
— und Immunosuppression 49 ff.
—, Isoantikörper 4
— bei Kaltblütern 40
—, Klassen 37, 51
—, Moleküle 9
—, Stimulierung 74
—, zellständige 19
Antilymphocytenserum 60, 78 ff., 113, 129, 132
—, Entdeckung 78
—, Erzeugung 80
—, klinische Anwendung 66, 87 ff.
—, Nephrotoxicität 88

Antilymphocytenserum, Synergismus mit Immunosuppressiva 87
—, Therapie von Antiwirt-Reaktionen 57
— und Toleranzerzeugung 45
—, Wirkung auf Lymphknoten 81
Antimetaboliten 61, 72 ff.
—, Nebenwirkungen 62
Antiwirt-Reaktionen 23, 34, 53 ff.
—, Klinik 132
— nach Knochenmarktransplantation 127 ff.
— durch Milzzellen fetaler Mäuse 29
—, Pathologie der 55
Appendix 38
Arthus-Reaktion (siehe Anaphylaxie)
Ataxie-Teleangiectasie 93
Athrepsie 2
Auszehrungssyndrom 23, 34
Autoimmunkrankheiten 8, 24, 41
Autotransplantate 1, 14 ff.
Azathioprin 64, 65, 66, 70, 72 ff., 87, 108, 113

BCG 94
blindfolding (siehe Verblendung)
Blutgruppen 97
Bluttransfusion 140
Bordetella pertussis 94
Burkitt-Lymphom 8, 91
Bursa fabricii 13, 32 ff., 38
Bursektomie 38
—, hormonale 33

Carcinogene 70, 76, 78, 90
Chimären 3
—, Erythrocyten- 42, 124
— bei Parabiose 59
—, Strahlen- 57, 69, 123
Chlorambucil 71, 72, 125
Chloramphenicol 78
Choriocarcinom 31
—, Wirkung von Methotrexat 75
„clonal selection"-Theorie 37, 42, 48
Colchicin 74
Cortison (siehe Glucocorticosteroide)
cross-linking 70, 72
Cyclophosphamid 17, 18, 45, 62, 71 ff., 125, 129, 130

151

Cytosin-Arabinosid 74
Cytostatica 61
Cytostatica, Nebenwirkungen 62

Defektimmunopathie (siehe Immunologisches Insuffizienzsyndrom)
delayed type hypersinsitivity 12 ff., 49
— bei Agammaglobulinämie 39
—, Hemmung durch ALS 79
—, — — Antikörper 51
— bei Hodgkinscher Krankheit 93
— auf Tuberkulin 12
Diabetes 66, 118
Diffusionskammern (siehe Millipore-Kammern)
Dimethylmyleran 124, 125, 126, 129, 133
Dimethylsulfoxyd 135
direct reaction 23, 25
Ductus thoracicus 18, 22 ff., 36, 79, 81

Effektorzelle 11, 17, 21, 22 ff.
Ehrlich-Carcinom 25
Eichwald-Silmser Effekt 7
Endokrine Organe 32
—, Transplantation 117
Endotoxin 94
enhancement 13, 25, 49 ff., 61
— gegenüber fetalen Zellen 29, 30
Erythroblastosis fetalis 57
Erythrocyten 48, 80, 81, 82, 88, 123, 129
—, Antigengehalt 97
— nach Knochenmarktransplantation 124

Fetus als Homotransplantat 28 ff.
F_1-hybrid disease (s. Antiwirt-Reaktion)
Folsäure 75
freemartin 42

Gefäßnaht, arterielle 2
Gefäßobliteration 19, 105, 109
Gefäßtransplantate 111, 112
gemischte Lymphocyten-Kultur (siehe MLC)
Genom 73
Gicht 114
α-Globulin 78
Glomerulonephritis 88, 103
Glucocorticosteroide 28, 36, 69 ff., 87, 88, 108, 113
—, Anwendung bei Transplantationen 65
— und Lymphopenie 68
Glycerin 135
„graft-versus-host"-Reaktion (siehe Antiwirt-Reaktion)

Halbwertszeit
— bei alkylierenden Substanzen 70

Hämatopoese (siehe Knochenmarktransplantation)
Hämocytoblasten 17 (siehe pyroninophile Zellen)
Hämocytoblasten, Effekt von 6-Mercaptopurin 74
—, Strahlenresistenz 68
Hämodialyse 94, 102, 105
Hämoglobin
—, Elektrophorese 123
—, Typen 123
Hämolysin 88, 89
Hämophilie 119
Hämorrhagische Diathese 120
Hamster
—, Backentasche 26, 29, 30
—, irradiated hamster test 101
Hauttransplantate 14 ff.
—, Veränderungen danach in Lymphknoten 17
Heimfindungsinstinkt 23, 80, 121
Hering-Breuer-Lungendehnungsreflexe 115
Herpes zoster 133
Herz-Lungenmaschine 108
Herztransplantation 107 ff.
—, künstlicher Ersatz 111
Heterogenisierung 16
Heterosis 30
Heterotransplantate 14, 107
— und ALS 86
Histocompatibilitätsantigene 5, 23 ff., 49
—, Chemie 24
—, Lokalisation 25
—, Prüfung 96 ff.
Hodgkinsche Lymphogranulomatose 92, 93
homologous disease (siehe Antiwirt-Reaktion)
Homotransplantate 1, 8, 14 ff.
Homotransplantatreaktion (siehe Abstoßung)
Hydrocortison (siehe Glucocorticosteroide)
Hyperimmunisierung 45, 49
Hyperparathyreoidismus 105
Hypothermie 135

Immunität 7
—, adaptive 13
—, celluläre 9, 10, 12 ff.
—, humorale 9, 10, 12 ff., 33
—, Ontogenese 37 ff.
—, Phylogenese 39 ff.
Immunoglobulin (siehe Antikörper)
Immunologisches Insuffizienzsyndrom 34, 93, 118
—, Agammaglobulinämie 39, 93, 118

Immunologisches Agammaglobulinämie, swiss type 39, 118
—, Di George-Syndrom 35, 118
Immunosuppression 69 ff.
— durch Bakterien 94
— und Krebsentstehung 90 ff.
— und Toleranzerzeugung 45
— durch Viren 94
Immunotherapie 51, 133
Infektanfälligkeit 65
— nach Bestrahlung 120
— nach Immunosuppression 90
— nach Steroiden 70
Infiltrate, mononucleäre 20, 57, 70
Interferon 65
Inzuchtstämme 2, 5
—, kongen-resistente 5
Imuran (siehe Azathioprin)
„irradiated hamster"-Test 101
Ischämietoleranz 135
Isotransplantat 3

keimfreie Mäuse 56
Keimzentren 34, 44, 68
„killer cell" (siehe Effektorzelle)
Klon 9
Knochenmarkaplasie 120, 130, 131
Knochenmarkchimären (siehe Chimären)
Knochenmarktransplantation 120 ff.
— und Antiwirt-Reaktionen 57, 127 ff.
Knorpel 28
Kontaktdermatitis 13, 17
Krebs nach Immunosuppression 90 ff.
—, Therapie 131 ff.
Krebszellen 8
Kreuzreaktivität 24, 82

Lebertransplantation 112 ff.
— bei Schweinen 112
Leichennieren 106
Leichenverfügungsrecht 137
Lepra 94
Leukämie 8, 57, 64, 123, 125, 133
—, Superdosis Chemotherapie 131
— und Thymektomie 32
Leukocyten 7
— nach Knochenmarktransplantation 126
Leukopenie 72, 79, 120
Lewis-Ratten 18
Locus, Ag-B 6
—, H-2 5
—, HL-A 6
Lungentransplantation 114 ff.
low zone tolerance 45, 47, 50
Lymphocyten 9 ff., 19
—, Wirkung von ALS auf 82
—, Auslösung von Antiwirt-Reaktionen 56

Lymphocyten im Cortex von Lymphknoten 36
— aus ductus thoracicus 124
— als Effektorzellen 22 ff.
—, Gedächtniszellen 10, 17, 22
—, immunologische Kompetenz 39
—, in vitro-Toxicität 19
—, Lymphocytose 32
—, Paracortex 34, 81
Lymphocyten-Transfer-Reaktion 85, 100
Lymphknoten 17, 22
—, Veränderungen durch ALS 34, 81
—, Lokalisation von Antigenen 44
—, efferente Lymphbahnen 19
—, Abgabe von Lymphoblasten 19
—, nach Thymektomie 34
Lymphome 92
— nach Antiwirt-Reaktionen 57, 92
—, Burkitt 8, 91
—, Hodgkinsche Krankheit 93
—, Moloney 16, 131
Lymphotoxine 21
Lyse 21
Lysosomen 25, 69

Makrophagen 11, 21, 44, 50, 62
—, Hemmung durch ALS 84
Masern 94
matching 99
memory cells (siehe Lymphocyten, Gedächtniszellen)
6-Mercaptopurin 17, 45, 51, 72 ff.
—, Entzündungshemmung 74
— und Toleranzinduktion 64
Methotrexat 17, 45, 60, 75, 87
—, Therapie von Antiwirt-Reaktionen 57, 132
— bei experimenteller Lungenhomotransplantation 116
Methylhydrazinderivate 15, 45, 74, 75 ff., 87
—, Synergismus mit ALS 87
Megakaryocyten 122
mid-lethal-dose effect 127
migration inhibitory factor 21, 84
Mikroorganismen, Immunosuppression 94
—, opportunistische Erreger 66
Millipore-Kammer 13, 26, 35
Milztransplantation 118
Mitomycin C 100
Mitosehemmung 55
Mitoserate 71, 72, 73
MLC 21, 99 ff., 132
Moloney-Lymphom 16, 131
Mycoplasma 94
Myelotoxicität 71
Mylеran 72, 125, 129

153

Neuraminidase 25
Nierenhomotransplantation und enhancement 50, 51
—, experimentell 16, 18, 76
—, klinisch 2, 64, 66, 102 ff.
Nitabuchsches Fibrinoid 30
Nitrogen mustard (siehe Stickstoff-Senfgas)
normal lymphocyte transfer reaction (siehe Lymphocyten-Transfer-Reaktion)
Nucleinsäure, Hemmung der Synthese 61, 70
—, Strahlenempfindlichkeit 68
—, Wirkung von alkylierten Verbindungen 70

Oestrogene, immunosuppressiver Effekt 28, 78
Opsonisierung 84
Organkonservierung 111, 134 ff.
Ovar 27, 35, 113
—, Transplantation 117

Pancytopenie 62, 125, 130
Pankreas-Transplantation 117
Pankreatitis, hämorrhagische 66
Parabiose 1, 29, 58 ff.
—, Schutz gegen Letalbestrahlung 122
— und Toleranzerzeugung 59
—, Vergiftung 58
Paralyse (siehe Toleranz, immunologische)
Peyersche Plaques 22, 38
Pfortader 44
Phagocytose (siehe auch Makrophagen)
— von Antigen 44
— bei Antiwirt-Reaktionen 55
—, Hemmung durch Glucocorticosteroide 65, 70
Phytohämagglutinin 21, 78, 84, 93, 94
Placenta, Gewicht 30
—, synchoriale 42
Plasmazelle 11, 15, 34, 40
—, Strahlenempfindlichkeit 68
Polycythämie 58
Polyploidie 68, 72
Prednisolon (siehe Glucocorticosteroide)
Privilegierte Positionen, Augenkammer 26, 27
—, Cornea 26, 27
—, Fettgewebe 26
—, Gehirn 26, 27
—, Hoden 26, 27
Procarbazin (siehe Methylhydrazinderivate)
Pseudomonas 66, 94, 109
Puromycin 62

Radiomimesis 72, 125
Receptoren 9
Reticulocyten 97
Reticuloendotheliales System 44, 55, 61, 62
Rhesus-Krankheit, Hemmung durch Antikörper 52
Ribonuclease 78
Ribonucleinsäure 15
— und genetische Transformation 63
RNS (siehe Ribonucleinsäure)
—, -Viren 94
Röntgenbestrahlung 8, 67 ff., 120, 121
Röntgenbestrahlung, Leukämiebehandlung 131
—, Reaktorunfall 129, 130
—, Strahlenchimären 57, 69
Rosettenbildung 82
runt disease (siehe Antiwirt-Reaktionen)

Sacculus rotundus 38
Salmonellen 94
Sarcoidose 93
Sauerstoffüberdruck 135
Schwundkrankheit (siehe Antiwirt-Reaktionen)
„second set"-Reaktion 2, 7, 16, 17, 20
Sekundärkrankheit (siehe Antiwirt-Reaktionen)
Sensibilisierung 16 ff.
Sialomucin 30
Sialoproteine 25
Soforttyp-Überempfindlichkeit (siehe Anaphylaxie)
Spättyp-Überempfindlichkeit (siehe delayed type hypersensitivity)
Spenderauswahl 96 ff.
Splenomegalie 55
Steroide (siehe Glucocorticosteroide)
Stickstoff-Senfgas 71, 125
Streptokokken, hämolytische, Kreuzreaktivität mit Transplantationsantigenen 24
Sulzberger-Chase-Phänomen 44, 49
Superdosis Chemotherapie 120
„syngeneic preference" (siehe „allogeneic inhibition)

TEM 72
Theta-Antigen 35
Thiotepa 72, 130
third man test 101
Thrombocyten 97
—, Thrombopenie 66, 89, 122
Trophoblast, Abstoßung 29 ff.
—, Auftreten von Transplantationsantigenen 24
Thymektomie, adulte 34, 87
— und Lymphopenie 34

Thymektomie, neonatale 10, 32 ff., 100
— und runt disease 56
Thymocyten 11, 35
Thymus 32 ff.
—, humoraler Faktor 35
—, Transplantation 118
Todeszeitpunkt 138 ff.
Toleranz 9, 24, 42 ff.
—, adoptive Übertragung 48
—, aktiv erworbene 44
— gegen ALS 81
—, Induktion mit Antigen 25
— bei Parabiose 59
Toleranz durch Schweineleber 112
—, „split tolerance" 47
transfer reaction 23
Transplantate, alloplastische 4
—, heterotope 4
—, orthotope 4
Transplantationsantigene (siehe Histocompatibilitätsantigene)
Transplantationsimmunität 2
—, afferenter Schenkel 16
—, celluläre Übertragbarkeit 13
—, genetische Verankerung 5
—, geschlechtsgebundene 6, 15
— bei Kaltblütern 39
—, Speciesspezifität 7
Tuberkulinreaktion 12
Tumorimmunologie 90 ff.

Tumortransplantate 5, 50, 67
Typisierung 97

Überwachungsmechanismus 8
Ulcusblutung 66
Urämie 2, 93, 102
Uterus 29

Vincaalkaloide 62, 90
Verblendung 84

wasting syndrome (siehe Schwundkrankheit)
„white graft"-Reaktion 13, 16, 38
Wiederbelebung 139
Wilsonsche Krankheit 114
Wiskott-Aldrich-Syndrom 131

Xenotransplantat 3

Zahnknospen 28
Zelle, Antigen-empfindliche 9, 34, 36
—, B- 10, 36
—, Kooperation 10
—, „memory cells" 10, 17
—, pyroninophile 15, 16, 18, 19, 34, 53
—, T- 10, 36
Zellteilung 72, 73
—, Hemmung durch Bestrahlung 68
Zwergkrankheit (siehe runt disease)
Zwillinge, homozygote 2, 5

Heidelberger Taschenbücher

Medizin — Biologie

- 3 W. Weidel: Virus- und Molekularbiologie. 2. Auflage. DM 5,80
- 4 L. S. Penrose: Einführung in die Humangenetik. DM 8,80
- 5 H. Zähner: Biologie der Antibiotica. DM 8,80
- 18 F. Lembeck/K.-F. Sewing: Pharmakologie-Fibel. DM 5,80
- 24 M. Körner: Der plötzliche Herzstillstand. DM 8,80
- 25 W. Reinhard: Massage und physikalische Behandlungsmethoden. DM 8,80
- 29 P. D. Samman: Nagelerkrankungen DM 14,80
- 32 F. W. Ahnefeld: Sekunden entscheiden — Lebensrettende Sofortmaßnahmen. DM 6,80
- 41 G. Martz: Die hormonale Therapie maligner Tumoren. DM 8,80
- 42 W. Fuhrmann/F. Vogel: Genetische Familienberatung. DM 8,80
- 45 G. H. Valentine: Die Chromosomenstörungen. DM 14,80
- 46 R. D. Eastham: Klinische Hämatologie. DM 8,80
- 47 C. N. Barnard/V. Schrire: Die Chirurgie der häufigen angeborenen Herzmißbildungen. DM 12,80
- 48 R. Gross: Medizinische Diagnostik — Grundlagen und Praxis. DM 9,80
- 52 H. M. Rauen: Chemie für Mediziner — Übungsfragen. DM 7,80
- 53 H. M. Rauen: Biochemie — Übungsfragen. DM 9,80
- 54 G. Fuchs: Mathematik für Mediziner und Biologen. DM 12,80
- 55 H. N. Christensen: Elektrolytstoffwechsel. DM 12,80
- 57/58 H. Dertinger/H. Jung: Molekulare Strahlenbiologie. DM 16,80
- 59/60 C. Streffer: Strahlen-Biochemie. DM 14,80
- 61 Herzinfarkt. Hrsg. von W. Hort. DM 9,80
- 68 W. Doerr/G. Quadbeck: Allgemeine Pathologie. DM 5,80
- 69 W. Doerr: Spezielle pathologische Anatomie I. DM 6,80
- 70a W. Doerr: Spezielle pathologische Anatomie II. DM 6,80
- 70b W. Doerr/G. Ule: Spezielle pathologische Anatomie III. DM 6,80
- 76 H.-G. Boenninghaus: Hals-Nasen-Ohrenheilkunde für Medizinstudenten. DM 12,80
- 77 F. D. Moore: Transplantation. DM 12,80
- 79 E. A. Kabat: Einführung in die Immunchemie und Immunologie. DM 18,80
- 82 R. Süss/V. Kinzel/J. D. Scribner: Krebs — Experimente und Denkmodelle. DM 12,80
- 83 H. Witter: Grundriß der gerichtlichen Psychologie und Psychiatrie. DM 12,80

84 H.-J. Rehm: Einführung in die industrielle Mikrobiologie. DM 14,80
88 F. W. Bronisch: Psychiatrie und Neurologie. DM 16,80
89 G. L. Floersheim: Transplantationsbiologie. DM 14,80

Aus den übrigen Fachgebieten (Eine Auswahl)

1 M. Born: Die Relativitätstheorie Einsteins. 5. Auflage. DM 10,80
2 K. H. Hellwege: Einführung in die Physik der Atome. 3. Auflage. DM 8,80
9 K. W. Ford: Die Welt der Elementarteilchen. DM 10,80
11 P. Stoll: Experimentelle Methoden der Kernphysik. DM 10,80
49 Selecta Mathematica I. Hrsg. von K. Jacobs. DM 10,80
50 H. Rademacher/O. Toeplitz: Von Zahlen und Figuren. DM 8,80
51 E. B. Dynkin/A. A. Juschkewitsch: Sätze und Aufgaben über Markoffsche Prozesse. DM 14,80
56 M. J. Beckmann/H. P. Künzi: Mathematik für Ökonomen I. DM 12,80
62 K. W. Rothschild: Wirtschaftsprognose. Methoden und Probleme. DM 12,80
63 Z. G. Szabó: Anorganische Chemie. DM 14,80
64 F. Rehbock: Darstellende Geometrie. 3. Auflage. DM 12,80
65 H. Schubert: Kategorien I. DM 12,80
66 H. Schubert: Kategorien II. DM 10,80
67 Selecta Mathematica II. Hrsg. von K. Jacobs. DM 12,80
71 O. Madelung: Grundlagen der Halbleiterphysik. DM 12,80
72 M. Becke-Goehring/H. Hoffmann: Komplexchemie. DM 18,80
73 G. Polya/G. Szegö: Aufgaben und Lehrsätze aus der Analysis I. DM 12,80
74 G. Polya/G. Szegö: Aufgaben und Lehrsätze aus der Analysis II. DM 12,80
75 Technologie der Zukunft. Hrsg. von R. Jungk. DM 15,80
78 A. Heertje: Grundbegriffe der Volkswirtschaftslehre. DM 10,80
80 F. L. Bauer/G. Goos: Informatik. Eine einführende Übersicht I. DM 9,80
81 K. Steinbuch: Automat und Mensch. 4. Auflage. DM 16,80
85 W. Hahn: Elektronik-Praktikum für Informatiker. DM 10,80
86 Selecta Mathematica III. Hrsg. von K. Jacobs. DM 12,80
87 H. Hermes: Aufzählbarkeit, Entscheidbarkeit, Berechenbarkeit. DM 14,80
90 A. Heertje: Volkswirtschaftslehre. Grundbegriffe der Volkswirtschaftslehre II; in Vorbereitung
91 F. L. Bauer/G. Goos: Informatik II. DM 12,80
92 J. Schumann: Grundzüge der mikroökonomischen Theorie. DM 14,80
93 O. Komarnicki: Programmiermethodik. DM 14,80

MIX
Papier aus verantwortungsvollen Quellen
Paper from responsible sources
FSC® C105338

If you have any concerns about our products,
you can contact us on
ProductSafety@springernature.com

In case Publisher is established outside the EU,
the EU authorized representative is:
**Springer Nature Customer Service Center GmbH
Europaplatz 3, 69115 Heidelberg, Germany**

Printed by Libri Plureos GmbH
in Hamburg, Germany